図説 日本の珍虫 世界の珍虫

その魅惑的な多様性

平嶋義宏 編
(九州大学名誉教授・宮崎公立大学名誉教授)

北隆館

Strange and Interesting Insects in Japan and the World

Edited by

Dr. YOSHIHIRO HIRASHIMA
Professor Emeritus, Kyushu University
Professor Emeritus, Miyazaki Municipal University

Published by

The HOKURYUKAN CO., LTD. Tokyo, Japan : 2017

平嶋義宏編集　　図説　日本の珍虫　世界の珍虫

分担執筆者 ※五十音順

東　　清二 （琉球大学名誉教授）

阿部正喜 （東海大学教授）

阿部芳久 （九州大学教授）

幾留秀一 （鹿児島女子短期大学学長）

上野俊一 （国立科学博物館名誉研究員）

大原賢二 （徳島県立博物館元館長）

緒方一夫 （九州大学教授，副学長）

小野正人 （玉川大学農学部教授）

紙谷聡志 （九州大学准教授）

栗林　慧 （昆虫写真家，栗林自然科学写真研究所所長）

江田信豊 （南山大学名誉教授）

小西和彦 （愛媛大学教授）

小松　貴 （国立科学博物館動物研究部）

三枝豊平 （九州大学名誉教授）

沢田佳久 （兵庫県立博物館元研究員）

須田博久 （千葉県佐倉市昆虫研究者）

中村裕之 （月刊むし編集部）

根来　尚 （富山市科学博物館前学芸課専門官）

野村周平 （国立科学博物館動物研究部）

橋本里志 （愛知県清須市昆虫研究者）

林　　正美 （埼玉大学名誉教授）

平嶋義宏 （九州大学名誉教授，宮崎公立大学名誉教授）

広渡俊哉 （九州大学教授）

藤田　宏 （月刊むし編集長）

前田泰生 （島根大学名誉教授）

前藤　薫 （神戸大学農学部教授）

松村　雄 （元農業環境技術研究所環境生物部昆虫管理
　　　　　科昆虫分類研究室長）

丸山宗利 （九州大学総合研究博物館准教授）

三田敏治 （九州大学農学部昆虫学教室助教）

湊　和雄 （昆虫写真家，日本自然科学写真協会副会長）

宮城秋乃 （沖縄在住，日本鱗翅学会会員）

宮武頼夫 （大阪市立自然史博物館元館長）

村井貴史 （兵庫県川西市，農学博士）

村田浩平 （東海大学農学部教授）

屋富祖昌子 （琉球大学農学部前准教授）

山内　智 （青森県立郷土館前学芸課長）

山岸健三 （名城大学農学部教授）

山本　優 （国立環境研究所客員研究員）

米田　豊 （久留米大学医学部前助教）

はしがき

　珍虫とは何か。そんな質問を受けて，大方の昆虫学者はまごつくのである。そんな虫は見たことがない，と。そして疑うのである。珍虫には定義があるのか，と。

　珍虫に定義はない。しかし珍しい形や色彩やあるいは珍しい習性や，はたまた稀少な昆虫は確かに存在する。それを珍虫という。これが本図説での定義である。

　筆者は1962年（昭和37年）の夏から冬にかけての7ヶ月間，英領北ボルネオで昆虫採集に従事した。ホノルルのビショップ博物館主催の昆虫学探検隊の一員としてである。北ボルネオと日本では昆虫の種類がまったく違う。昆虫採集が面白くて面白くて，7ヶ月があっという間に過ぎた。

　ここで筆者は“これぞ珍虫”という虫に出合ったのである。先ずご紹介したいのは327頁に示した茶色のバッタの一種である。まったく偏平である。山道を歩いていて，枯れ葉に混じって転がっていた。おやと思って拾い上げたのがこの虫であった。肝をつぶした。

　また，330頁に示した棒状の虫も珍奇である。これも落ち葉に混じって路上に転がっていた。拾い上げてみて吃驚した。カマキリであった。珍奇なカマキリは他にも採集した。例えば329頁に示した3種もそうである。これらは見事な擬態という外はない。

　さらに，奇抜な頭をしたハエ（323頁）やテントウムシのようなヨロイバエ（鎧蠅）（325頁）もそうである。最初に見た人はとても信じられないと思うのである。

　さらに，筆者が1969年（昭和44年）にパプアニューギニアの山地で採集したオバケナナフシ（387頁）やコケ（苔）を背中に生やした体表外共生のパプアゾウムシ（370頁）など，天下の珍奇虫といってよい。

　このように見てくれば，珍虫にはきりがないのである。

　最近になって，こういう珍虫を集めた図説を作ってみよう，という思いがつのってきた。筆者の一生の仕事と思っていた生物の学名の解説も10冊目の『学名の知識とその作り方』（東海大学出版部，2016）で一段落したので，『珍虫図説』にとりかかったのである。

　勿論筆者一人の力ではどうにもならない。そこで筆者の友人の多くの昆虫学者に協力を仰いで，作り上げたのが本図説である。ゆっくり時間をかけて準備すれば，もっと優れたものになったかも知れない。しかし，それはそれとして，本書は世界最初の『珍虫図説』として登場したのである。それなりの評価はされるであろう。ご協力頂いた多くの分担執筆者や写真提供者の方々に心から感謝したい。分担執筆者の芳名は別記した通りである。これらの方々のご協力がなければ本図説は出来上がっていない。特に記して謝意を表します。

　最後に，この困難な『図説』の印刷と発行にご尽力いただいた北隆館社長福田久子氏と編集部の角谷裕通氏に衷心より感謝します。

　2017年5月12日

　　　　　　　　　　　　　　　　　　　　　　　　　　　　　　　　　　　平嶋義宏

目　　次

はしがき ……………………………………………………… 1

目次・凡例 …………………………………………………… 2

第 1 章 日本の珍虫 ………………………………………… 3

第 2 章 外国の珍虫 ………………………………………… 269

　近隣諸国 ………………………………………………… 271

　ニューギニア・ソロモン諸島 ………………………… 345

　オーストラリア・ニュージーランド ………………… 388

　ヨーロッパ ……………………………………………… 402

　ハワイ …………………………………………………… 412

　南北アメリカ …………………………………………… 436

　アフリカ・マダガスカル ……………………………… 469

　離島と南極 ……………………………………………… 496

第 3 章 珍虫よもやま話 …………………………………… 499

第 4 章 昆虫の微細構造と電子顕微鏡写真 ……………… 533

　主要な参照文献 ………………………………………… 559

　和名索引 ………………………………………………… 565

　属名索引 ………………………………………………… 577

　種小名索引 ……………………………………………… 583

凡　　例

1. 本書には珍しい形や色彩，珍しい習性，稀少な昆虫を「珍虫」とし，日本の珍虫 317 種（第 1 章），外国の珍虫 301 種（第 2 章）を掲載した。また，第 3 章と第 4 章にそれぞれ珍虫よもやま話と昆虫の微細構造と電子顕微鏡写真を掲載した。

2. 解説文は各執筆者が担当し，解説文末尾の学名解はすべて平嶋が担当した。

3. 巻末資料には，珍虫を知るために利用した主要な参照文献を「和書」と「洋書」に示した。

4. 巻末には，本書に掲載した珍虫の和名と学名の索引をそれぞれ記載した。

第1章
日本の珍虫

本章には日本の珍虫もしくは珍虫と思われるものを配列した。その順序は，
　国蝶，天然記念物及び絶滅危惧種
　北国の珍虫
　本州の高山の珍虫
　里山の珍虫
　海と海辺の珍虫
　水生の珍虫
　寄生性の珍虫
　琉球列島の珍虫
としたが，必ずしもこの順序に従わないものもある。
　沖縄には特に珍虫が多いので，配列した虫の種類も多い。沖縄の珍虫では，栗林　慧氏の『沖縄の昆虫』（学習研究社，1973）が圧巻であるが，その後の東　清二教授，屋富祖昌子助教授や写真家の湊　和雄氏や宮城秋乃嬢の活躍も目覚ましい。ここに特記してこれらの方々の功績を称えたい。

日　本（国蝶）

陽光をあびて葉上に静止するオオムラサキ

　国蝶オオムラサキ（学名別出）は日光浴が好きらしい。里山の雑木林ではこのような姿がよく見受けられる。
（執筆者　平嶋義宏／図の出典　加藤良平氏撮影）

日　本（国蝶）

国蝶オオムラサキの雌雄

　オオムラサキ *Sasakia charonda* は美しい蝶である．さすがは国蝶である．夏の里山の雑木林に多い．樹液が好きなのである．雌雄で色彩が異なり，雄に見られる青藍色の輝きは雌にはない．
(執筆者　平嶋義宏／図の出典　加藤良平氏撮影『月刊むし』，449号搭載)

- **学名解**：属名は戦前に活躍した佐々木忠次郎博士（東京帝国大学名誉教授，東京農業大学名誉教授）に因む．種小名はギリシアの前6世紀末の立法家カローンダース Charondas に因む．語尾の1字をカットした造語．

日　本（天然記念物・絶滅危惧種）

天然記念物の蝶（1）

　日本最後の珍蝶ゴイシツバメシジミ *Shijimia moorei* の雄が熊本県の市房山で昭和48年の夏に偶然採集された（九州農政局の蝶のコレクター小林隆史氏による）。その後九州大学教養部の白水　隆・三枝豊平博士らが徹底的な調査を行って，本種の学名，習性，生活史を明らかにした。食草はシシンラン（イワタバコ科）である。現在その保護が要望されている。天然記念物に指定されている。　　　　　　　　　　　（執筆者　三枝豊平・平嶋義宏／図の出典　白水　隆・三枝豊平, 1977）

　■学名解：学名 *Shijimia moorei* の属名は「シジミチョウ」に因む命名で，松村松年博士がタイワンゴイシシジミに与えられた新属名である．種小名は東亜産の蝶の研究に功績のあるイギリス人のムーア Moore 博士に因む．

日　本（天然記念物・絶滅危惧種）

天然記念物の蝶（2）

　ウスバキチョウ *Parnassius eversmanni* はアゲハチョウ科の一群である *Parnassius* 属に所属する美しい蝶である。ウスバシロチョウが「ウスバアゲハ」と改名を提唱された際に本種も「キイロウスバアゲハ」に改名するべき，とされたが定着していない。『日本昆虫目録』では「ウスバキチョウ（キイロウスバアゲハ）」と表記されている。本種は国内では北海道大雪山の高所のみに見いだされ，国の天然記念物に指定されている。生息域のほとんどが天然保護区域及び国立公園の特別保護地区に指定されているので，3重の手厚い保護策が講じられている。写真の上はミネズオウに訪花する雄，下はウスバキチョウの生息地（大雪山白雲岳付近）。

（執筆者　野村周平／図の出典　野村周平撮影）

■**学名解**：属名 *Parnassius* は（ラ）Parnassus 山の，の意．パルナーソスは Phocis の高山で，アポロ神
　　Apollo とムーサ女神 Musa に聖別された．種小名はロシアの昆虫学者 Eversmann に因む．

天然記念物の蝶（3）

　「高山蝶」と呼ばれるチョウの一群に含まれるダイセツタカネヒカゲ Oeneis melissa daisetsuzana は，北海道大雪山と日高山脈の高山礫地のみに生息する．国の天然記念物に指定されている．本州の高山には近似のタカネヒカゲ（*O. norna*）が分布する．写真の上は典型的な保護色を示す姿．下は生息環境（大雪山赤岳付近）．　　　　　　　　（執筆者　野村周平／図の出典　野村周平撮影）

　▪学名解：属名（*Oeneis*）は神話のオイネウス Oeneus の娘の名．オイネウスは Calydon の王．種小名 *melissa* は（ギ）伝説のメリッサ Melissa に因む．メリッサは養蜂技術を発明したニンフ．なお，ハナバチ（ミツバチ）のことをギリシア語で melissa ＝ melitta という．この語は現在いろいろなハナバチの学名に用いられている．亜種小名 *daisetsuzana* は大雪山の．なお，近似種タカネヒカゲの種小名 *norna* は古代北欧（スカンジナビア）の運命の女神の名．

日　本（天然記念物・絶滅危惧種）

天然記念物の蝶（4）

　アサヒヒョウモン *Clossiana freija asahidakeana* は小型のヒョウモンチョウで，北海道大雪山の高地のみに分布し，国の天然記念物に指定されている。高山礫地のツツジ類の茂みに好んで生息し，天気の良い日中に活動する．写真の上は大雪山の登山道付近に見られる姿．下は同種の生息域（大雪山赤岳付近）．　　　　　　　　　　　　　　　（執筆者　野村周平／図の出典　野村周平撮影）

■**学名解**：属名 *Clossiana* は語源不詳．多分人名由来．種小名 *freija* は北欧神話の愛の女神 Freia に因む．亜種小名 *asahidakeana* は大雪山の旭岳に因む．

日　本（天然記念物・絶滅危惧種）

沖縄の珍虫ヤンバルテナガコガネ

　ヤンバルテナガコガネ Cheirotonus jambar は1983年に発見され，1984年に記載発表され，1985年に国指定の天然記念物になった。和名（及び種小名）のヤンバルは沖縄島北方台地のこと。体長は雄で51～63 mm，雌で48～60 mmで，前脛節は20～31 mmで，雄の前脚は特に長いためテナガの和名がついている。雄は頭胸部が暗青銅緑色，前翅は緑色ないし青銅色で光沢が強く，黒色に見える。肢と腹面は黒色。雌の前脛節は長くない。前胸背板は狭く，前翅の黄褐色斑は数が多い。腹部は長く，前翅端より後方へ突出している。本種は樹木にできたうろの中に生息し，その中に堆積した腐植物に産卵する。卵は20日内外で孵化し，幼虫は3齢までを普通3年で経過する。蛹期間はほぼ2ヶ月で，羽化した成虫は7ヶ月以上を蛹室内で静止して過ごし（静止期），夏期の終わり頃にうろの外へ出て交尾・産卵する。1雌辺りの産卵数は10個内外であり，繁殖率は極めて低い。

（執筆者　東　清二・屋富祖昌子／図の出典　東　清二撮影）

■学名解：属名は（ギ）cheir 手＋（ギ）tonos 引き張ること．

日　本（天然記念物・絶滅危惧種）

絶海の孤島に特産するオガサワラタマムシ

　オガサワラタマムシ Chrysochroa holstii は小笠原諸島のみに生息するタマムシの一種で，国の天然記念物に指定されている。色彩，サイズともにヤマトタマムシに似るが，ヤマトタマムシに見られる，前胸から上翅にかけての太い赤紫色帯がない。幼虫はムニンエノキの樹に食入する。写真の下は本種の生息環境（母島）。　　　　　　　　　（執筆者　野村周平／図の出典　野村周平撮影）

　■学名解：属名 Chrysochroa は（ギ）chrysos 黄金＋（ギ）chroa 皮膚（の色），外観．種小名 holstii は人名由来．

日 本（天然記念物・絶滅危惧種）

天然記念物に指定された唯一の水生甲虫

　オガサワラセスジゲンゴロウ Copelatus ogasawarensis はやや小型のゲンゴロウで，国の天然記念物に指定されている。セスジゲンゴロウ類は一般に，開水面を嫌い，水域に連続するぬかるみの中や水草の根際に好んで生息する。本種もその傾向が強い。写真の上は泥中から抜け出したところ。下は本種の生息環境（母島）。　　　　　（執筆者　野村周平／図の出典　野村周平撮影）

　■学名解：属名 Copelatus は（ギ）kōpēlatēs 漕ぎ手．種小名 ogasawarensis は小笠原諸島の．

日　本（天然記念物・絶滅危惧種）

小笠原の天然記念物オガサワラアメンボ

　オガサワラアメンボ*Neogerris boninensis*は小型の光沢のある黒いアメンボで中・後脚は他の一般的な種に比べてやや短い．小笠原諸島の特産種であるが，他の固有種とは異なり，母島列島には見られず，父島列島にのみ見いだされる．父島では，渓流の水たまりなど，日陰の小規模の水域に好んで生息する（図の下）．その生息環境（父島）と共に示す．国の天然記念物に指定されている．写真上は交尾中のオガサワラアメンボ．　　　　　　　（執筆者　野村周平／図の出典　野村周平撮影）

　■**学名解**：属名*Neogerris*は（ギ）neo-新しい＋アメンボ*Gerris*＜（ギ）gerron編み細工，編み細工の盾．種小名は「小笠原諸島の」．英名由来．

14

日　本（天然記念物・絶滅危惧種）

天然記念物のトンボ

　シマアカネ *Boninthemis insularis* はアカトンボ類に近い中型のトンボで，小笠原諸島の固有種であり，国の天然記念物に指定されている。従来は小笠原諸島の各地で，山間の流水の周囲に見られたが，アノールトカゲなど外来生物の捕食圧により激減し，現在の生息域は非常に限られている。

（執筆者　野村周平／図の出典　野村周平撮影）

- 学名解：属名 *Boninthemis* は近代（ラ）Bonin- 小笠原の＋（ギ）テミス Themis 正義の女神．種小名 *insularis* は（ラ）島の．

日 本（天然記念物・絶滅危惧種）

小笠原産天然記念物の昆虫の追加

　前述のタマムシ，ゲンゴロウ，アメンボ，シマアカネのほかに小笠原諸島から以下の5種の固有種が天然記念物に指定されている．
　1：オガサワライトトンボ *Boninagrion ezoin*（トンボ目イトトンボ科）．
　2：ハナダカトンボ *Rhinocypha ogasawarensis*（トンボ目ハナダカトンボ科）．
　3：オガサワラトンボ *Hemicordulia ogasawarensis*（トンボ目エゾトンボ科）．
　4：オガサワラゼミ *Meimuna boninensis*（カメムシ目セミ科）．
　5：オガサワラシジミ *Celastrina ogasawaraensis*（チョウ目シジミチョウ科．左は雄，右は雌）．

（執筆者　野村周平／図の出典　野村周平撮影）

■学名解：1：属名 *Boninagrion* は近代(ラ)Bonin- 小笠原の＋(ギ)agrios 野生の．種小名は人名由来．トンボの大家朝比奈正二郎博士の令弟朝比奈英三博士の幼少時の愛称「エゾイン」に因む（井上　清）．
　　　　2：属名 *Rhinocypha* は(ギ)rhis 鼻＋(ギ)kyphos 腰の曲がった．
　　　　3：属名 *Hemicordulia* は(ギ)hemi- 半分＋カラカネトンボ *Cordulia* ＜(ラ)corda ひも，綱＋(ラ)縮小辞 -ulus ＋接尾辞 -ia．
　　　　4：属名 *Meimuna* は語源不詳．
　　　　5：属名 *Celastrina* は(ギ)kērastra セイヨウヒイラギ(植物)＋接尾辞 -ina．

日　本（天然記念物・絶滅危惧種）

日本各地から姿を消した絶滅危惧種

　ベッコウトンボ *Libellula angelina* は中型のトンボで，翅に独特の黒色紋があるのが特徴である。低地の湿地にのみ産し，本来は広く見られたはずの種であるが，都市化などによって，生息域が急激に衰退している。絶滅危惧種I類に指定され，保護が図られている。一時期九州北部でもいくつかの産地が次々に見つかったが，その後いずれも消滅した。写真の上は枯れ草にとまるベッコウトンボ（福岡県小竹町，1994年頃）。下は1994年当時の生息環境。

（執筆者　野村周平／図の出典　野村周平撮影）

　学名解：属名 *Libellula* は「愛らしい（小さな）水準器」の意＜（ラ）libella＋縮小辞-ula。種小名 *angelina* は「天使のような」の意＜（ギ）angelos 天使＋接尾辞-ina.

日　本（天然記念物・絶滅危惧種）

一つの池だけにすむ絶滅危惧種

　ヤシャゲンゴロウ *Acilius kishii* はメススジゲンゴロウに似た中型のゲンゴロウで，福井県と岐阜県の県境に位置する夜叉が池に特産する。雌にはメススジゲンゴロウの雌に見られるような，毛が密生した縦溝が見られない。生息域が極めて限定されるため，絶滅危惧種第I類に指定され，増殖事業が実施されている。写真の上は水中のヤシャゲンゴロウ（1994年頃）。下は1994年当時の生息地。　　　　　　　　　　　　　　　　　　（執筆者　野村周平／図の出典　野村周平撮影）

　■学名解：属名 *Acilius* はローマ人の氏族名アキーリウス Acilius に因む．種小名は邦人の人名由来．

日　本（天然記念物・絶滅危惧種）

身近な里山の絶滅危惧種

　クロシジミ Niphanda fusca fusca はシジミチョウとしてはやや大型で，雌雄ともに翅表は黒っぽいが，雄は紫色の光沢がある．人里の昆虫であり，個体数の減少が各地で懸念されている．草原や林縁に生息し，幼虫は成長すると，付近に営巣するクロオオアリ（ハチ目アリ科 Camponotus japonicus）の巣に進入し，アリに哺育される特異な生態を持つ．天然記念物ではないが，環境省のレッドデータブックによる絶滅危惧種に指定されている．ランクは絶滅危惧 IB(EN)類である．四国と関東地方では絶滅，他の多くの府県でも絶滅危惧種に指定されている．上は草にとまる雄（佐賀県基山にて）．下は雌．　　　　　　　　　　　（執筆者　野村周平／図の出典　野村周平撮影）

　■学名解：属名 Niphanda は「雪のように白いもの」という意味で，(ギ)nipha(雪)に因む造語と推定．種小名 fusca は(ラ)fuscus の女性形，黒ずんだ．なお，クロオオアリの属名 Camponotus は(ギ)「曲った背」の意．

日　本（天然記念物・絶滅危惧種）

浜辺の絶滅危惧種

　カワラハンミョウ *Cicindela laetescripta* は河原や海岸の砂地に生息する，やや大型のハンミョウで（体長14～17 mm），元々は沖縄を除く日本全国に広く分布していたが，生息地である自然河岸，自然海浜の縮小，消滅により，産地が激減している。環境省のレッドデータブックで絶滅危惧種（絶滅危惧IB(EN)類）に指定されているほか，36の都道府県で絶滅危惧種に指定されている。写真は福岡県海ノ中道にて，1993年頃。　（執筆者　野村周平／図の出典　野村周平撮影）

　■**学名解**：属名 *Cicindela* は（ラ）cicindela ホタルの幼虫，きらきら光る虫，の意．種小名 *laetescripta* は「華麗に描かれた」．美しい斑紋を表現．

日　本（北国）

ドイツと日本の優雅なキベリタテハ

　キベリタテハ*Nymphalis antiopa*は我が国では北日本の山地にいる優雅な蝶で，滅多やたらには採集されない。ヨーロッパにも分布し，フランスやドイツあたりでは収集家の垂涎の的であるという。英名をCamberwell Beautyという。この絵ハガキは筆者がドイツで購入したもので，ドイツ産の個体を撮影したもの。日本では成虫越冬で，新成虫は夏後半に現れる。

（執筆者　平嶋義宏／図の出典　平嶋義宏所有のドイツで購入した絵葉書）

■学名解：属名は(ギ)ニンフ(海や山の精)のような．種小名はギリシア神話のアンティオペーに因む．Nycterusの娘．

日 本（北国）

北国の珍虫（1）
寒冷地・高冷地の湿地の稀少種カラカネイトトンボ

　カラカネイトトンボは，体長が約25〜30 mm位の小型種で，胸部や腹部が金属光沢のある美麗種である．本種は，国内では北日本に局地的に分布する．寒冷地や高冷地のミズゴケを主とする湿地等に生息するが，どこの分布地でも絶滅が危惧されている稀少種である．寒冷地の北海道や青森県では低地でも分布するが，本州では一般に高冷地に見られる．国外ではロシア，ヨーロッパの寒冷地に分布する（石田昇三　ほか，1988；尾園　暁　ほか，2012）．

（執筆者　山内　智／図の出典　奈良岡弘治撮影）

　■**学名解**：写真のカラカネイトトンボの学名を *Nehalennia speciosa* という．属名は古代オランダで崇拝されていたゲルマンまたはケルトの女神．北海航行の安全を司る女神（井上　清，2010）．種小名は（ラ）美しい，立派な．

北国の珍虫（2）顔白のカオジロトンボ

　カオジロトンボは，名前のように頭部の顔面が乳白色で，その色彩が大変特徴的である。本種は，国内では本州中部以北から北海道にかけて局地的に産地が点在している。国外では朝鮮半島，中国，ロシア，ヨーロッパなどに分布する（尾園　ほか，2012）。主な生息場所は山岳地帯の寒冷な高層湿原である。縄張りを示すような飛翔が見られる。

（執筆者　山内　智／図の出典　奈良岡弘治撮影）

■学名解：写真のカオジロトンボの学名を *Leucorrhinia dubia orientalis* という．属名は（ギ）leukos 白い＋（ギ）rhis 属格 rhinos 鼻＋接尾辞 -ia．種小名は（ラ）dubius の女性形，疑わしい（種として）．亜種小名は（ラ）東洋の．

日 本 (北国)

北国の珍虫 (3) 美麗なマイマイカブリ東北地方北部亜種

　マイマイカブリは，細長い体形で，飛翔のための後翅は退化し，前翅は融合し，脚は細長いが強靱で，地表性歩行に適した体形に特化している．日本固有種である．成虫，幼虫共にカタツムリを捕食することが知られている．冬季は樹木の朽ち木や土中で越冬する（井村有希・水沢清行, 2013）．東北北部亜種は，青森県から採集された資料によって記載されたマイマイカブリ（Lewis, G., 1880）で，このほかに秋田・岩手・宮城の各県に分布する．頭部，前胸部背面は金属光沢の紫紅色の美麗種である．写真は青森県立郷土館収蔵標本を撮影した．

（執筆者　山内　智／図の出典　山内　智撮影）

■学名解：写真のマイマイカブリ東北地方北部亜種の学名を *Carabus* (*Damaster*) *blaptoides viridipennis* という．別名キタカブリ，キタマイマイカブリとも呼ばれている．マイマイカブリには多くの亜種が知られている．属名は（ギ）karabos 甲虫の一種（カミキリムシなど）．亜属名は（ギ）征服者，の意で，damastēs の語尾を書き換えたもの．種小名は属名 *Blaptoides* をそのまま使用＜オサムシダマシ *Blaps* 属に似たもの．この属名は（ギ）blapsis を短縮した造語，害，害すること．亜種小名は（ラ）緑の翅の．

日 本（北国）

北国の珍虫（4）泥炭地が住処のマークオサムシ本州亜種

　マークオサムシ本州亜種は，体全体が黒色で，上翅に他種には無いような隆条があり，特徴的な形態をしている。国内では，本州北東部の泥炭地や湿地等に好んで生息するが，その産地は局地的である。環境の変化等によりどこの生息地も絶滅に瀕している。環境省のレッドデータブックでは絶滅危惧Ⅱ類(VU)と高いカテゴリーに指定されている。生息している各県も同様である。稀少種で珍しいオサムシである（井村有希・水沢清行，2013）。写真は青森県立郷土館収蔵標本を撮影した。　　　　　　　　　　　　　　　　　（執筆者　山内　智／図の出典　山内　智撮影）

　■学名解：写真のマークオサムシ本州亜種の学名を *Carabus* (*Limnocarabus*) *maacki aquatilis* という．属名は前出．亜属名は(ギ)limnē沼沢＋*Carabus*属．種小名は人名由来．亜種小名は(ラ)水生の．

日 本（北国）

北国の珍虫（5）北の砂浜海岸にすむフルショウヤガ

　フルショウヤガは，国内では北海道の東部，北部の環境の厳しい海辺の砂浜にだけ生息する。その特殊な環境に生息するため，幼虫は砂浜に自生するハマエンドウ，ハマニンニクなどを食べて育ち，砂中で幼虫状態で越冬し，成虫は初秋に出現すると言われている（斜里町立知床博物館，2003）。国外ではロシアのサハリン，沿海州・アムールなどに分布している（岸田泰則（編），2011）。

(執筆者　山内　智／図の出典　亀田　満撮影)

■**学名解**：写真のフルショウヤガの学名を *Agrotis militaris* という．属名は(ギ)田舎者，農民という意味で，agrotēsの女性形．種小名は(ラ)兵士，兵士らしい，勇敢な．多数の幼虫が隊列を組んで移動するため．

日 本（北国）

北国の珍虫（6）稀少なチョウセンエグリシャチホコ

　チョウセンエグリシャチホコは，国内では北海道だけに分布する。層雲峡から初めて確認され，その後北海道東部で確認されているが，産地は少なくまれな種類である（亀田, 1989）。国外では朝鮮半島，中国，ロシア沿海州などに分布している（岸田泰則（編），2011）。生活史は不明な部分が多く，幼虫の食草はわかっていない。　　　　　（執筆者　山内　智／図の出典　亀田　満撮影）

■学名解：写真のチョウセンエグリシャチホコの学名を *Pterostoma griseum* という．属名は（ギ）pteron 翅，翼＋（ギ）stoma 口．種小名は（ラ）griseus の中性形で，灰色の．

日　本（北国）

雪国の珍虫（1）セッケイカワゲラ

　冬季積雪期に雪の上をはいまわる無翅のカワゲラ類は，日本からユキクロカワゲラ *Eocapnia nivalis* など10種以上が知られている．普通の有翅カワゲラ類と異なり，成虫は冬期の11〜4月に活動する．成虫は早春沢の上流部に産卵し，孵化幼虫は夏眠して晩秋川底に堆積した落葉を食べて急速に成長し，羽化した成虫は雪上で数ヶ月過ごす．比較的低温に強く−10〜10℃で活動できるが，より低温の夜間や悪天候には樹木と雪との隙間に潜り込んで過ごす．無翅は放熱を防ぎ，雪の中に潜り込むための適応である．雪の中は意外と有機質細片や「氷雪プランクトン」と呼ぶ微生物が生存し餌となる．　　　　　（執筆者　松村　雄／図の出典　松村　雄撮影）

　■**学名解**：属名 *Eocapnia* は（ギ）eōs 曙，曙の女神＋クロカワゲラ属 *Capnia* ＜（ギ）kapnos 煙，煙のように実体のないもの．小種名は（ラ）雪の．

日　本（北国）

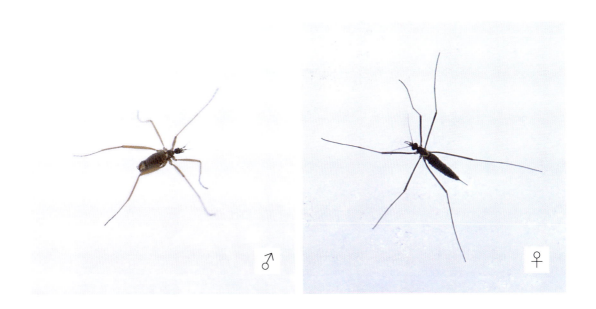

雪国の珍虫（2）クモガタガガンボ

　北国で冬の雪上生活に適応して，雌雄とも翅を退化させた無翅のガガンボ類であるが，雪の上を動きまわる姿はまるでクモのようだ。活動適正温度は－7～＋1.5℃，高温に弱くて手の平に載せるとすぐに弱ってしまう一方，低温にも弱くて外気温が－10℃以下になると斜面に生えた樹木の谷側にできた隙間などに潜り込んで凍死から免れるらしい。日本ではクモガタガガンボ属 *Chionea* は既知種3種の他に未知種がいるという。北海道，東北，北陸，中部の積雪地帯で冬季12月から3月にかけて成虫の活動が見られる。

（執筆者　松村　雄／図の出典　松村　雄撮影）

■学名解：属名 *Chionea* は（ギ）chioneos 雪の．

日 本（北国）

雪国の珍虫（3）オオナガスネユスリカ

　冬の積雪期，無風で暖かな晴天日に山地の雪原を，頼りなげにフワフワと飛んでいるユスリカを見かけることがある．雲が掛かり気温が下がると飛ぶのを止めて雪面に降り立つ．そんなユスリカの1種，オオナガスネユスリカ *Micropsectra yunoprima* は栃木県日光市の標高1,500 m前後の高地にある湯元温泉と中禅寺湖畔で採集された標本により原記載された．日光や那須の山地で発生が多く，幼虫は山地の温泉水や湧水が湧き出る湿地の泥中で生育するので，湿地付近の雪上で成虫の活動がよく見られる． （執筆者　松村　雄／図の出典　松村　雄撮影）

　■学名解：属名 *Micropsectra* は（ギ）mikros 小さい＋ヒメカゲロウ *Psectra* ＜（ギ）psēktra 馬櫛．種小名 *yunoprima* は佐々 学先生お得意の命名法で，湯元温泉でとれた第1番目のユスリカ，の意．

日 本（北国）

雪国の珍虫（4）デカトゲトビムシ

　真冬の山地で晴天時に陽の当たる雪原や湿地の雪面を注視すると，糸状の長い触角に 6 mm 程の細長い胴体の虫が雪面を移動していて，捕らえようとすると飛び跳ねるか雪の中に潜り込んでしまう。大抵のトビムシ類は体長3 mm以下の微小サイズで見つけにくいが，デカトゲトビムシ *Tomocerus cuspidatus* は体長6 mmもあるので特に目に触れやすい。温暖期に土壌動物としてツルグレン装置で採集された記録もあり，普通は浅い土壌中に生息するようだ。冬季にわざわざ分厚い積雪上に現れ，低温の雪面で活動するのはどうしてなのだろうか？

（執筆者　松村　雄／図の出典　松村　雄撮影）

■学名解：属名 *Tomocerus* は（ギ）tomos切片＋（ギ）keras触角．種小名 *cuspidatus* は（ラ）尖ったもの．

日 本 (本州高山)

立山連峰の昆虫たち (1)

　モトドマリクロハナアブ *Cheilosia motodomariensis* は中型のハナアブで，体は黒色，毛は橙色〜黄色，胸部後半に黒帯がある。東アジアに広く分布し，日本では中部・東北地方に産し，富山県では立山連峰の亜高山・高山地帯にいて，お花畑で見られる。

(執筆者　根来　尚／図の出典　根来　尚撮影)

■学名解：属名は(ギ)cheilos口吻＋接尾辞-ia. 口吻に特徴のある，の意. 種小名は産地名由来.

立山連峰の昆虫たち (2)

　タカネベッコウハナアブ *Volucella bombylans* は大型のハナアブ科の一種で，黄色の長毛に覆われる。胸部中央と腹部に黒斑がある。ベッコウハナアブに似るが，顔面が黄色なので区別できる。日本では本州中部北アルプス（立山連峰と燕岳）から知られるのみ。お花畑にいて，幼虫はマルハナバチの巣で生活するらしいが，日本では未調査。立山の室堂平や五色ヶ原のお花畑に稀ではない。　　　　　　　　　　　　　（執筆者　根来　尚／図の出典　根来　尚撮影）

　■学名解：属名は(ラ)volucer 翼のある，飛ぶことができる＋縮小辞-ella. 小さい，愛らしいハエ，の意．
　　種小名は(ギ)bombyx をラテン語化したもので，ブンブン(いって)飛ぶもの，の意．

日 本（本州高山）

立山連峰の昆虫たち（3）

　ヒメマルハナバチ Bombus (Pyrobombus) beaticola beaticola は大型のハナバチの一種で，体は淡黄色〜淡橙色の長毛に密に覆われ，胸部と腹部に黒帯がある。日本の固有種で，本州中部から北海道に分布する。初夏から秋に，亜高山・高山のお花畑で多くの花を訪れる。高山帯の上部では，訪花ハナバチの約80％は本種が占める。　　　（執筆者　根来　尚／図の出典　根来　尚撮影）

■**学名解**：属名は（ギ）bombos ぶんぶんいう音（を立てて飛ぶ虫）．亜属名は（ギ）pyr（属格 pyros）火（のように赤い）＋ Bombus．種小名は（ラ）beatus 幸福な＋（ラ）-cola 〜に住むもの．

日 本（本州高山）

立山連峰の昆虫たち（4）

　ナガマルハナバチ *Bombus* (*Megabombus*) *consobrinus* の顔面とマーラースペイスは日本のマルハナバチ類中で最も長い。胸の毛は橙色で，黒い毛は混じらない。営巣地は亜高山地帯である。高山のトリカブト類を好んで訪花する。　　　　　　（執筆者　根来　尚／図の出典　根来　尚撮影）

■学名解：亜属名は（ギ）megas 大きな + *Bombus*．種小名は（ラ）従兄弟（特に母方の）．

　（注）素木得一博士はその名著『昆虫学辞典』で malar space（複眼の下縁と大顎の基部との空間）を磨縁部と訳されたが，唯一の迷訳（名訳ではない）である。その意味が解らない。この部分はある種のハナバチ，例えばマルハナバチ属 *Bombus* に現れ，分類の一つの指標となる。字訳は「頬部」であるが，英語読みの「マーラースペイス」をお勧めする（平嶋記）。

日 本（本州高山）

立山連峰の昆虫たち（5）

　ニッポンヤドリマルハナバチ *Bombus (Psithyrus) norvegicus japonicus* は安松京三先生（九州大学名誉教授，故人）の命名にかかる珍品で，個体数は多くない。ヒメマルハナバチ（上述）に労働寄生するハナバチで，本州中部山岳地帯に産するが，九州の高山からも記録がある。本種（亜種ではない）は旧北区に広く分布する。以前は別属 *Psithyrus* と扱われた。淡黄色の長い毛はやや疎らである。
（執筆者　根来　尚／図の出典　根来　尚撮影）

　■学名解：亜属名は(ギ)psithyrosささやく(囁く)．種小名は(ラ)ノルウェーの．亜種名は近代(ラ)日本の．

立山連峰の昆虫たち（6）

　タテヤマヒメハナバチ *Andrena (Euandrena) tateyamana* は中型のほっそりしたヒメハナバチで，全体黒色で斑紋はない．日本固有種であるが，これといった特徴はないので，同定は専門家に依頼せねばならない．本州中部北アルプスや立山連峰の亜高山・高山帯にいる．

（執筆者　根来　尚／図の出典　根来　尚撮影）

■**学名解**：属名は（ギ）anthrēnēスズメバチの綴りかえ．亜属名は（ギ）eu-良い，真の＋ *Andrena*．種小名は産地に因む命名で，立山の．

日 本 (里山)

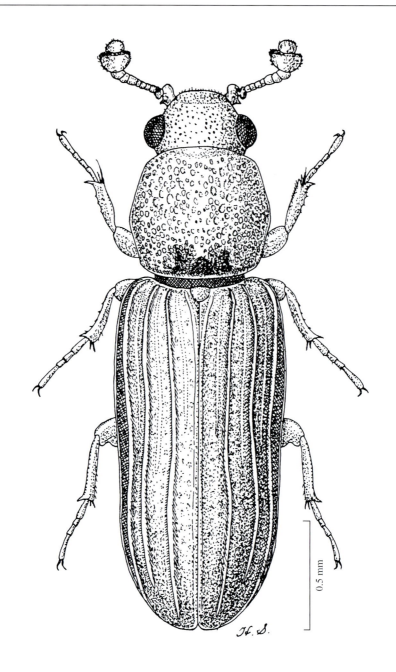

珍虫イノウエホソカタ

　ムキヒゲホソカタムシ亜科Bothriderinae（現在独立の科扱い）の日本産既知種は13種未満であるが，20年前に福井県で発見された新種のイノウエホソカタ *Antibothrus morimotoi*（図示）は形もさることながら，変なことで注意を集める。即ち，和名は発見者のイノウエ（井上）であるが，学名（種小名）は別人の名である。奇妙な話。

（執筆者　平嶋義宏／図の出典　H. Sasaji博士, 1997）

▓学名解：属名は（ギ）anti-対抗して＋（ギ）bothros穴，孔．種小名は甲虫学者森本　桂博士に因む．

日 本 (里山)

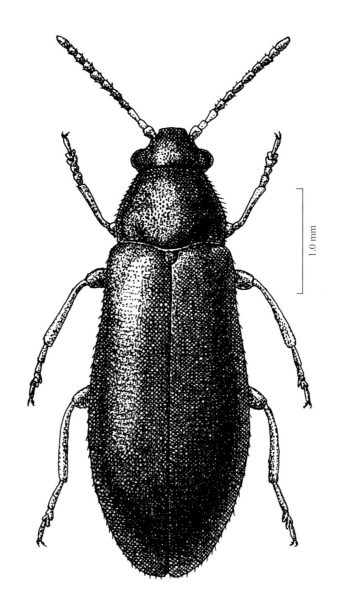

世界の珍虫アオグロアカハネムシ

　ここでいう珍虫とは，世界に2種しかいない虫の日本産の1種，ということである。それはアカハネムシ科のアオグロアカハネムシ *Tydessa lewisi* で，もう1種は北米産の *Tydessa blaisdelli* である。実に珍しい甲虫である。

　この虫は図に見るごとく形態的に特別に変わった点はないようである。ただし専門家がみたら新属であった。その属名 *Tydessa* は *Dasytes* のアナグラム（文字の綴りかえ）である。後者は（ギ）dasytēs 毛むくじゃらの，に由来。

　この短文は『福井虫報』31号に発表された佐々治博士の報文を引用した。

（執筆者　平嶋義宏／図の出典　佐々治寛之，2002）

日　本 (里山)

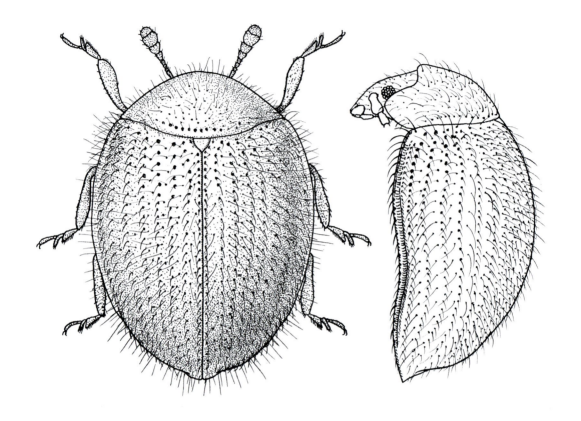

日本最小のテントウムシ

　日本最小(体長1.0〜1.1 mm)のテントウムシをムクゲチビテントウムシ *Scotoscymnus japonicus* という。実はこの虫は当初 *Sukunahikona* という新属の下に記載発表されたものである。少彦名命とは日本の神話時代に，大国主命の国づくりに協力して農業や医療技術を発展させたという小さな神様である。図に見るようにこれは何の変哲もない小さなテントウムシであるが，小さいことを暗示する少彦名命の名が消えたのは残念である。

(執筆者　平嶋義宏／図の出典　佐々治寛之, 2002)

■学名解：属名 *Scotoscymnus* は(ギ)skotos 暗い＋ヒメテントウムシ *Scymnus* ＜(ギ)skymnos 動物の仔(一般に愛らしい).

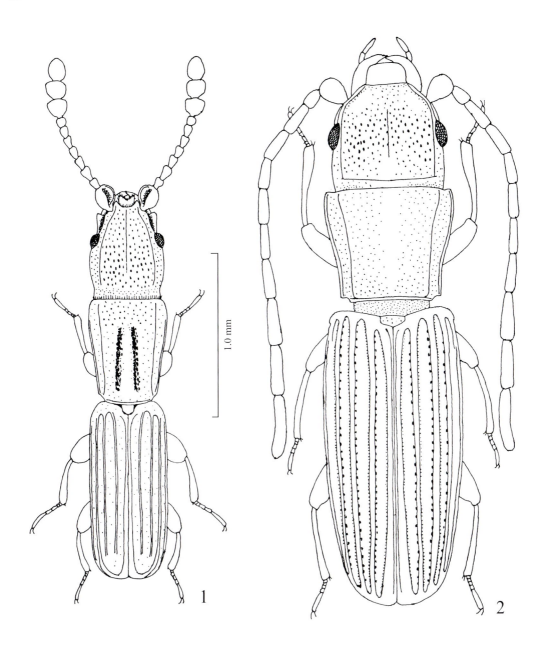

本州産のホソチビヒラタムシ

　Kontyû（昆虫）の54 (4) : 681-687に本州産のホソチビヒラタムシ *Leptophloeus* の2新種の発表があった。ムナクボホソチビヒラタムシ *L. foveicollis*（図の1）とヒゲナガホソチビヒラタムシ *L. abei*（図の2）である。一見して意表をつく形である。両者の大きな違いは触角である。後者は図に見るように触角が長く，先端3節が球状に膨らんでいない。

（執筆者　平嶋義宏／図の出典　H. Sasaji, 1986）

■学名解：属名は（ギ）leptos細い，瘠せた＋（ギ）phloios樹皮，皮．種小名 *foveicollis* は（ラ）fovea穴＋（ラ）collum首．種小名 *abei* は採集者のA. Abe氏に因む．

日 本（里山）

我が国に侵入したクビアカツヤカミキリ

　クビアカツヤカミキリ *Aromia bungii* は我が国の近隣諸国にいる天牛で，我が国には2012年に愛知県で発見され，その後埼玉県や群馬県ほかに広がり，徳島県では2015年に記録された。全体が光沢のある黒色であるが，前胸背が赤い（黒い個体もいる）という特徴的な種である。サクラやモモの生木を加害する。成虫はかなり強い臭いを出し，虫かごに雌をいれておくと雄が誘引されるという。　　　　　　　　　　　　　　（執筆者　大原賢二・平嶋義宏／図の出典　大原賢二撮影）

　■**学名解**：属名は(ギ)arōma匂い，香料＋接尾辞-ia. 種小名は人名由来.

日　本（里山）

高尾山の珍虫2種

　筆者の感想では，高尾山は実力よりも名前が売れすぎているようである．しかし，藤田　宏・山口　茂氏の著『高尾山の昆虫　430種！』を見ると，これは珍品と思われるものが目に付く．ここにその2種，すなわち天牛のオオトラカミキリ *Xylotrechus villioni*（図の1）とタテジマカミキリ *Aulaconotus pachypezoides*（図の2）を紹介する．前者はスズメバチそっくりで，後者は本種が越冬するカクレミノなどの生木の樹皮そっくりである．どこにいるか探してみて下さい．

（執筆者　藤田　宏・平嶋義宏／図の出典　藤田　宏，2015）

■学名解：属名 *Xylotrechus* は（ギ）xylon 木，樹＋（ギ）trechō 走る．種小名は人名由来．属名 *Aulaconotus* は（ギ）畑のみぞ＋（ギ）nōton 背．背に溝がある，の意．種小名は種名 *pachypeza* に似たもの，の意＜（ギ）pachys がっちりした＋（ラ）pes（属格 pedis）足＋接尾辞 -oides ～に似たもの．

日 本（里山）

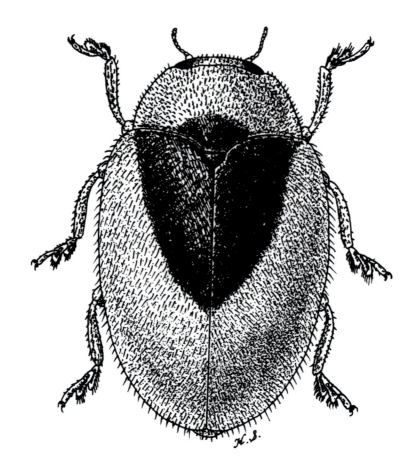

素人目には珍虫と見えない珍虫

　中池見（なかいけみ）とは福井県敦賀市にある湿地の名である。面積25haとやや小さいが，ここは日本生態学会や多くの自然保護団体から保全の必要があるとアピールされている。生物相が豊富なのである。

　ここで発見された2 mmほどの小さなテントウムシがナカイケミヒメテントウ *Scymnus* (*Neopullus*) *nakaikemensis* と命名された。主に佐々治博士の業績である。この虫は素人目にはパッとしないが，専門家には貴重な発見らしい。　　　（執筆者　平嶋義宏／図の出典　佐々治寛之，1996）

　■学名解：属名は（ギ）skymnos動物の仔．愛らしいという意味の命名．亜属名は（ギ）neo-あたらしい＋（ラ）pullus動物の子．種小名は「中池見湿原の」．

日　本（里山）

珍虫ハネナガウンカ2種

　宮崎昆虫同好会の機関誌『タテハモドキ』には時々吃驚するような写真や記事が出る。ここに紹介する2種のハネナガウンカもその例である。上段の虫はスケバコウモリハネナガウンカ *Parapeggis* sp.，下段の虫はミナミマエグロハネナガウンカ *Zoraida* sp.である。ハネナガウンカの翅は長くて虫体に比して長く大きいが，飛翔力は弱い。滅多に人目にはつかないが，よく見ると，翅は透き通っていて，愛らしい。ここに示した写真は2枚とも新開　孝氏の撮影である。この写真の転載についていろいろお世話になった木野田　毅氏に感謝します。

（執筆者　平嶋義宏／図の出典　八木真紀子ら，2010）

　■学名解：属名 *Parapeggis* は（ギ）para-副，側，近＋（ギ）pēgos強い，逞しい．別の属名 *Zoraida* は（ギ）zō生きる＋（ギ）oraō配慮する＋（ギ）eidos外見，姿．

日 本（里山）

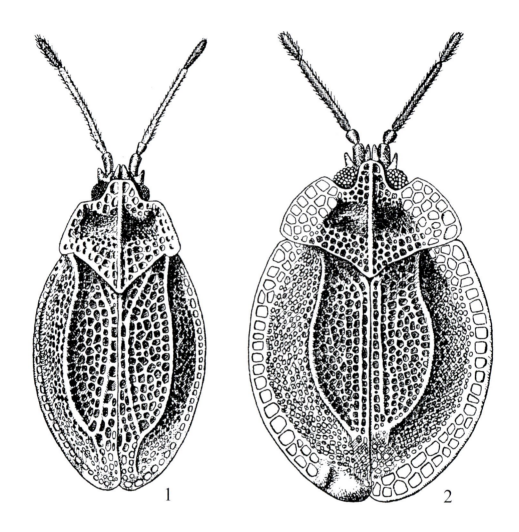

稀種マルグンバイムシの2種

　この形のグンバイムシ（軍配虫）は非常に稀な種類で，めったにお目にかかれない。コケに生息することも特異で，時にコケグンバイともいわれ形も面白く，珍虫の名に値しよう。

　1： *Acalypta hirashimai*。
　2： *Acalypta miyamotoi*。

　1は層雲峡（北海道）の森林中の大木に生えたコケの中に生息していた（筆者の採集）。2は九州産。　　　　　　　　　　　　　　　　　（執筆者　平嶋義宏／図の出典　C. Takeya, 1962）

　■学名解：属名は（ギ）akalyptos覆いのしてない．種小名は採集者の平嶋義宏博士に因む．種小名は採集者の宮本正一博士に因む．

日　本（里山）

花蜂の稀種クロツヤケアシハナバチ

　クサレダマを訪花するのでシロアシクサレダマバチとも呼ばれる。北海道と本州から知られ，九州からは記録がない。雌の後脚に発達する花粉採集毛は特に密生して非常に特徴的である。体長11 mm未満。欧州では本属のハナバチにイペオロイーデス *Epeoloides* が労働寄生する。この寄生ハナバチは日本からも見つかると思われる。

（執筆者　平嶋義宏／図の出典　平嶋義宏原図）

■学名解：*Macropis tibialis* の属名は（ギ）makros 大きな＋（ギ）ōps（属格 ōpos）眼（顔）．種小名は（ラ）脛節の．ここに花粉運搬用の毛のスコパがよく発達しているため．

日 本 (里山)

世界的な珍虫ヤスマツヒメハナバチ

　ヤスマツヒメハナバチは前翅の肘室が2つしかないのが特徴の一つで，特別な亜属 *Parandrena* に属する．滅多に採集されない．この亜属は国外では北米のみにしか分布しない．珍虫たるゆえんである．体長10 mm未満．　　　　　（執筆者　平嶋義宏／図の出典　平嶋義宏原図）

　■**学名解**：*Andrena (Parandrena) yasumatsui* の属名は（ギ）anthrēnē の綴りかえ．原意はスズメバチ（英語の hornet, wasp）．亜属名は「*Andrena* に近いもの」の意で，para- は接頭辞で，副，側，近を意味する．種小名は筆者の命名で恩師安松京三博士に奉献したもの．

日 本（里山）

毛の色が違うミカドヒメハナバチ

　ミカドヒメハナバチ *Andrena mikado* は大型（雌で13～15 mm）のヒメハナバチで，しかも体毛が密で長い。写真のように，雌の体毛に黄褐色型と黒色型がある。この色の違いはハキリバチにも似たような例がある。雄は図示していないが，小さくて細く，熟練しないと雌雄の取り合わせは困難である。里山に多い。　　　　　（執筆者　須田博久・平嶋義宏／図の出典　須田博久撮影）

日 本（里山）

▲ ウツギヒメハナバチの幼態（卵 A から前蛹 D まで）とウツギの花から吸蜜する成虫（E）

ウツギヒメハナバチ

（図の出典　前田泰生, 2000／解説は次頁に）

日　本（里山）

楽音寺境内のウツギヒメハナバチの大営巣集団

　兵庫県朝来市山東町に楽音寺という古刹があり，毎年，5月下旬になるとハナバチの大群が営巣しているという話を聞いて，著者の一人前田泰生（島根大学）が調査に乗り出した。調査の結果非常に面白い事実が判明し，それを纏めて『但馬・楽音寺のウツギヒメハナバチ，その生態と保護』（海游舎）と題して出版した。

　その標本を送ってもらって，筆者（平嶋）は一目見てこれはウツギヒメハナバチ *Andrena prostomias* であると同定した。このハナバチは *Andrena* の中では大型で，頭部が大きく，独特の顔をしているので，馴れるとすぐ同定できる。

　Andrena は例年営巣場所をかえるように思われているが，このお寺のウツギヒメハナバチは連続して同じ境内に営巣する。その秘密は寺の先代の住職の藤本義園翁が80年にわたって保護してこられたせいであるという。営巣地は1984年3月に兵庫県史蹟名勝天然記念物に指定されて保護が加えられ，更に，1993年には楽音寺のある谷（6.3 ha）全体がヒメハナ公園として開発され，テーマパークとして地域の人や観光客に親しまれているという。

　筆者は最近前田先生に問い合わせてみた。このハナバチの集団は今でも元気ですか，と。最近は見ていないのでよくわからない，という返事であった。筆者が一番心配するのは保護が適切でないとその集団は衰えて，霧散するだろう，ということである。小さな昆虫にも魂があり，自分の生活を守るのである。　　　　　　　　　　　（執筆者　前田泰生・平嶋義宏／図の出典　前田泰生, 2000）

日　本（里山）

▲図1

ハナバチ各種の花粉採集毛（1）

（図の出典　幾留秀一撮影／解説は次々頁に）

日　本（里山）

▲図2

ハナバチ各種の花粉採集毛（2）

（図の出典　幾留秀一撮影／解説は次頁に）

ハナバチ各種の花粉採集毛

ハナバチ類の多くの種は，幼虫の餌として雌成虫が花蜜と花粉を花から採集して巣へ運ぶ。花蜜は中舌で吸い取られ，胃に蓄えて運ばれるが，花粉は運ばれる部位によって幾つかのタイプがあり，それ相応にハナバチの体（特に体毛）にも変化が見られる。その変化は，習性や生活史とともに進化過程と無関係ではない。

タイプ1：花粉を採集する毛が発達しないため，花粉は中舌で花蜜と一緒に飲み込んで運ぶ。ムカシハナバチ科Colletidaeのメンハナバチ属 *Hylaeus* の全種。例えば，オモゴメンハナバチ *Hylaeus* (*Prosopis*) *submonticola*（図1の1，2）。

タイプ2：後脚の花粉採集毛に花粉粒を付着させて運ぶ。多くのハナバチはこのタイプに該当するが，花粉採集毛の発達する部位やその程度は種によって異なる。例えば，コハナバチ科Halictidaeのサビイロカタコハナバチ *Lasioglossum mutilum*（図1の3，4）のように，腿節によく枝分かれしたカールする長毛の花粉籠を持つもの，ケアシハナバチ科Melittidaeのシロスジフデアシハナバチ *Dasypoda japonica*（図2の3）のように，脛節と跗節に長毛の刷毛を持つものなど。

タイプ3：後脚及び腹部腹面の刷毛に花粉粒を付着させて運ぶ。例えば，コハナバチ科のエサキコンボウハナバチ *Lipotriches ceratina*（図1の5，6）。

タイプ4：後脚の刷毛及び前伸腹節側面の花粉籠に花粉粒を付着させて運ぶ。例えば，ヒメハナバチ科Andrenidaeのナカヒラアシヒメハナバチ *Andrena* (*Simandrena*) *opacifovea*（図2の1，2）。

タイプ5：専ら腹部腹面の刷毛に花粉粒を付着させて運ぶ。労働寄生性を除くハキリバチ科Megachilidaeのハナバチに共通する特徴である。例えば，バラハキリバチ *Megachile nipponica*（図2の4）。

タイプ6：後脚脛節の縁毛の内側に花粉を塊状にして運ぶ。ミツバチ科Apidaeのマルハナバチ属 *Bombus* 及びミツバチ属 *Apis*。例えば，セイヨウミツバチ *Apis mellifera*（図2の5，6）。

ところが，何処にもずる賢い（？）者がいるものである。ハナバチの世界では，自らは花蜜・花粉を採集しないで，他人様の巣に主の留守を見計らって忍び込み，蓄えられた花粉団子（花粉が蜂蜜で練られた塊）に自らの卵を1個産み付けるハナバチがいる。これは労働寄生性cleptoparasitic と呼ばれている。例としては，コハナバチ科のヤドリコハナバチ属 *Sphecodes*, *Nomada* ほか7属がある。ここには図示していない。

(執筆者　幾留秀一)

■**学名解**：属名 *Hylaeus* は（ギ）hylaios 森の．亜属名 *Prosopis* は（ギ）prosōpon 顔，の変形（雄の顔面に黄色斑のあるのを表現．種小名 *submonticola* は種 *monticola*（山地の住人）に近いもの，の意．属名 *Lasioglossum* は（ギ）毛深い舌の．種小名 *mutilum* は（ラ）mutilus の中性形で，体の一部が切断された．属名 *Dasypoda* は（ギ）毛深い脚．種小名 *japonica* は japonicus の女性形で，日本の．属名 *Lipotriches* は（ギ）毛のない．種小名 *ceratina* は（ギ）keratinos 角製の．属名 *Andrena* は（ギ）anthdrēnē スズメバチの綴りかえ．亜属名 *Simandrena* は（ギ）simos くぼんだ＋*Andrena*．種小名 *opacifovea* は（ラ）opacus 蔭の，暗い＋（ラ）fovea 穴．*Andrena* 属に特有な facial fovea（顔面浅孔）を指す．属名 *Megachile* は（ギ）大きな cheilos 上唇．種小名 *nipponica* は近代（ラ）日本の．属名 *Apis* と種小名 *mellifera* は既に解説した．属名 *Sphecodes* はアナバチ属 *Sphex* に似たもの．（ギ）sphēx はスズメバチなど．*Nomada* は（ギ）nomas（属格 nomados）より．徘徊する，牧草を求めてさ迷う．

日　本（里山）

触角柄節が団扇状に膨張するメンハナバチの雄

（図の出典　幾留秀一撮影／解説は次頁に）

日　本（里山）

触角柄節が団扇状に膨張するメンハナバチの雄

　メンハナバチ属 *Hylaeus* のハナバチは，ハチ目（膜翅目）Hymenoptera，ミツバチ上科 Apoidea，ムカシハナバチ科 Colletidae に属し，体長3.5～7.5 mm と小型で細く，体毛は貧弱。雌は花粉採集毛を持っていないので，花蜜とともに花粉も飲み込んで巣へ持ち帰る。このような特徴から，メンハナバチ類は，系統的には狩蜂のアナバチ類に近く，したがってハナバチ群 Apiformes の中では最も原始的な一群と考えられている。

　日本からは26種が知られ，これらは7亜属にグループ分けされている。なかでもツノブトメンハナバチ亜属 *Lambdopsis* は，雄の顔面に黄色斑が発達し，かつ，雄の触角柄節が団扇状に横に膨張する特徴を持つ。その特化の理由は何か。いろいろと想像を巡らしてみるのは面白い。

　本亜属の日本産種は以下の4種である。

　1：ホソメンハナバチ *Hylaeus macilentus*（図の1，2）。北海道，本州及び九州から知られるが，採集記録は少ない。成虫の活動期は，雌が5月から9月，雄が7月から8月。訪花記録としては，ヒメジョオンほかがある。

　2：ナンセイメンハナバチ *Hylaeus nanseiensis*（図の3，4）。南西諸島（奄美大島以南宮古島）に産し，成虫の活動期は6月から8月。雄の腹部第3腹板には1対の顕著な突起がある（図の3中の赤矢印）。ハマゴウなどの訪花記録がある。

　3：ツノブトメンハナバチ *Hylaeus pfankuchi*（図の5）。ヨーロッパから日本に至る旧北区に広く分布し，成虫の活動期が5月から10月までと長いこともあって，訪花記録は多種に及ぶ（タンポポ，ハマナス，シロツメクサなど）。

　4：イケダメンハナバチ *Hylaeus ikedai*（図の6）。小笠原諸島の固有種で，成虫の活動期は4月中旬から9月。オガサワラアザミ，グンバイヒルガオなどの訪花記録がある。

（執筆者　幾留秀一／図の出典　幾留秀一撮影）

■**学名解**：属名 *Hylaeus* は（ギ）hylaios 森の．亜属名 *Lambdopsis* は（ギ）labda ＝ lambda ラムダ Λ，λ という文字＋（ギ）ōpsis 容貌の＜ōps 眼，顔，容貌．種小名 *macilentus* は（ラ）痩せた，細い．種小名 *nanseiensis* は近代（ラ）南西諸島の．種小名 *pfankuchi* は人名由来．委細不明．種小名 *ikedai* は池田氏の．名は失念．

日　本（里山）

宗像・沖ノ島を代表するハナバチと
南西諸島を代表するメンハナバチ

（図の出典　幾留秀一撮影／解説は次頁に）

日 本（里山）

宗像・沖ノ島を代表するハナバチと
南西諸島を代表するメンハナバチ

　宗像・沖ノ島（筑前沖ノ島）といえば対馬海峡の東，壱岐の島の東北方に位置する小さな島であるが，ごく最近（2017年7月9日），沖ノ島とその関連遺産群がユネスコにより「世界文化遺産」として承認され登録が決まったので，地元は歓喜にわいた。小さな「神宿る島」が世界の注目をあびたのである。

　この島に上陸するには宗像大社の許可がいる。著者の一人平嶋は昭和25年に同僚の数名と共に特別の許可をもらってこの島に上陸（海に飛び込んで禊が必要）して昆虫採集をした。その時に捕獲したのがクロシオメンハナバチ *Hylaeus* (*Nesoprosopis*) *insularum* である。沖ノ島で採ったハナバチはこれ一種しかなかった。まさに沖ノ島を代表するハナバチといって差し支えない。このハナバチは種小名（ラテン語で島々の）が示すように南西諸島が主産地である。小型ではあるが，均整のとれた美しいハナバチである。図示するように雌雄の黄色い顔面斑が特徴の一つである。昔，筆者（平嶋）はこの新種を記載しながら非常に楽しかったことをよく覚えている。

　図示したもう一つのマエタメンハナバチ *Hylaeus* (*Nesoprosopis*) *maetai* は南西諸島の特産種である。著者の一人幾留の命名である。頭（顔面）の形状と黄斑のあり方が違う。

　ここに示した2種はともに *Nesoprosopis* 亜属（島のプロソピス）に所属する。このネソプロソピスは，もとは属扱いでハワイ諸島の特産であったが，平嶋の研究により，日本にも産する（8種）ことが明らかになった。ハワイのネソプロソピスには50種以上も含まれ，昆虫の適応放散の好例の一つとされる。現在は亜属扱いである。

　1，2，3：クロシオメンハナバチ *Hylaeus* (*Nesoprosopis*) *insularum insularum*（1は雌全身側面，2は雌頭部前面，3は雄頭部前面）。種小名は（ラ）島々の。

　4，5：マエタメンハナバチ *Hylaeus* (*Nesoprosopis*) *maetai*（4は雌頭部前面，5は雄頭部前面）。種小名は前田泰生博士（島根大学名誉教授）に因む。　　　　　　（執筆者　平嶋義宏・幾留秀一）

　　　（注）昆虫学とは関係ないが，筑前沖ノ島は他でも有名である。即ち，明治37・38年の日露戦争の時の，日本海海戦の舞台になったからである。正確にいえば沖ノ島の西南方の海上で戦端が開かれたのである。かの有名な『皇国の興廃この一戦にあり。各員一層奮励努力せよ』とのZ旗が旗艦三笠のマストに上がったのもこの海域である。その歴史的な砲撃戦を沖ノ島の木に登ってつぶさに目撃した人がいる。佐藤市五郎さんといって，当時18歳の少年で，宗像大社の雑役夫であった。このことは司馬遼太郎の『坂の上の雲』の第八巻に詳しく出ている。実は筆者（平嶋）も昭和25年に年老いた佐藤さんに会い，海戦の模様をつぶさに聞いたのである。彼の話は海戦を目の前で見ているようで血沸き肉踊る感であった。連合艦隊司令長官東郷平八郎大将（のち元帥）の丁字形戦法を目の当たりにした思いであった（平嶋記）。

日 本 (里山)

シロオビツツハナバチの習性の一端と幼虫室

　筆者が1953年当時，飼育して習性観察をしていたシロオビツツハナバチ *Osmia excavata* の姿の一端を紹介したい．上図は室内で放飼していた時，窓枠の隙間で夜を過ごしたハチたちの姿である．顔が白いのが雄である．下図は巣の中で完成した幼虫室である．泥壁で仕切られた部屋の奥に蓄えられた花粉団子（主にナタネの花粉を花蜜でこね合わせたもの．これを完成するのに晴天の日にほぼ1日を要する）に卵が産みつけられている．目盛りは1mm．

(執筆者　平嶋義宏／図の出典　平嶋義宏, 1957)

■**学名解**：属名は(ギ)osmē匂い．このハナバチには特有の匂いがある．種小名は(ラ)孔をうがかれた．雌蜂の顔面下部が大きく抉られているため．

日 本（里山）

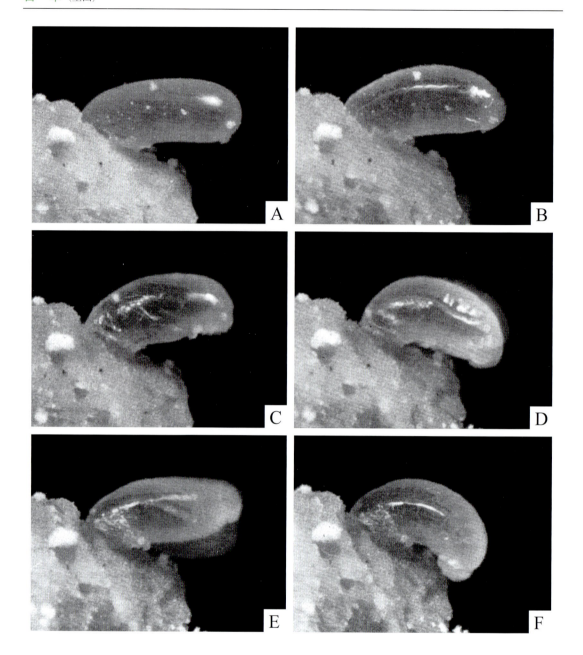

シロオビツツハナバチの幼虫の孵化の連続写真

　この写真はシロオビツツハナバチ *Osmia excavata* という名の花蜂の卵（幼虫）の孵化の連続写真で，天下に誇ってよいものである，と撮影者の筆者は確信している。1956年4月20日の夜に筆者が撮影したもので，九州大学農学部学芸雑誌，第16巻第2号に発表したもの。卵の長さは約2 mm。孵化が始まると（図のA），先ず体を延ばし，先端の牙で卵殻をつきやぶる（図のB）。1齢幼虫の誕生である。そうして花粉団子にしっかり乗ったまま，体の前後動（蠕動）と上下動によって卵殻を体の後方に押しやる（図のC～E）。それがすむと脱皮完了であり，すぐ花粉団子を食べ始める（図のF）。そうして成虫（親蜂）が巣の中で誕生するのである。

（執筆者　平嶋義宏／図の出典　平嶋義宏, 1957）

日本（里山）

▲ 社会寄生種チャイロスズメバチがホストのキイロスズメバチから食物を口移しで受け取る

▲ 寄生者の幼虫を世話するホストのキイロスズメバチ

▲ 社会寄生を受けた巣（上部の色の薄い部分が，元はキイロスズメバチの巣であった）

社会寄生性チャイロスズメバチの行動

　越冬したチャイロスズメバチの雌蜂は，すでに営巣活動をしているキイロスズメバチの巣に侵入し，女王蜂を刺し殺して巣をのっとる。これを社会寄生という。その後生まれた寄生者のチャイロスズメバチの働き蜂はホストのキイロスズメバチの働き蜂とは仲良く暮らしている。同じ巣にいても，体色がまったく違うので，寄生者とホストは簡単に区別される。

（執筆者　小野正人／図の出典　小野正人『スズメバチの科学』，1997）

■**学名解**：チャイロスズメバチ *Vespa dybowskii* の属名は（ラ）スズメバチ，種小名は人名由来でDybowski氏の．詳細不明．キイロスズメバチ *Vespa simillima xanthoptera* の種小名は（ラ）similis（類似した，同様の）の最上級simillimusの女性形．亜種小名は（ギ）黄色い翅の．

日 本（里山）

▲ 1：エノキカイガラキジラミ夏型雄　2：エノキカイガラキジラミ夏型雌（日浦　勇氏描く）3：エノキカイガラキジラミ秋型雌　4：クロオビカイガラキジラミの雌　5：エノキカイガラキジラミの虫えい。ツノ状　6：クロオビカイガラキジラミの虫えい。コブ（イボ）状　7：エノキカイガラキジラミ幼虫の貝殻状被膜。直径約 5 mm　8：エノキカイガラキジラミの貝殻状被膜を開いたところ

貝殻状の被膜を作るカイガラキジラミ類

（図の出典　宮武頼夫撮影。2 は（故）日浦　勇氏描く／解説は次頁に）

日 本（里山）

貝殻状の被膜を作るカイガラキジラミ類

　この黒いキジラミに初めて出会ったのは，1958年6月28日，福岡県添田郡英彦山にある九州大学彦山生物学研究所の下の沢沿いで，1匹だけネットに入ったが，どの植物につくかはわからなかった。2回目の出会いは1966年7月，長野県島々谷で採集した時で，この時も1匹だけで嬉しさと悔しさが残った。1967年6月8日，博物館の上司の故日浦　勇氏の案内で，大阪北部の豊能町初谷へ行事の下見に行った時，道ばたの低いエノキをすくってみると，あの黒いキジラミが何匹も入っているではないか。葉には幼虫もいて，葉表に角状の虫えいを作り，葉裏には真っ白な丸い貝殻状の被膜が覆っている。このような習性を持つキジラミは，我が国では初めてだったので，1968年にエノキカイガラキジラミ *Pachypsylla*（現在は *Celtisaspis*）*japonica* の名で，新種記載の論文を発表した。スケッチの上手な日浦氏は全形図を描いて，論文に花を添えて下さった（図の2）。その後の調査でこのキジラミは年2化（夏型は6〜7月，秋型は10月下旬〜11月に成虫が羽化）であることがわかった。

　一方，1978年7月，埼玉県さいたま市（旧浦和市）で，故薄葉　重氏によって，近縁の別種が発見された。雌雄とも前翅に黒い帯模様があって，エノキカイガラキジラミ秋型のメスによく似ているが，色々形態的に異なっていたので，1980年にクロオビカイガラキジラミ *Pachypsylla*（現在は *Celtisaspis*）*usubai* として，新種の記載をした。本種の幼虫は葉裏に同じような白い貝殻状の被膜を作るが，葉表の虫えいは丸いコブ状になっている。本種は年1化で，6〜7月に成虫が羽化，卵で越夏越冬する。

　エノキカイガラキジラミとクロオビカイガラキジラミの国内での分布はどうなっているか興味深いが，自分で日本全国を回るのはとても大変なので，知人に頼んで情報の提供を依頼した。賞品として，府県単位でどちらかの種を見つければ，サントリーオールドを贈ることにした。おかげで，各地から情報が集まり，エノキカイガラキジラミは栃木県から熊本県，クロオビカイガラキジラミは青森県から鹿児島県まで分布することがわかった。まだ不明な地域がいくつか残っている。北海道，岩手，山形，秋田，新潟，群馬，石川，広島，山口と四国4県である。まだ賞品は有効なので，諸賢のご協力をお願いしたい。　　　　　　　　　　（執筆者　宮武頼夫）

■**学名解**：属名 *Pachypsylla* の構成は（ギ）pachys がっちりした，厚い＋キジラミ属 *Psylla* ＜（ギ）psylla ノミ（蚤）．属名 *Celtiaspis* の構成はエノキ *Celtis* ＋（ギ）aspis 盾．種小名は近代（ラ）日本の．種小名 *usubai* は（故）薄葉　重氏に因む．

日 本（里山）

キジラミの美麗種

（図の出典　1〜7は林　成多氏撮影，8は宮武頼夫撮影／解説は次頁に）

キジラミの美麗種

1：ジャケツイバラキジラミ雌 *Euphalerus hiurai* Miyatake（キジラミ科）。前翅の斑紋が美しく，特に中央の菱形紋が目立つ。幼虫はジャケツイバラの葉を折りたたんだ虫えいを作る。全長（頭から前翅の先まで）約3 mm。

2：ベニキジラミ雌 *Cacopsylla coccinea* (Kuwayama)（キジラミ科）。全身真紅の美しい種。幼虫はアケビ類につき，葉を折りたたんだ赤紫色の虫えいを作り，白いワックスや甘露がはみ出している。秋型は色彩が変わり，全身が茶褐色〜灰褐色になる。全長約2.5 mm。

3：シロスジキジラミ雌 *Cacopsylla albovenosa* (Kuwayama)（キジラミ科）。前翅は茶褐色で，翅脈にそって白いスジ模様が際立って美しい。ブナ林など冷温帯の種で，幼虫はズミやカマツカにつく。全長約2.5 mm。

4：フトオビキジラミ雌 *Psylla yasumatsui* Miyatake（キジラミ科）。前翅の後縁から中央にかけて，太い茶褐色の帯模様が目立つ。幼虫はイヌザクラにつく。全長約4 mm。

5：セグロヒメキジラミ雌 *Calophya nigridorsalis* Kuwayama（ヒメキジラミ科）。頭部と胸部が黒色，腹部が黄色のツートーンカラーで，小さいながら美しい。幼虫はハゼノキやウルシ類につく。全長約2 mm。

6：アオハダネグロキジラミ雄 *Petalolyma shibatai* Miyatake et Matsumoto（トガリキジラミ科）。頭部，胸部，前翅の基部が黒色で，黄ばんだ前翅との対照が美しい。幼虫はアオハダに虫えいを作る。冷温帯のブナ林に生息する種で，全長約4.5 mm。

7：クマヤナギトガリキジラミ雄 *Trioza berchemiae* Shinji（トガリキジラミ科）。前翅後縁の独特の茶褐色の波模様が美しい。幼虫はクマヤナギに虫えいを作る。本種は本州中部から東部で多く見られる。全長約2.5 mm。

8：クロウメモドキトガリキジラミ雄 *Trichochermes grandis* Loginova（トガリキジラミ科）。前翅の前縁と後縁に黒褐色の帯模様があり，シュッと細長くて，新幹線のような感じである。冷温帯の種で，クロウメモドキに虫えいを作る。全長約5 mm。　　　　（執筆者　宮武頼夫）

■学名解：1：属名 *Euphalerus* は（ギ）eu- 良い＋（ギ）phalēros 白い斑点のある．種小名は昆虫学者（故）日浦　勇氏に因む．

2：属名 *Cacopsylla* は（ギ）kakos 悪い，醜い＋キジラミ属 *Psylla*（意味は後出）．種小名は（ラ）深紅色の．

3：種小名 *albovenosa* は（ラ）白い脈の多い

4：キジラミの属名 *Psylla* は（ギ）psylla ノミ（蚤）．種小名は九州大学名誉教授（故）安松京三博士に因む．筆者（平嶋）の恩師．

5：属名 *Calophya* は（ギ）kalos 美しい＋（ギ）phya 体つき．種小名 *nigridorsalis* は（ラ）黒い背の．

6：属名 *Petalolyma* は（ギ）petalon 葉＋（ギ）lyma 汚れ．種小名 *shibatai* は大阪市在住の甲虫屋（故）芝田太一氏に因む．

7：属名 *Trioza* は（ギ）tri-3つの＋（ギ）ozos 枝．翅脈が（ある地点で）3分枝しているため．種小名 *berchemiae* はクマヤナギ（クロウメモドキ科）の，の意で，*Berchemia* 属の属格．この属名は17世紀のフランスの植物学者 von Berchem に因む．

8：属名 *Trichochermes* は（ギ）tricho- 毛の＋タマカイガラムシ科の *Kermes* 属（＝ Chermes）．種小名 *grandis* は（ラ）大きな．

日 本（里山）

自身の生存をアリに一任したアブラムシ

　アブラムシの仲間は，植物の師管液を大量に吸い上げて栄養を取り込み，残りの不要なものを大量に排泄する。その不要なものの大半はグルコース，つまり砂糖水であるため，アブラムシがいる場所には必然的にアリが集まる。アリは砂糖水欲しさにアブラムシを護衛するため，アブラムシにとってアリの存在は利益だが，多くの種のアブラムシにとって生存に必須ではない。しかし，クチナガオオアブラムシ属は違う。大木樹幹から師管液を吸うため，自身の体長より長い口吻を大木に刺す。刺すのも抜くのも時間がかかるため，敵に襲われたら逃げる術がない。だから，彼らは例外なくアリを周囲にまとう。護衛するのは，たいてい群れる性質がつよく，動きに小回りの効くケアリ属のアリだ。写真はクヌギクチナガオオアブラムシ *Stomaphis japonica* とその随伴者のアリを示す。本州産。　　　（執筆者　小松　貴／図の出典　小松　貴撮影）

　■学名解：属名 *Stomaphis* は（ギ）stoma 口＋アブラムシ属 *Aphis* ＜近代（ラ）aphis アブラムシ．種小名 *japonica* は近代（ラ）日本の．

日　本（里山）

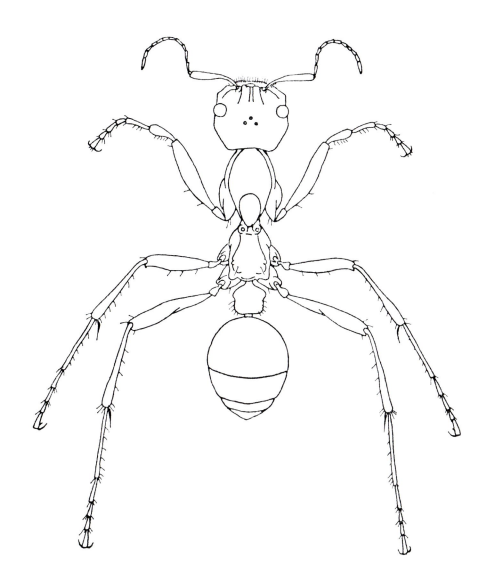

奴隷狩りをするサムライアリ

　サムライアリ *Polyergus samurai* は奴隷狩りをするアリとして夙に有名であるが，そのアリが千匹ほどの見事な隊列を組んで，クロヤマアリの巣に侵入し，アッという間に幼虫や蛹を略奪して自分の巣に持ち帰る様子を記述された岩田先生の「サムライアリの奴隷狩り」(『昆虫を見つめて五十年（Ⅲ）』，1979) は実に面白い．面白いだけでなく，昆虫の習性を観察することの困難さや興奮が伝わるのである．筆者は生涯で一度だけサムライアリの行軍を見たことがある（山口県萩市の郊外）．その時の隊列は何となくざわついているように見えた．岩田先生のこの図は，俊敏な動きをするサムライアリの姿をよく捉えている．

（執筆者　平嶋義宏／図の出典　岩田久二雄，1979）

■**学名解**：属名は(ギ)polyergos 骨身を惜しまず働く．(注)良く働くのは奴隷となったクロヤマアリの方である．種小名は近代(ラ)侍．

日 本（里山）

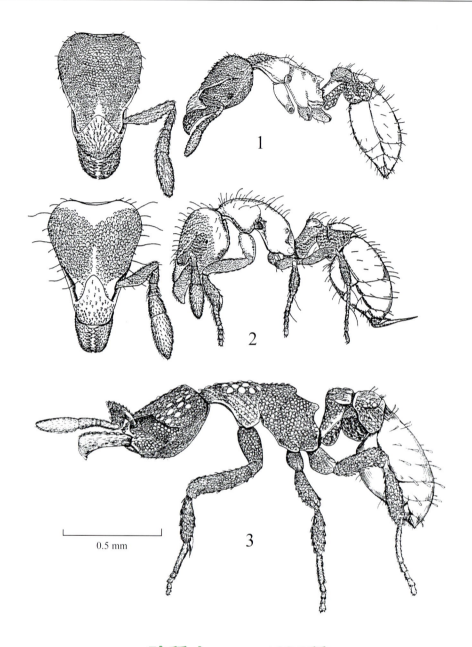

珍種ウロコアリ3種

　ウロコアリは地中性で，触角の末端節が非常に長いこと，腹柄節や後腹柄節に海綿状の付属物が発達すること，大アゴがシャフト状で長いのが特徴的である．図の1と2に示したものはノコバウロコアリ属 Smithistruma で，どちらも未記載種（新種）である．照葉樹林の林床で発見され，かなり稀である．3はウロコアリ属 Strumigenys で，ベルレーゼ法で採集される．

（執筆者　緒方一夫・平嶋義宏／図の出典　緒方一夫原図）

■学名解：属名 Smithistruma は Smith 氏 ＋（ラ）struma 腫れもの，るいれき．属名 Strumigenys は（ラ）struma 腫れもの ＋（ギ）genys 頬．

日　本（里山）

我が国に侵入したアルゼンチンアリ

　アルゼンチンアリ Linepithema humile は南米原産で，1993年に広島県で発見され，瞬く間に本州と四国（徳島県）に広がったが，九州では発見されていない。働きアリは体長3mm未満で，体色はアメ色，腹柄が1節である。集団での行軍のスピードは速く，行列にときどき女王アリが交る。女王アリ（下図の中央の大きなアリ）は婚姻飛翔をせず，6月頃巣内で交尾する。多女王性。農業害虫のアブラムシやカイガラムシを保護したり，家屋への大量侵入など，不快害虫としても有名である。　　　　　　　　　（執筆者　大原賢二・平嶋義宏／図の出典　大原賢二撮影）

　■学名解:属名は（ギ）linon 亜麻, 亜麻製のもの＋（ギ）epithēma 蓋．種小名は（ラ）humilis の中性形, 低い, 貧弱な．

日 本（里山）

世界中にばらまかれた厄介者

　アカカミアリ *Solenopsis geminata* はその名のとおり全身赤いアリで，働きアリのサイズに著しいバリエーションがある。小型の個体は3 mm程度だが，大型の個体は1 cm程度にもなる。このアリはもともと南米原産だったが，人為的な物資移送に伴って分布をみるみる拡大していき，今や東南アジアの市街地では最普通種のアリとなってしまっている。日本でも，自衛隊基地となっている硫黄島で定着している。日当たりよく，乾燥した荒地に好んで生息するため，人の作りだした都市環境とは相性がすこぶるよい。このアリはアルカロイド系の強力な毒針を持っており，刺されるとやけどのように腫れて痛むことから，別名ファイヤーアントとも呼ばれている。写真はフィリピン産。ごく最近，猛毒を持つ別種のヒアリも日本に侵入している。今後の経過が気になる。ヒアリについては次頁に紹介する。

（執筆者　小松　貴／図の出典　小松　貴撮影）

■学名解：属名 *Solenopsis* は（ギ）sōlēn 管 +（ギ）ōpsis 容貌の．管を思わせるアリ，の意．種小名 *geminata* は（ラ）geminatus 由来，重複した．植物学では，対の，双生の，相似した．

日　本（里山）

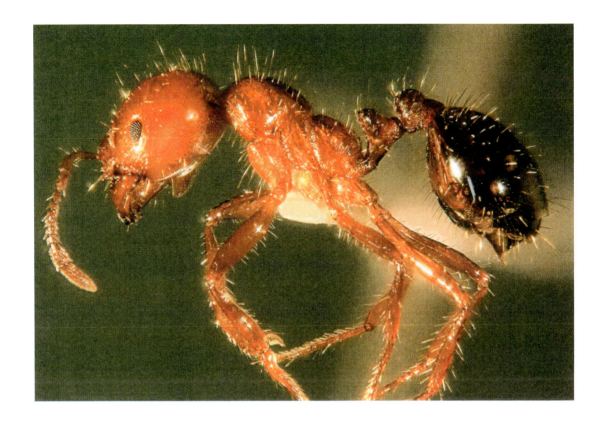

日本への侵入が警戒されるヒアリ

　ブラジル原産のヒアリ *Solenopsis invicta* は小型であるが，毒性が強く，1930年頃に北米に侵入，瞬く間にほぼ全米に広がって，大問題となったアリである．今や全世界に広がろうという有様で，我が国でも2017年になって神戸や福岡，その他の港で見つかった．侵入定着も予想される危険な状態である．英名を fire ant という．写真は東博士らの原図（『ヒアリの生物学，行動生態と分子基盤』，2008）から．　　　　　　　　　　　（執筆者　平嶋義宏／図の出典　東　正剛ほか，2008）

　■**学名解**：属名は（ギ）sōlēn 管＋（ギ）opsis 外観．管に似たもの，の意．種小名は（ラ）invictus の女性形，征服し難い，無敵の．

日 本 (里山)

幼虫の世話をするツシマハリアリ

　ツシマハリアリの名前に惑わされてはいけない。対馬特産ではなく，対馬のほかに九州本土と沖縄列島にも産するのである。栗林氏の見事な腕が幼虫まで奇麗に捉えられている。この写真は西表島で撮影されたもの。　　　　（執筆者　栗林　慧・平嶋義宏／図の出典　栗林　慧, 1973）

■学名解：*Pachycondyla* sp. 属名は（ギ）pachys がっちりした，太い＋（ギ）kondylos 手指の関節．栗林は *astuta* という種小名を用いている．（ラ）astutus の女性形で，機敏な，の意．なお，『日本産昆虫総目録』（1989）によれば，ツシマハリアリの学名は *Ectomomyrmex javanus* とある．属名は（ギ）ektomis 切り取る＋（ギ）myrmēx アリ．種小名は近代（ラ）ジャバの．産地を示す．

日　本（里山）

ニホンミツバチの自然巣と廃巣

　ニホンミツバチの自然巣を野外でみかけるのは珍しい．ところが，こともあろうに筆者は宮崎市内でその自然巣をみた．1994年7月8日に撮影したのが1である．ところが9月27日に再調査したところ，2に示すように廃巣になっていた．ミツバチが逃げてしまったのである．原因はオオスズメバチ（1匹が写っている）に襲われたためであろう．

（執筆者　平嶋義宏／図の出典　平嶋義宏，1995）

　■学名解：ニホンミツバチ *Apis cerana japonica* の属名は（ラ）ミツバチ，種小名は（ラ）cera 蜜蝋＋接尾辞 -ana（-anus の女性形）所有を示す．亜種小名は近代（ラ）日本の．オオスズメバチ *Vespa mandarinia japonica* の属名は（ラ）vespa スズメバチ，種小名は近代（ラ）中国の．亜種小名は上述．

日 本（里山）

▲図1　1：キムネクマバチ　2：アマミクマバチ　3：オキナワクマバチ　4：ヤエヤマクマバチ

特異な分布をする日本のクマバチ（1）

（図の出典　幾留秀一撮影／解説は次々頁に）

日　本（里山）

▲図2　5：タイワンタケクマバチ　6：オガサワラクマバチ　7：ハワイクマバチ　8：ハワイクマバチ雄の顔面

特異な分布をする日本のクマバチ（2）

（図の出典　5〜7は幾留秀一撮影，8は平嶋義宏博士撮影／解説は次頁に）

特異な分布をする日本のクマバチ

クマバチ属*Xylocopa*のハナバチは，ハチ目（膜翅目）Hymenoptera，ミツバチ上科Apoidea，ミツバチ科Apidaeに属し，体長18〜28 mmと大型で太く，雌が花粉と蜜を集める。雄はホバリングしながら縄張り行動をとる習性がある。

日本のクマバチの種数（7種）は多くはないが，その分布の仕方は特異的であり，また，島嶼には固有種が生息している。特に，南西諸島における分布パターンは他の昆虫に例を見ない。

図1に示したように，南西諸島に生息する4種，すなわち，本土から南へ屋久島まで分布するキムネクマバチ*Xylocopa appendiculata circumvolans*（図1の1），口永良部島から南へ徳之島まで分布するアマミクマバチ*Xylocopa amamensis*（図1の2），沖永良部島から南へ宮古島まで分布するオキナワクマバチ*Xylocopa flavifrons*（図1の3），及び水納島から西へ与那国島まで分布するヤエヤマクマバチ*Xylocopa albinotum*（図1の4）は，完璧に異所的分布をする。しかも，後3者は南西諸島に固有である。また，アマミクマバチがトカラ列島の渡瀬線を越えて屋久島とは目と鼻の先（西12 km）の口永良部島まで分布を広げている一方で，オキナワクマバチが沖縄島から蜂須賀線を越えて宮古島（南西290 km）まで分布を広げていることは，大変興味深い。このような分布パターンは，地理的隔離にもとづく種分化を反映するものの，強い飛翔力を考慮すればそれだけでは説明しきれず，競争的排除に基づく地理的置換の結果であると推定されている。

これら4種は，系統的にはいずれも*Alloxylocopa*亜属に属し，枯枝や木材などに営巣する。

日本本土には，従来，唯一キムネクマバチしか生息していなかったが，2007年に愛知県豊田市でタイワンタケクマバチ*Xylocopa tranquebarorum tranquebarorum*（図2の5）が発見され，以後，この外来種が周辺地域に分布を広げつつあり，目が離せない。本種は*Biluna*亜属に属し，竹材に営巣する。原産地としては，台湾と中国が知られている。日本へは，農業用資材などに営巣していたものが人為的に運ばれたものと推定されている。

また，小笠原諸島には2種のクマバチが生息し，いずれも雌雄2型で，一見別種ではないかと見間違えるほどである。すなわち，オガサワラクマバチ*Xylocopa ogasawarensis*（図2の6）とハワイクマバチ*Xylocopa sonorina*（図2の7と8）である。前者は*Koptortosoma*亜属に属し，小笠原諸島に固有で天然記念物に指定されている。後者は*Neoxylocopa*亜属に属し，アメリカ南西部を原産地として，ハワイ諸島，マリアナ諸島（グアム），及び母島と硫黄島からの採集記録がある。これら島嶼への侵入は人為的要因によるものと推定されている。

（執筆者　幾留秀一）

■**学名解**：属名*Xylocopa*は（ギ）xylon木材，木＋（ギ）kopē切り刻むこと，打つこと．種小名*appendiculata*は（ラ）一寸した添えもののある．亜種小名*circumvolans*は（ラ）飛びまわる，周りを飛ぶ．種小名*amamensis*は近代（ラ）奄美大島の．種小名*flavifrons*は（ラ）黄色い額（前面）の．種小名*albinotum*は（ラ）白い背の．亜属名*Alloxylocopa*は（ギ）allos他の＋*Xylocopa*属．種小名*tranquebarorum*は（ラ）tranquillus平静な，落ち着いた＋（ラ）baroのろま，ばか者＋（ラ）男性名詞の複数形-orum．種小名*ogasawarensis*は近代（ラ）小笠原諸島の．種小名*sonorina*は（ラ）大きな音をたてる．亜属名*Koptortosoma*は（ギ）koptō打つ，切り裂く＋（ラ）ortus誕生＋（ギ）sōma体．

日　本（里山）

珍虫の珍セダカヤドリハナバチ（新称）

　非常に稀な労働寄生蜂で，我が国からは鹿児島県鹿屋市でしか発見されていない．寄主はアナアキアシブトハナバチ *Pseudapis mandschurica* で，これも非常に稀な種類である．体長約9 mm．雄は未知．　　　　　　　　　　　　　　　　　（執筆者　平嶋義宏／図の出典　平嶋義宏撮影）

　■学名解：*Pasites esakii*．属名は（ギ）pasis（所有）＋接尾辞 -ites（所属や所有を示す）．種小名は筆者の恩師である九州大学教授（故）江崎悌三博士に因む．松村松年博士と並び称された日本昆虫学界の重鎮．

日 本（里山）

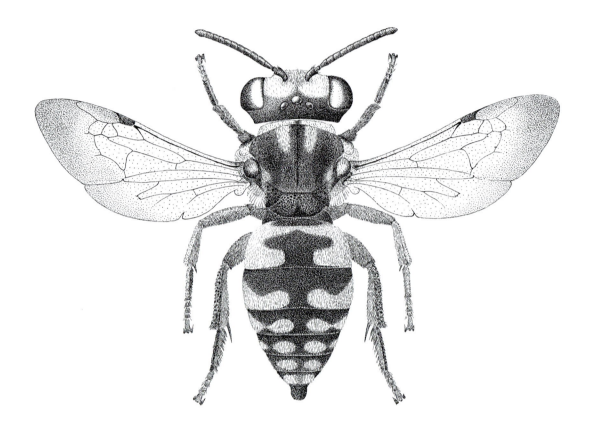

珍奇種ヒムカシロスジヤドリハナバチ（新称）

　ハナバチの中には自分では巣を作らず，他のハナバチの巣に侵入して卵を産みつける習性のハチがいる。これを労働寄生蜂と呼んでいる。ヒムカシロスジヤドリハナバチ（新称）*Epeolus tarsalis himukanus* もその一種である。図に見るように，美麗な花蜂である。しかし寄主は不明。推定ではムカシハナバチ *Colletes* に寄生する。個体数も少なく，滅多に採集されない。筆者がはじめて宮崎県椎葉村で採集した。体長約9 mm。

（執筆者　平嶋義宏／図の出典　平嶋義宏原図）

■学名解：属名の *Epeolus* は「蛾」という意味で，(ギ)ēpiolos から．形や斑紋がガを思わせるため．種小名は(ラ)跗節（脚の一部）の．亜種小名は近代(ラ)日向の（これをヒムカと呼んだ）．

（注）紛らわしい属名にヒラタカゲロウ *Epeorus* あり．同じ語源と思われる．

日　本（里山）

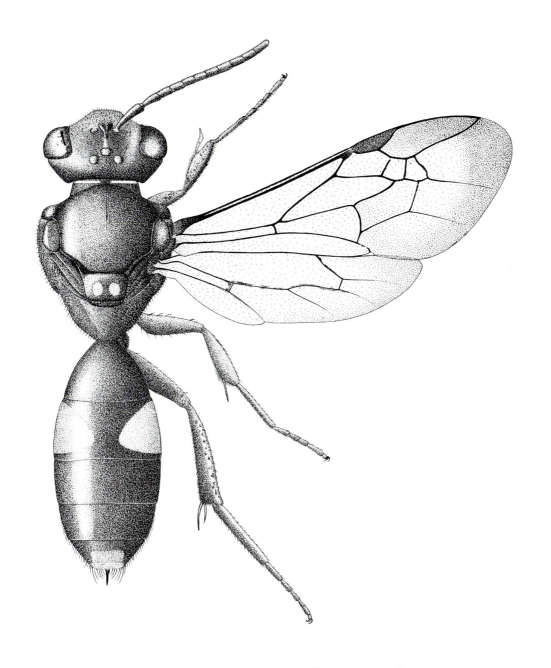

珍種イッシキキマダラハナバチ

　採集例は非常に少ない。普通のキマダラハナバチとは違い全身黒光りして，腹部の黄色斑のみが目立つ。北日本産。体長9 mm未満。　　　　　　　（執筆者　平嶋義宏／図の出典　平嶋義宏原図）

■**学名解**：学名を *Nomada issikii* という。属名 *Nomada* の解説は別出．種小名は大阪府立大学教授（故）一色周知博士に因む．小蛾類の研究者．

日 本（里山）

養蜂家を震え上がらせる赤い刺客

　ツマアカスズメバチ *Vespa velutina* は東南アジアに広く分布する小型のスズメバチである。小型ではあるが攻撃力が強く，巣を刺激すると危険である。近年，このハチが世界各地に侵入・定着する事例が確認されている。我が国にも対馬に侵入し，ついで北九州にも定着した。養蜂家に被害を及ぼすかも知れない。色彩にはかなりの変異がある。写真はタイにて小松撮影。スズメバチが襲っているのはハリナシハナバチの一種らしい。右下は働き蜂の顔面を示す。
　　（執筆者　小松　貴／図の出典　小松　貴撮影。右下の顔面写真は境　良郎・高橋純一氏, 2014）

■学名解：属名は(ラ)vespaスズメバチ．種小名は(ラ)恰も〜のような．

日 本（里山）

最近発見され侵入種と認定されたミコバチ

　ミコバチ *Sapyga coma* は最近西日本のとある山村で発見された有剣類コツチバチ上科ミコバチ科の一種である。ミコバチはハナバチ（ハキリバチなど）に寄生する蜂である。発見当時はイマイツツハナバチ *Osmia imaii* の巣に寄生していたらしい。これによってミコバチ科も日本からの新記録となった。本種は韓国からの侵入種である。

(執筆者　小松　貴・平嶋義宏／図の出典　小松　貴, 2016)

　■学名解：属名は,（ラ）sanus 健康な, 正常な＋（ギ）pygē 尻. 種小名は近代（ラ）高麗.

日　本（里山）

雌雄別々に命名されたクモバチ

　雌雄の斑紋が著しく異なるために別種と認定され，雌雄別々に命名されたものの一例にキオビクモバチ（キオビベッコウバチ）がいる。現在の学名を *Parabatozonus annulatus* という。写真をみれば，なるほど，それぞれ独立種とされそうな雰囲気ではある。分布は広く，日本では北海道を除く列島と東南アジアに産する。

（執筆者　須田博久・平嶋義宏／図の出典　須田博久撮影）

　■**学名解**：属名は（ギ）para- 近い＋クモバチ（ベッコウバチ）*Batozonus* ＜（ギ）batos 棘のある低木，いばら＋（ギ）zōnē 帯，ベルト．種小名 *annulatus* は（ラ）anulatus (annulatus) 指輪をはめた，環形の．

日　本（里山）

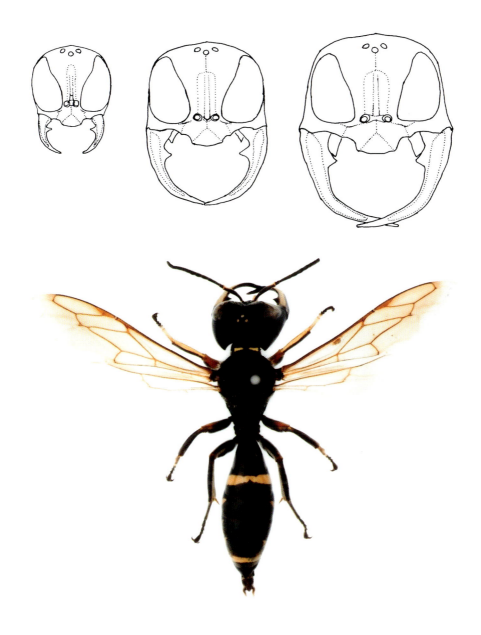

個体が大型になると頭が変形するハチ

　有剣ハチ類の中には，雄の体が大きくなると頭が大きくなり，顔貌が極端に変化するものがある。ここに示すアギトギングチバチ *Ectemnius martjanowi* もその一例。図示したように，大型になると頭部正面図が円形から方形に変化してゆくこと，大顎が発達して伸長すること，側頭下部に顕著な突起が出現することなど，極端な変化がある。本種は本州と千島などに産するが，北海道からは記録がない。　　　　　　　　　　（執筆者　須田博久・平嶋義宏／図の出典　須田博久撮影）

　■学名解：属名 *Ectemnius* は（ギ）ektemnō 切り落とす＋接尾辞 -ius．種小名 *martjanowi* は人名由来．

日 本（里山）

卵を守るオオアカズヒラタハバチ

　雌が和名のとおり朱色の大きな頭部を持つ，日本固有（北海道，本州）のハバチである。学名を *Cephalcia isshikii* という。飛翔力が弱いので，雌は食樹（トウヒ属）の幹を歩いて登り，枝先までたどり着く。針葉に50個程度の卵をまとめて産みつけると卵が孵化するまでそこに留まり，卵塊に近づくクモなどの捕食者があれば大顎を振りかざして追い払う。実験的に母親を取り除くと，卵の死亡率が高まることが確かめられている。

（執筆者　前藤　薫／図の出典　前藤　薫撮影）

■学名解：属名 *Cephalcia* は（ギ）kephalē 頭 +（ラ）-icius の女性形で，〜に属する．種小名 *isshikii* は（故）一色周知博士に因む．小蛾の専門家で，大阪府立大学教授．

日　本（里山）

▲　群飛するケブカヒゲナガの雄

日本固有のケブカヒゲナガ

(図の出典　矢野高広撮影／解説は次頁に)

日 本 (里山)

▲ 交尾中のケブカヒゲナガ。右が雄

日本固有のケブカヒゲナガ

　ヒゲナガガ科のケブカヒゲナガ *Adela praepilosa* Hirowatari, 1997は本州，四国，九州に分布する日本固有種である。雄は長い触角を持ち，頭部の口器周辺が黒色の長い鱗毛で密に覆われる。成虫は早春に出現し，雄成虫は，カエデ類やコバノミツバツツジなどの花の上で群飛するのが見られる。

　ヒゲナガガ科の成虫は昼行性で，翅に金属光沢のある斑紋をもった美しい種が多い。交尾は，蛾類では例外的に，雄が群飛をしているところへ雌が飛んで行って空中で行われるとされている。写真で示したように交尾している個体を見かけることはあるものの，空中での行動の観察例は少ない。また，卵は特定の植物の組織に産み込まれるが，1齢幼虫は孵化後すぐにポータブルケースを作るか，あるいは産卵された植物の組織を食べ，2齢になってから枯れ葉などをつづったポータブルケースを作って植物を離れ，地表に降りて枯れ葉などを食べることが知られている。しかし，産卵植物の詳細はヒゲナガガ科の多くの種で明らかになっておらず，ケブカヒゲナガもその例外ではない。　　　　（執筆者　広渡俊哉／図の出典　矢野高広・広渡俊哉撮影）

　■学名解：属名 *Adela* は（ギ）adelos 由来で，明らかでない，秘密の，の意．種小名は（ラ）prae～の前方に＋（ラ）pilosus 毛深い．

日 本 (里山)

日本の珍奇なキリガ

　日本産のキリガ（冬夜蛾）を網羅した図説『日本の冬夜蛾』（小林秀紀編）から珍品とされる5種を拝借して図示した。

　1：タカオキリガ *Pseudopanolis takao*。本州，四国，九州のモミ林に生息する。日本固有種。珍品度4つ星。

　2：その静止の姿勢。

　3：ヤンバルキリガ *Conistra kimurai*。沖縄島の北端と久米島産。日本固有種。珍品度5つ星。

　4：アズサキリガ *Pseudopanolis azusa*。北海道と中部以北の本州産。日本固有種。珍品度4つ星。

　5：オガサワラヒゲヨトウ *Dasypolia fani*。岩手県ほか数か所で僅かしか採集されていない。珍品度は最高の10の星。本属は欧州にも産する。

　6：ヒゴキリガ *Orthosia yoshizakii*。熊本県内大臣のみで記録されている。日本固有種。珍品中の珍品で，珍品度は6つ星。　　（執筆者　平嶋義宏／図の出典　小林秀紀編『日本の冬夜蛾』，2016）

■学名解：1：属名は（ギ）pseudo-偽の＋マツキリガ *Panolis*＜（ギ）pan-すべての＋（ギ）oloos破壊的な．種小名は日本語より．人名または地名．
　　　　3：属名は（ギ）konistraほこりをかぶった所，古代ローマの闘技場．種小名は人名由来．
　　　　4：属名解は前出．種小名は日本語由来．
　　　　5：属名は（ギ）dasys毛の生えた＋（ギ）polios灰色の．種小名は（ラ）fanumの属格，聖域の，神殿の．
　　　　6：属名は（ギ）orthos真っ直ぐな＋接尾辞-ia．種小名は人名由来．

日 本 (里山)

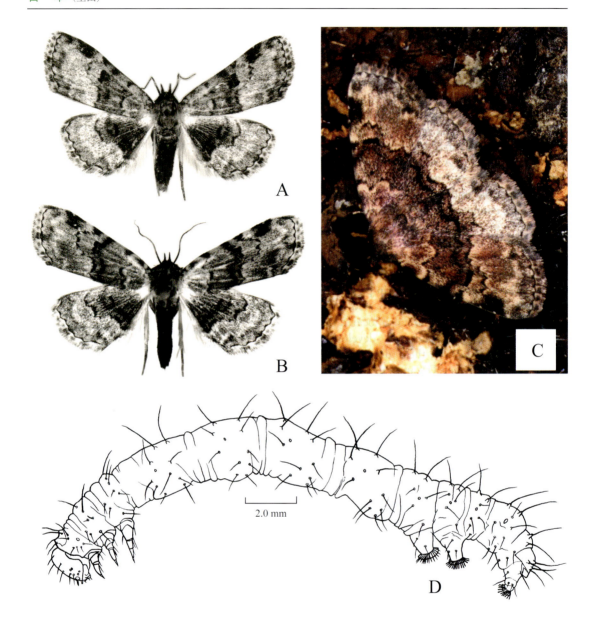

シイタケの菌糸を食べるナミグルマアツバ

　シイタケ Lentinula edodes の菌糸をたべるヤガ科の幼虫が発見された．吉松慎一博士らの功績である．それが図に示すナミグルマアツバ Anatatha lignea である．Aは雄成虫，Bは雌成虫，Cは静止の姿，Dは幼虫．成虫が静止している姿は素晴らしい保護色である．

(執筆者　平嶋義宏／図の出典　Yoshimatsu & Nakata, 2006)

■**学名解**：シイタケの属名は(ラ)lentus(柔軟な，強靱な)に由来する Lentinus 属の縮小形．種小名は(ギ)食物の，食用の，という意味で，edōdē(食物)の属格．植物学では牧野富太郎博士の誤った解釈(江戸の)が今でも用いられている．こっけいな話である．拙著『生物学名辞典』(208頁)を参照されたい．ナミグルマアツバの属名は(ギ)ana-上に＋(ギ)tathē張る．種小名は(ラ)ligneus の女性形で，木のような．

日　本（里山）

奇妙な模様を持つキョウチクトウスズメガ

　キョウチクトウスズメガ *Daphnis nerii* は奄美大島以南東南アジアに広く分布するが，最近は分布を広げ，北上して，福岡市でも見られるようになった．写真は筆者の自宅の庭で撮影したもの．体の色模様が奇抜である．　　　　　　　　　　　（執筆者　平嶋義宏／図の出典　平嶋義宏撮影）

　■学名解：属名はギリシア神話のニンフの一人ダプネ Daphnē の属格で，ダプネの，の意．また，ダプネには月桂樹の意味がある．種小名 *nerii* は（ラ）ネーレーイスの，の意．ネーレイス Nereis は海のニンフ．

日 本 (里山)

蜂に擬態するスカシバガ

　昆虫の擬態は多いが，蛾が蜂に擬態しているのは珍しい．それはスカシバと呼ばれる昼行性の蛾である．多くのスカシバが各種の蜂に擬態している．詳しくは『擬態する蛾　スカシバガ』（有田・池田著，2001）と拙著（2001）『擬態する蛾スカシバガの学名解説』（月刊むし，365号：20-25）を参照されたい．　　　　　　　　　　　（執筆者　平嶋義宏／図の出典　有田　豊・池田真澄，2001）

■学名解：1：キタスカシバ *Sesia yezonensis*．属名は（ギ）sēs 蛾＋接尾辞 -a．種小名は蝦夷の（北海道の）．
　　　　　2：オオモモブトスカシバ *Melittidia sangaica japonica*．属名は（ギ）melitta ハナバチ（ミツバチ）＋接尾辞 -idia ～の形の．種小名は地名由来と推定．亜種小名は日本の．
　　　　　3：フトモンコスカシバ *Synanthedon scoliaeformis japonica*．属名は（ギ）syn ～と一緒に＋（ギ）anthēdōn ハナバチ（ミツバチに似たもの）．種小名はツチバチ *Scolia* の形の．亜種小名は日本の．
　　　　　4：ルリオオモモブトスカシバ *Melittia* sp．属名は（ギ）melitta ハナバチ＋接尾辞 -ia．
　（注）4 は種小名が行方不明になったので，sp. とした．

日 本（里山）

珍奇な翅のアヤニジュウシトリバ

　ニジュウシトリバガ上科の蛾の多くは，翅が前後翅とも分岐して羽状翅を形成する。図示したアヤニジュウシトリバ *Alucita flavofascia* はその最も顕著な例である。しかし図鑑類に出ている写真にはその優れた姿を見出せないが，ここに紹介した写真は左右合わせて24の羽状翅が見事に写しだされている。自分で言うのはおこがましいが，力作である。

（執筆者　橋本里志・平嶋義宏／図の出典　橋本里志撮影）

■**学名解**：属名は（ラ）alucita 蚊，ブヨ．種小名は（ラ）黄色い帯のある．

日 本 (里山)

セミに寄生する蛾の幼虫

　セミに蛾の幼虫が寄生することは知っていたので，その蛾の写真を探していた。極めて稀な種類なので苦労していたら，ごく最近小松　貴氏（本項共著者）の写真が発表された。セミの体表に外部寄生している。早速にこの写真（上掲）を拝借することにした。九州大学箱崎キャンパスの近くの立花山で撮影されたものである。寄主はアブラゼミである。

（執筆者　小松　貴・平嶋義宏／図の出典　小松　貴，2016）

■学名解：セミヤドリガの学名を *Epipomponia nawai* という．属名は（ギ）epi- 上に＋タイワンヒグラシ属 *Pomponia* ＜（ラ）Pomponius ローマ人の氏族名．種小名は名和　靖氏（1926年没）に因む．岐阜県尋常師範学校教諭を明治29年に退職して名和昆虫研究所を設立，翌年雑誌『昆虫世界』を創刊して昆虫学の進展に寄与した．

日　本（里山）

巨大な複眼を持つハエの一種

　昆虫の複眼の大きさを種類ごとに比べてみたら面白い。頭に比較して巨大と思われる複眼を持つものの筆頭はハエの仲間である。次にトンボであろう。次がハチである。次にチョウがくる。これらはすべて良く飛ぶ昆虫である。良く飛ぶ昆虫と複眼の大きさには密接な関係がありそうである。セミの複眼も割りに大きいが，こちらも飛翔に関係するのであろう。

　ここに示したハエの一種（多分アブの一種）の複眼は特に素晴しい。複眼の下部の黒藍色の部分の個眼（facet）は迫力がある。複眼が2つの部分に分割されている，といって差し支えない。しかし，大きい個眼と小さい個眼の機能は不明である。

（執筆者　栗林　慧・平嶋義宏／図の出典　栗林　慧, 1973）

■学名解：学名不詳.

日　本（里山）

美しいミドリシジミ

　ジョウザンミドリシジミ *Favonius taxila* やキリシマミドリシジミ *Chrysozephyrus ataxus* ほかのミドリシジミの一群は日本が世界に誇るべき美麗蝶である．その美しさを鑑賞するために，小田康弘氏が発表されたジョウザンミドリシジミの写真2枚を拝借した．この2枚は，どちらも早朝にテリトリーを張っている個体であるという．朝日を受ける角度によって，翅表の金属光沢が微妙に違っているのがわかる．どちらかといえば北国の蝶である．

（執筆者　平嶋義宏／図の出典　小田康弘, 2015）

■**学名解**：属名 *Favonius* は（ラ）春に吹く西風のことで，（ギ）Zephyrus に当たる．ミドリシジミの *Zephyrus* はあまりにも有名な属名である．種小名 *taxila* はインダス上流の古都の名．または（ラ）taxo 評価する＋縮小辞 -illus の変形．属名 *Chrysozephyrus* は（ギ）金色の *Zephyrus* の意．種小名 *ataxus* は（ギ）強意の接頭辞 a- ＋（ラ）taxo 評価する．

日　本（里山）

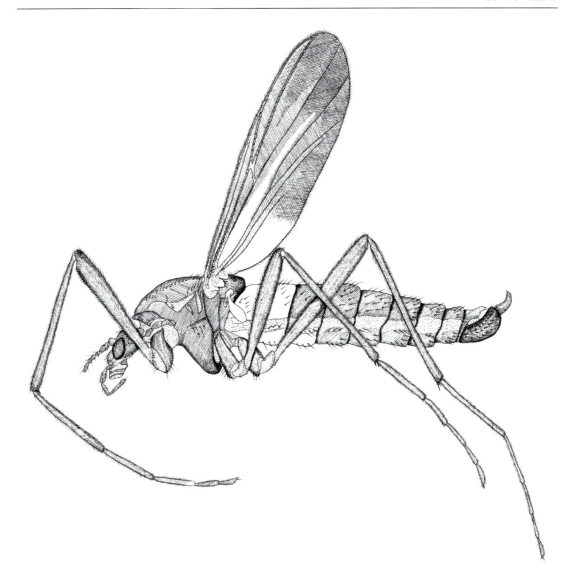

珍奇なミヤマユスリカ

　ミヤマユスリカ *Chasmatonotus unilobus* Yamamoto, 1980が含まれる *Chasmatonotus* 属は現時点では北米と日本からのみ知られている。北米から12種が，日本からは6種が報告されている。例外もあるが，翅がほぼ全体的に黒褐色を帯びるのもこの属の特徴の一つである。日本では中部地方以北の山地に分布する。北海道からはまだ発見されていない。翅の色彩以外に，他のユスリカに広く見られる性的二型が見られず，雌雄ともに6環節からなる触角を持つ。一見翅はよく発達しているが，飛翔には使われない，せいぜいごく短距離を滑空する程度である。胸部の発達状態も他のユスリカに比べて弱いことも，そのことを裏付けている。移動はよく発達した脚による。棲息地では丈の低い草上を盛んに歩き回っているのを観察することができる。幼虫は陸生である。　　　　　　　　　　　　　　　　（執筆者　山本　優／図の出典　山本　優原図）

　■学名解：属名 *Chasmatonotus* は（ギ）chasma（属格 chasmatos）ぱっくりと開いた裂け目＋（ギ）nōtos 背．
　　種小名 *unilobus* は（ラ）一つの葉（よう）．

日　本（里山）

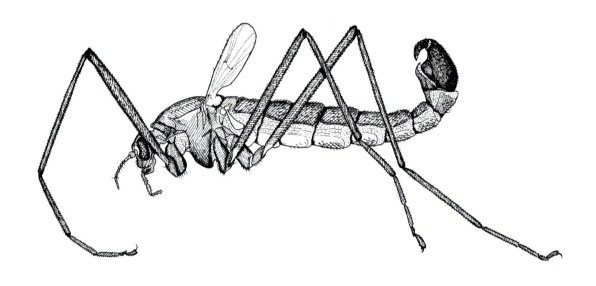

翅が退化したコバネヤマユスリカ

　翅の退行・消失はユスリカのさまざまなグループで知られている。本種コバネヤマユスリカ *Diamesa leona* はヤマユスリカ亜科，ヤマユスリカ属に所属する種である。この属は日本から12種が知られている。初春から初夏にかけて山地渓流の石上を盛んに動き回っているものを観察することも多い。この属は北半球の冷涼な地域に広く分布している。一方，厳冬期に出現するユスリカとしてまた，東北地方では冬季に雪虫として知られる昆虫の中にもこの属に含まれるものも多い。雌雄ともに翅が退行し短くなったユスリカは我が国では本種のみが知られている。翅の本来の機能を失っているが，他のユスリカに比べて非常によく発達した脚を持ち，これが移動手段として使われている。後脚の跗節は特に長い。

（執筆者　山本　優／図の出典　山本　優原図）

■学名解：属名 *Diamesa* は（ギ）diamesos 中間の．種小名は *leona* は（ラ）ライオンの．別に正当性のあるラテン語に leonius, a, um がある．

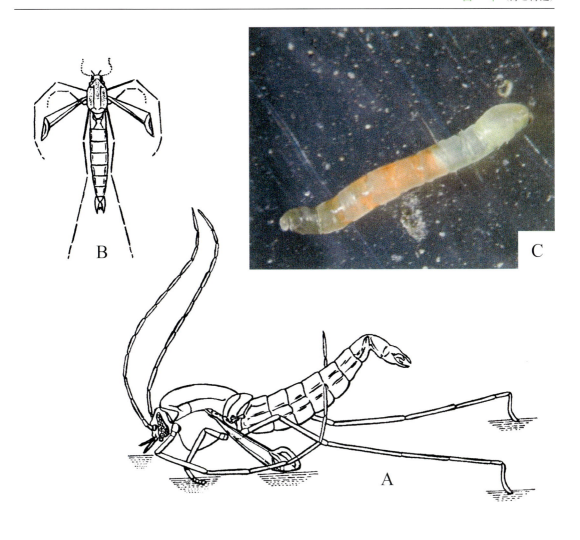

珍奇な形と習性を持つセトオヨギユスリカ

　ユスリカ亜科，ヒゲユスリカ族に属する，体長1mm程度の微小な海棲のユスリカである。幼虫は岩礁地帯の潮溜まりに生息し，泥などで筒状の巣を作りその中に潜んでおり，外見上体形は一般のユスリカと大きく異なるところはない。日本にはもう一種 *Pontomyia natans* Edwards, 1926という種が南西諸島に分布する。雄成虫は翅が非常に短く，かつ長い脚を持つ（図A，B）。これはこの *Pontomyia* 属の行動に深く関係している。特に冬期，早春期の夜間，岩礁地帯の波打ち際で活発に水面上を滑走しているのを見かける。この滑走の際に，翅は移動のための推進力を生み出す機能的な役割を担っている。雌雄間で明瞭な性的二型が認められ，雌は機能的な翅も脚も喪失しており，一見，幼虫のような体形をしている（図C）。図はTokunaga博士（1932）からの引用である。謝意を表します。学名を *Pontomyia pacifica* Tokunaga, 1932という。

（執筆者　山本　優／図の出典　Y. Tokunaga, 1932）

　■学名解：属名 *Pontomyia* は（ギ）pontos 海＋（ギ）myia ハエ，即ち海生のユスリカ，の意．種小名 *pacifica* は（ラ）太平洋の．種小名 *natans* は（ラ）nato（泳ぐ）の現在分詞で，泳いでいる，泳ぐもの．

日 本（里山）

日本最小のハッチョウトンボ

　ハッチョウトンボ*Nannophya pygmaea*は成虫の体長2 cm程で日本の不均翅類の中で最小のトンボ。本州，四国，九州に散発的に分布し，国外では東南アジアに広く分布する。雄は成熟すると紅赤色となるが，雌は褐色と黄色の縞模様を呈す。開けた水深の浅い湿地や休耕田に生息するが，環境変化に敏感なので環境指標昆虫とされる。

　　　　　　　　　　　　　　　　　　　　（執筆者　松村　雄／図の出典　松村　雄撮影）

　■**学名解**：属名は（ギ）nanophyēs小人（侏儒）のような．スペルに注意．種小名は（ラ）小人の．
　　（注）甲虫にチビゾウムシ属*Nanophyes*という紛らわしい学名がある．

日　本（里山）

珍奇な昆虫シロアリモドキ

　シロアリモドキの昆虫は樹皮の割れ目に這いつくばって生きているので，なかなか人目にはつかない。産地でも個体数は少ない。前肢第1跗節は膨大し，絹糸腺を持ち，絹糸をだして天幕状の簡単な巣を作る。コケシロアリモドキ *Oligotoma japonica* は九州と四国の暖地の海岸地帯にいる珍品である。ここに図示したものはシロアリモドキ *Oligotoma saundersii* で，沖縄以南東洋熱帯に広く分布する。　　　　　（執筆者　栗林　慧，平嶋義宏／図の出典　栗林　慧，1973）

■**学名解**：属名は（ギ）oligos 小さな，狭い＋（ギ）tomē 切断．種小名 *japonica* は近代（ラ）日本の． *saundersii* は人名由来．

日 本（里山）

ガロアムシ，フランス外交官のお手柄

　フランスの外交官ガロア E. Gallois 氏は通訳として来日（その年号不明）（2度目の来日は総領事），1900年代の初めに約30年間滞在して，特に昆虫採集に熱中した。ガロアムシ *Galloisiana nipponensis* の発見は彼の偉大な功績の一つ。

　ところで，読者の皆さんは，ガロア氏が発見した新種の日本の昆虫にガロア氏の名前が *galloisi* と命名されているものが何種あるか，ご存知であろうか。実に37属を数えるのである。筆者もそれを知って吃驚した。詳しくは『日本産昆虫総目録』（1989）を見られたい。

（執筆者　平嶋義宏／図の出典　平嶋義宏『生物学名辞典』，2007）

■学名解：属名はガロア氏に奉献されたことはいうまでもない．種小名は「日本の」．

日　本（里山）

日本最大のツユムシ

　タイワンクダマキモドキ*Ruidocollaris truncatolobata*は日本のツユムシ類の中の最大種である．四国，九州，奄美大島からごく少数の採集例しかない．雌も未知で，生態も不明．

（執筆者　村井貴史・平嶋義宏／図の出典　村井貴史, 2014）

■学名解：属名の前節 Ruido- は Rudio- のアナグラムで，(ラ)rudis 自然のままの，から．後節 -collaris は (ラ)collum 首＋接尾辞 -aris 関係を示す．種小名は(ラ)truncatus 切断された＋(ラ)lobatus 葉(よう)のある．

日 本（里山）

短翅のウンゼンササキリモドキ

　小型で短翅のササキリモドキは西日本の山地に多数の種がいる。九州北西部に産するウンゼンササキリモドキ *Tettigoniopsis ikezakii* もその1種である。雄の尾端部はよく発達し，かなり派手な形態を示す。　　　　　　　　　　　（執筆者　村井貴史・平嶋義宏／図の出典　村井貴史，2014）

■学名解：属名はヤブキリ属 *Tettigonia*（別記）＋（ギ）opsis 外観．種小名は長崎県の昆虫研究家池崎善博氏に因む．

日　本（里山）

西日本の山地にいる美しいヤブキリ

　コズエヤブキリ *Tettigonia tsushimensis* は主に西日本の山地にいて，区切る鳴き声，幅の狭い前翅，美しい緑色の体色を持つという特徴がある．木の高いところにいるのが和名の由来．

（執筆者　村井貴史・平嶋義宏／図の出典　村井貴史, 2014）

■**学名解**：属名は（ギ）tettigonion 小さな tettix（木の上にいて鳴く昆虫，例えばキリギリスなど）．種小名は近代（ラ）対馬の．

日 本 (里山)

特異な雰囲気のヒガシキリギリス

　従来キリギリスとされていた種は最近ニシキリギリスとヒガシキリギリス*Gampsocleis mikado*（図示）の2種に分類された。日本には他に北海道のハネナガキリギリスと沖縄のオキナワキリギリスが知られているが、ヒガシキリギリスだけが少しかわった雰囲気を持っている。

(執筆者　村井貴史・平嶋義宏／図の出典　村井貴史, 2014)

■学名解:属名は(ギ)gampsos曲った, 爪の曲がった＋(ギ)kleis鍵. 種小名は日本語の「帝」に因む.

日　本（里山）

音色が特徴的なオオオカメコオロギ

　音色が印象的で美しいオオオカメコオロギ *Loxoblemmus magnatus* は本州から九州に分布し，河川敷や社寺林などにすむが，産地が非常に局所的で，どこにでもいるという訳ではない。

（執筆者　村井貴史・平嶋義宏／図の出典　村井貴史, 2014）

■学名解：属名は（ギ）loxos 斜めの，傾いた＋（ギ）blemma 目つき，眼差し．種小名は（ラ）大立者，重要人物．

日　本（里山）

日本の迷蝶2題

　日本はその地理的特徴から南方からの迷蝶が多い．例えば北隆館の『新訂原色昆虫大図鑑』の「蝶・蛾篇」（第1巻）の第70図版から第84図版までを見ると，迷蝶と題してずらりと標本写真がならんでいる．壮観である．
　ここには1998年に与那国島で捕えられた迷蝶2種を示した．1 は日本新記録のユベンタヒメゴマダラ Ideopsis juventa, 2 は何度も捕獲されているベニシロチョウ Appias nero domitia である．
（執筆者　平嶋義宏／図の出典　白水　隆, 1999）

　■**学名解**：属名 Ideopsis はオオゴマダラ属 Idea に似たもの，の意. Idea 属は理念，形という古典語由来. 種小名 juventa は（ラ）若々しさ. 属名 Appias はローマ神話の美術と知恵の女神 Minerva のあだ名. 種小名 nero はローマの Claudia 氏族に属する家名. 亜種小名 domitia はローマ人の女性名.

日 本（里山）

アリに化けてアリを操るチョウ

　チョウの一種のクロシジミ Niphanda fusca の雌は，クロオオアリとアブラムシがたかる植物の葉にこっそり卵を産みつける．孵化した幼虫は，しばらくアブラムシの排泄物を吸って生きるが，ある段階で傍を通りかかったクロオオアリが突然この幼虫を拾い上げ，巣へ連れ帰る．アリの巣内で，幼虫はアリに口移しで餌を貰って成長していくのだ．クロシジミの幼虫の体からは，クロオオアリの雄アリが体表に持つ匂いに似た成分が出ている．働きアリたちは，アリですらないこの生き物を自分の大切な仲間と勘違いして，文字通り「蝶よ花よ」と育てる．幼虫は巣の出入り口近くで蛹化し，羽化後はすぐに巣から脱出する．本州から九州にかけて広域に見られるが，近年絶滅した地域が目立つ． 　　　（執筆者　小松　貴／図の出典　小松　貴撮影）

　■学名解：属名 Niphanda は（ギ）nipha 雪に因む造語と推定．種小名 fusca は（ラ）黒ずんだ．

日 本（里山）

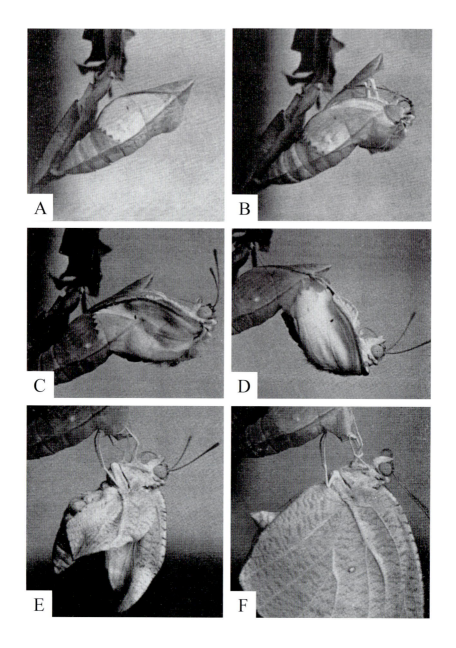

ダイナミックな羽化をするウラナミシロチョウ

　ウラナミシロチョウは東南アジアに広く分布するが，我が国では散発的な偶産蝶として認められる。筆者は幸運にも1953年9月に佐賀県下で大発生した時に蛹から羽化させて写真におさめ，そのダイナミックな羽化の姿を捕えることに成功し，『生態昆虫』6巻15号に発表した。羽化時のこのようなダイナミックな美しい姿の蝶は珍しい。

（執筆者　平嶋義宏／図の出典　平嶋義宏, 1957）

■学名解：*Catopsilia pyranthe* の属名は（ギ）kata- 下方に +（ギ）psilos むき出しの，裸の．種小名は（ギ）pyr 火, 稲妻 +（ギ）anthē 花．花のように光った蝶，の意であろう．

日 本 (里山)

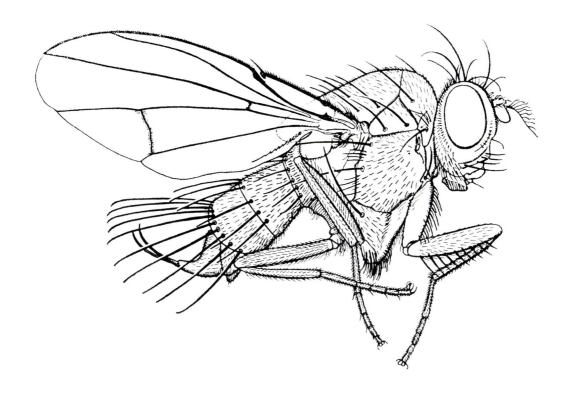

珍虫ミギワバエ科の一種

　幼虫は水生で，捕食性。成虫は海岸などにいる。日本では本州と北海道に産し，国外では旧北区に広く分布する。学名を *Dichaeta caudata* という。現在は *Notiphila* 属に変わっている。本種の腹部の強い剛毛列は異様である。　　　　　　　　　　（執筆者　平嶋義宏／図の出典　E. Séguy, 1950）

■学名解：旧属名 *Dichaeta* は（ギ）二つの剛毛，の意（おそらく尾端の2本の剛毛を表現）．種小名は（ラ）尾のある．新属名は（ギ）脊を好むもの．

日　本（里山）

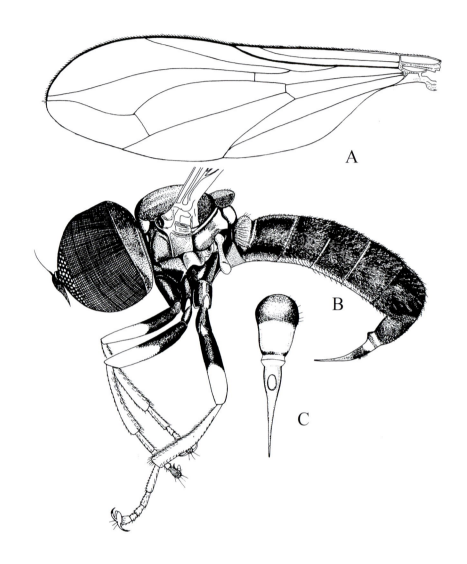

異常に大きな頭のアタマアブ

　アタマアブは5 mm前後の小さなハエで，その名のとおり頭が大きくて，半球状。その大きな頭の由来は大きな複眼にある。このハエの幼虫はウンカやヨコバイ類の内部寄生虫である。従って稲作害虫の天敵としての存在感はある。

　アタマアブ科 Pipunculidae は Pipunculus 属をタイプとする科名で，この属名は（ラ）pipo（鳴く）の縮小形で，かすかに鳴く，かすかに囁く，という意味。面白い学名である。

　図のAは前翅，Bは雌の側面，Cは末端節と産卵管。タイからの留学生Morakote君描く。

（執筆者　平嶋義宏／図の出典　R. Morakote, 1990）

▣学名解：図示のアタマアブの学名を Dorylomorpha confusa という．属名は（ギ）小さな槍の形の，の意　＜ dory 槍＋縮小辞 -ulus ＋ -morpha ～の形の．腹部末端が尖っているため．種小名は（ラ）不明瞭な．

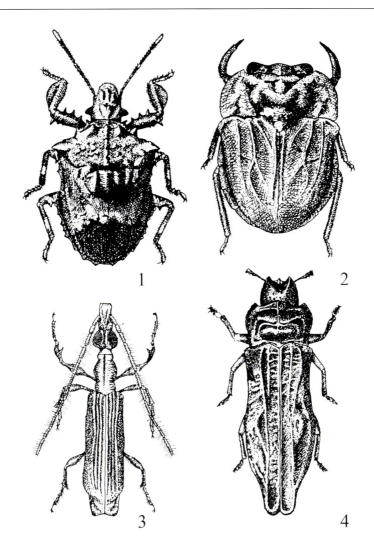

九州産の珍虫

　筆者が『九州の昆虫採集案内』（陸水社）を編集発行したのは58年前になる。この本は今でも役立つと思う。九州産の珍虫がいろいろ図示されているからである。この本から九州の珍虫4種を借用してお目にかけたい。すべて三枝豊平博士（当時大学院生）の筆になる。

（執筆者　平嶋義宏／図の出典　『九州の昆虫採集案内』，1958）

■学名解：1：コブハナダカカメムシ *Neocazira confragosa*. 属名は（ギ）neo- 新 + *Cazira* 属＜カメムシの一種に与えられた意味不明の造語．種小名は（ラ）confragosus の女性形，でこぼこの．この虫は珍中の珍．

2：アシブトメミズムシ *Nerthra macrothorax*. 属名はゲルマン人の豊穣の女神 Nerthus に由来すると思われている．種小名は（ギ）長い（広い）胸（の）．

3：ホソミツギリゾウムシ *Cyphagogus signipes*. 属名は（ギ）kyphagōgos（馬が）頭を下げている．種小名は（ラ）signum 目印，シンボル +（ラ）pes 足．

4：ヤスマツケシタマムシ *Aphanisticus yasumatui*. 属名は（ギ）aphanistikos 見えなくする（姿を消す），という意味．種小名は安松京三博士に因む．

日　本（里山）

皇居の土壌性ハネカクシ類

　皇居は東京都心に残された貴重な緑地である。甲虫類についてはかなり調査が行われているが，2000〜2003年に行われた吹上御苑内の9地点でのハネカクシ類の調査結果の一部を示す。

（執筆者　野村周平・平嶋義宏／図の出典　野村周平ら，2006）

■学名解：1：ヒメコケムシの一種 *Euconnus* sp.（ギ）eu- 良い＋（ギ）konnos あごひげ．

2：*Cephennodes* sp. 和名なし．（ギ）kēphēn ミツバチの雄，怠け者＋ -odes 〜に似たもの．

3：ヨツメハネカクシの一種 *Olophrum simplex*．（ギ）ollos 他の＋ aphros 泡（推定）．種小名は（ラ）単純な．

4：ハケスネアリヅカムシ *Batriscenaulax modestus*．属名は *Batrisocenus*（*Batrisus* 属＋（ギ）kenos 空虚な．日本未知）と（ギ）aulax（畝間）の複合語．種小名は（ラ）控え目な．

5：ミカドオオトゲアリヅカムシ *Lasinus mikado*．属名は（ギ）石のような．種小名は帝．2013年に野村が命名記載発表．紛らわしい属名に蟻のトビイロケアリ *Lasius*（毛深い）がある．

6：前者の雌．

7：*Bolitobius princeps* 和名なし．（ギ）boliton 牛糞＋（ギ）-bius 〜に住む．種小名は（ラ）最初の，第一の．

8：*Homoeusa prolongata*．和名なし．（ラ）homo 人間，男＋接尾辞 -eusa 類似を示す（推定）．種小名は（ラ）伸長した．好蟻性で，ケアリ類の巣から得られる．

9：*Thaisophila oxipodina* 和名なし．（ギ）アテネの遊女タイース Thais ＋（ギ）-phila 〜を愛する．種小名は（ギ）鋭い足の．

日　本（高山）

高嶺の花のアリノスハネカクシ

　好蟻牲ハネカクシは，種によってアリとの関わり方は様々である。ここに示すタカネアリノスハネカクシ *Lomechusoides* spp. は，成虫も幼虫もヤマアリなどのアリの巣の中で生活し，自らは摂食せず，アリから口移しに給餌を受ける，という共生関係を持っている。ハネカクシがアリに与えるものは何か。多分アリの体からにじり出るアリの好きな体液であろう。図の 1 はヨーロッパ産の *Lomechusoides strumosus*，2 は日本産の *L. suensoni* である。後者は山の高い所にいて，採集は困難である。正に高嶺の花である。（執筆者　丸山宗利／図の出典　丸山宗利撮影）

■**学名解**：属名 *Lomechusoides* は近代（ラ）*Lomechusa* に似たもの，の意．*Lomechusa* 属は別のアリノスハネカクシの属名．（ギ）lōma（衣服の）へり＋（ギ）ēchē 音，風聞．種小名 *strumosus* は（ラ）るいれき（腺病）にかかった．種小名 *suensoni* は人名由来．

日 本 (里山)

日本産エンマムシの最高峰

　この甲虫をアリクイエンマムシ *Margarinotus* (*Myrmecohister*) *maruyamai* Ôhara, 1999という。エンマムシ科甲虫の大部分はハエのウジを食べると考えられている。しかし本種は，その名のとおりアリを捕食する習性がある。筆者がそのことを最初に発見し，本種の名前に筆者の名前をつけていただいた。形態的にもとても変わったエンマムシで，本種が新種記載されるときには，新亜属が設立された。また，良く目立つ大型種でありながら，非常にまれで，これまで数回しか見つかっていない。日本のエンマムシでは際立った存在である。

（執筆者　丸山宗利／図の出典　丸山宗利撮影）

■学名解：*Margarinotus* は(ギ)真珠のような光沢のある背，の意＜margarītēs 真珠＋(ギ)nōtos 背．亜属名 *Myrmechoister* は(ギ)アリのようなエンマ虫，の意＜myrmēx アリ＋エンマムシ属 *Hister*. 後者はラテン語で俳優の意．亜種名 *maruyamai* は発見者の丸山宗利博士に因む．

日　本（小笠原）

小笠原固有の好蟻性種
クロサワヒゲブトアリヅカムシ *Articerodes kurosawai*

　小笠原諸島は海洋島であり，アリヅカムシの種類は非常に少ないが，好蟻性のヒゲブトアリヅカムシは4種ほど見つかっている。本種はその中では最初に命名記載された種で，その後，宿主アリは在来のオガサワラアメイロアリであることが判明した。小笠原からは，本種と同論文で命名記載されたオガサワラヒゲブトアリヅカムシ *A. kishimotoi* と，同属の別の未記載種も発見されている。

　　（執筆者　野村周平／図の出典　左の全形図はNomura, 2001。右の生態写真は小松　貴ほか, 2012）

■**学名解**：属名は（ギ）*Articerus* 属に似たもの．元の属名は（ラ）artus 狭い，ぴんと張った，強い＋（ギ）keras (kerōs) 触角．種小名は故黒沢良彦博士に献名．

　　（参考文献）Nomura, S. (2001) Descriptions of two new species of the clavigerine genus *Articerodes* (Coleoptera, Staphylinidae, Pselpahinae) from the Ogasawara Islands, Japan. *Elytra, Tokyo*, 29 : 343-351.

　　　小松　貴・森　英章・野村周平．2012．固有種クロサワヒゲブトアリヅカムシをアメイロアリ属の巣から採集．昆蟲（ニューシリーズ）15: 199-204.

日 本（里山）

九州山地特産の珍種
ヤマトヒゲブトアリヅカムシ *Diartiger spinipes*

　*Diartiger*属は，日本及び周辺地域に分布する，代表的な好蟻性アリヅカムシである。本種は特徴的な中脚の形態により，容易に他から区別できる。Sharp（1883）によって熊本県湯山（現在の市房山）から記載され，Waterhouse（1882-90）によって原色で図示されていたが，100年以上再記録されていなかった。後に同じ熊本県下の別の地点から再発見され，Nomura（1997）によって再記載された。ケアリ類の巣に共生することの多い，近似種のコヤマトヒゲブトアリヅカムシとは異なり，アシナガアリの巣から発見されている。

（執筆者　野村周平／図の出典　野村周平撮影）

■**学名解**：属名は（ギ）di-二つ＋（ラ）artiger 関節のある．種小名は（ラ）棘ある足の＜spina + pes．

（参考文献）Sharp, D. (1883) Revision of the Pselaphidae of Japan. *Transactions of the Entomological Society of London* 1883 : 291-331.

Waterhouse, C. O. (1882-90) Aids to identification of insects. E. W. Janson ed., London, 189 pls.

Nomura, S. (1997c) A systematic revision of the Clavigerine genus *Diartiger* Sharp from East Asia (Coleoptera, Staphylinidae, Pselaphinae). *Esakia*, (37) : 77-110.

日 本（里山）

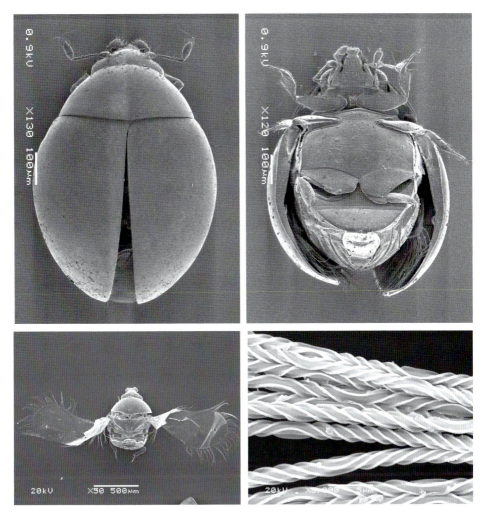

▲ 上左は全形図背面。上右は同腹面。下左は後翅を開いたところ。下右は後翅の縁毛拡大

不思議な形の毛を持つ超微小甲虫
ケシマルムシ *Sphaerius* sp.

　ケシマルムシ科は従来日本では未発見だったが，最近になって多摩川流域などから発見された（亀澤・松原，2012）。しかしまだ学名が確定していない。体長約0.9 mm，体形は半球形で，触角は短く，球かん部は比較的明瞭。河川中流域の河岸の浅い水たまりなどに生息する。本種がきわめて特殊なのは，後翅の周囲に生じる縁毛の表面にらせん状の隆条があり，そのらせんの向きが毛一本当たり数回逆転することである。この形状については野村（2014）で発表された。

（執筆者　野村周平／図の出典　野村周平撮影）

■学名解：(ギ) sphaira 球，球体＋接尾辞 -ius.

（参考文献）亀澤　洋・松原　豊（2012）東京都多摩川で採集したケシマルムシ属の一種について．さやばねニューシリーズ，(6)：25-27.

　　　　　野村周平（2014）微小甲虫後翅縁毛の走査型電子顕微鏡（SEM）による観察と形態比較．さやばねニューシリーズ，(16)：16-25.

日 本 (里山)

▲ 上左は多孔菌上の成虫。上右は生息環境（高知県室戸市）。下左は全形背面 SEM 写真。下右は後翅縁毛 SEM 写真

日本最小の甲虫
ヤマトヒジリムクゲキノコムシ *Mikado japonicus*

　体長約0.6 mmで，日本最小の甲虫といわれている。よく茂った樹林で，枯木や倒木に発生する多孔菌類の表面で生活している。後翅は膜部が縮小してテープ状となり，その周囲に長く発達した縁毛が放射状につくが，その縁毛は多数のトゲ分枝をそなえる（野村，2014）。多くの場合，分布は非常に局所的であるが，発生地での個体数は非常に多い。

（執筆者　野村周平／図の出典　野村周平撮影）

　■**学名解**：属名は日本語の帝（みかど）．種小名は日本の．

　（参考文献）野村周平（2014）ケシマルムシの項参照．

日　本（里山）

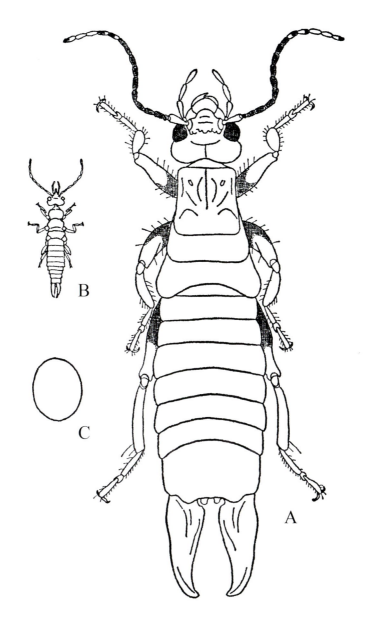

無翅のヒゲジロハサミムシ

　ハサミムシ（Dermaptera）の中には無翅のものもいる。図示したヒゲジロハサミムシ *Gonolabis marginalis*（Aは雌，Bは孵化直後の幼虫，Cは卵）もその一種である。和名が示すように，このハサミムシの触角先端の2節（先端節を除く）は白いという特徴がある。岩田先生がこの虫の習性を「ヒゲジロハサミムシの寧日誌」と題して詳しく述べておられる（『昆虫を見つめて五十年（Ⅰ）』）。光線嫌いの親子の様子の記述が面白い。

（執筆者　平嶋義宏／図の出典　岩田久二雄, 1978）

■学名解：属名は（ギ）gōnia 角，隅＋（ギ）labē 柄，把手．種小名は（ラ）縁の，へりの．

日 本 (里山)

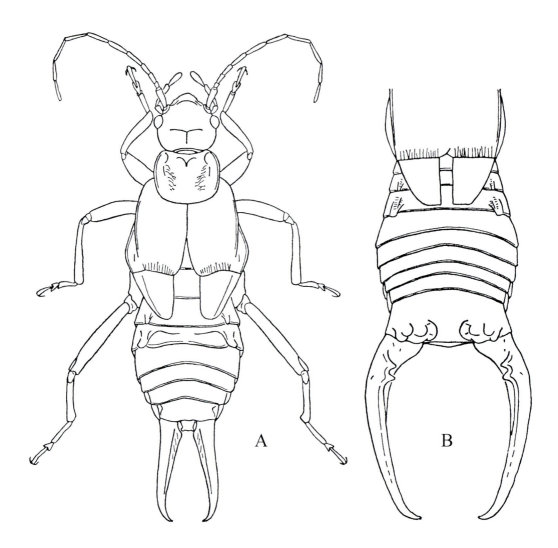

肉食性のアルマンコブハサミムシ

　ハサミムシは尾端に一対の鋏を持つので容易に認識されるが，母虫は卵を保護する習性がある。ところが，その母体は自分が産んだ子供に食べられるのである。アルマンコブハサミムシ *Anechura harmandi*（図のAは雌，Bは雄）についてそのショッキングな事実を観察されたのは岩田先生である（『昆虫を見つめて五十年（Ⅲ）』）。このハサミムシは樹上性と推定されるが，産卵は地上の砂地である。それも寒中に行われる。

（執筆者　平嶋義宏／図の出典　岩田久二雄, 1979）

■学名解：属名は(ギ)anechō高くあげる＋(ギ)oura尾．種小名は人名由来．

日　本（里山）

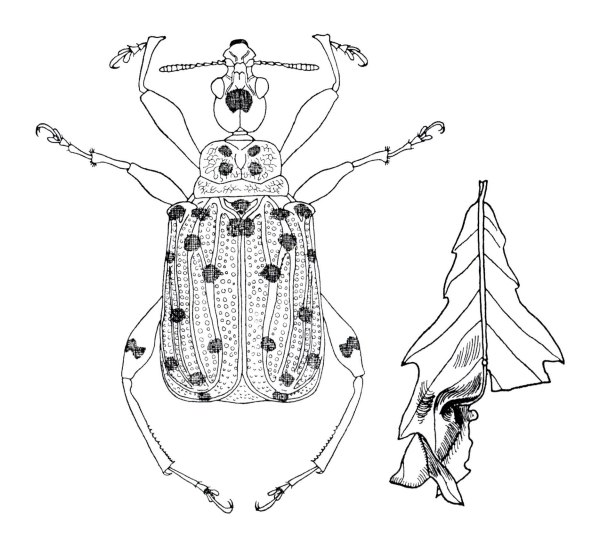

クリの葉を捲くゴマダラオトシブミ

　オトシブミは面白い甲虫で，植物の葉を捲いて揺り籠をつくり，その中に卵を産んで揺り籠を幼虫の食糧とする．日本にもかなり多くの種類がいるが，実は野外では殆んど見かけない．岩田先生が「リンゴの葉の揺り籠づくり」と題して，ゴマダラオトシブミ *Paroplapoderus pardalis* ほかのオトシブミの習性を書いておられる（『昆虫を見つめて五十年（Ⅲ）』）．図にその雌成虫とミズナラの葉に作られた揺り籠を示した．言うまでもなく岩田先生の健筆になる．

（執筆者　平嶋義宏／図の出典　岩田久二雄, 1979）

■**学名解**：属名は（ギ）para-副，側，近＋（ギ）hoplon道具，武器＋（ギ）apoderō植物の皮をむく，はぎ取る．
　種小名は（ラ）ヒョウ（豹）．

日 本 (里山)

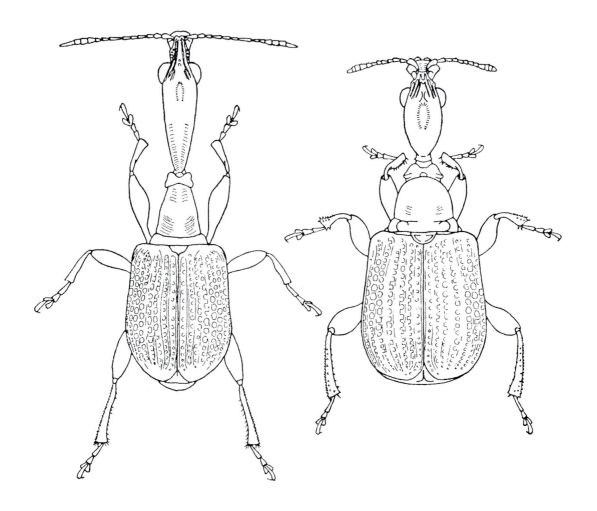

リンゴの葉に揺り籠を作るオトシブミ

　オトシブミはゾウムシの仲間で，幼虫の食べ物にする植物の葉を切って加工し，丸めて，いわゆる揺り籠をつくり，その中に産卵するので夙に有名である。岩田先生がリンゴの葉を捲くアカクビナガオトシブミ *Paracentrocorynus nigricollis* の習性を観察し，成虫の図を書いておられる（『昆虫を見つめて五十年（Ⅲ）「リンゴの葉の揺り籠づくり」』）ので，それを引用した。図の左は雄，右は雌である。　　　　　（執筆者　平嶋義宏／図の出典　岩田久二雄，1979）

　■**学名解**：属名は（ギ）para- 副，側，近＋外国産の *Centrocorynus* ＜（ギ）kentron 先の尖ったもの＋（ギ）korynē 棍棒，杖．種小名は（ラ）黒い首の．

日　本（海と海辺）

海岸の砂浜にいるゴミムシダマシ

　海岸の砂浜では，砂に潜って生活する甲虫や，打ち上げられた海藻の下にいる甲虫もいる。その一つにここに図示したハマヒョウタンゴミムシダマシ *Idisia ornata* がいる。砂にまぎれるような体色である。北海道を除く本州以南にいる。

（執筆者　小松　貴・平嶋義宏／図の出典　小松　貴，2016）

■学名解：属名は任意の造語，例えば(ギ)idios 独特な，から．種小名は(ラ)華麗な．

日 本（里山）

翅のないコオロギ

　コオロギでありながら翅がない。翅がないから鳴かないし，飛んで移動することもできない。しかし，何らかの方法で鳴くのではないかと予測する人もいる。しかし聴器（耳）の存在は不明である。九州の英彦山の山道で石を転がすとこのハネナシコオロギ *Goniogryllus sexspinosus* が飛び出してくる。珍品である。　　　（執筆者　小松　貴・平嶋義宏／図の出典　小松　貴, 2016）

　■**学名解**：属名は（ギ）gōnio- 角（かど）のある＋（ラ）gryllus コオロギ．種小名は（ラ）六つの棘のある．

日 本 (里山)

アリの巣にすむお邪魔虫

　アリヅカコオロギ属は，アリの巣の居候昆虫としては古くからよく知られたものの一つだ。世界に60種ほど知られるこの仲間はコオロギの範疇ではあるものの，その体は米粒ほどの大きさしかなく，しかも翅はないので鳴かない。彼らはアリの巣から巣へと渡り歩きつつ，その巣内に勝手に入り込んで餌を盗み取りながら生きている。普通，アリは体表面を覆う化学成分の匂いを感知することで，自分の仲間を厳格に識別している。しかし，アリヅカコオロギは素早い動きでアリの体に触っては逃げる行動を繰り返し，やがてアリの体表の化学成分を自身の体表に吸着させる能力を持つ。そのため，最初はアリから小突き回されているアリヅカコオロギも，やがてアリたちから仲間と勘違いされて攻撃されなくなるのだ。日本からは10種程度が知られるが，写真のミナミアリヅカコオロギ *Myrmecophilus formosanus* は南西諸島にだけ見られる種で，多様な種のアリの巣内から見つかる。　　　　　　　　（執筆者　小松　貴／図の出典　小松　貴撮影）

　■学名解:*Myrmecophilus* は(ギ)アリを好む(もの)＜myrmēx + phileō. 種小名 *formosanus* は近代(ラ)台湾の.

日　本（里山）

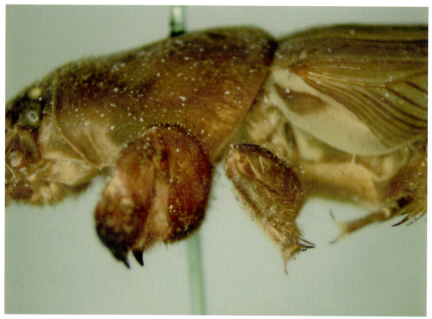

ケラとその前脚

　ケラは誰でも知っているように地中に穴を掘って生活している．穴を掘るために脚特に前脚の先端が変形してシャベルの役目をする．その構造を写真に示した．凄い迫力である．

（執筆者　平嶋義宏／図の出典　平嶋義宏撮影）

■**学名解**：*Gryllotalpa fossor*の属名は（ラ）gryllus（コオロギ）と（ラ）talpa（モグラ）の複合語．習性と形態を表現した面白い学名．種小名は（ラ）fossor（掘る人）をそのまま採用した学名で，習性を表現したもの．

日　本（里山）

珍奇な姿の昆虫たち

　筆者（紙谷）が各地で撮影した珍奇な姿の昆虫4種を示す．

　1：シロヅオオヨコバイ *Oniella honesta*．脊振山（九州）にて撮影．

　2：シュモクバエの一種 *Diopsis indica*．極めて珍奇な形のハエ．同形のもので，体は黒色，眼柄はやや太くて少し短い沖縄産のヒメシュモクバエ *Sphyracephala detrahens* がいる．

　3：オオカマキリモドキ *Climaciella magna*．寄生性の昆虫であるが，その寄主は不明．九州と四国に産する．なお，この虫の線画を180頁に示した．

　4：タケトゲハムシ *Dactylispa issikii*．体に多数の長い棘がある珍虫で，竹類やイネを加害する．九州産．　　　　　　　　　　　　　　　　　　　　　（執筆者　紙谷聡志／図の出典　紙谷聡志撮影）

■学名解：1：属名は（ギ）oniaの縮小形，愛らしい祖母．種小名は（ラ）honestusの女性形，名門の，生まれの良い．

　　　　 2：属名 *Diopsis* は（ギ）diopsis よく見ること．種小名は産地のインドに因む．属名 *Sphyracephala* は（ギ）ハンマーの頭の．種小名は（ラ）detrahoの現在分詞で，引き離された．

　　　　 3：属名は（ギ）klimax（属格 klimakos, 梯子）の縮小形．種小名は（ラ）magnusの女性形，大きな．

　　　　 4：属名は（ギ）指状で棘のある虫，の意．種小名は（故）一色周知教授（大阪府立大学）に因む．

日　本（洞窟性）

秋芳洞の珍虫ホラアナナガコムシ

　洞窟にはいろいろな珍虫が生息するが，ここに示した山口県の秋芳洞のホラアナナガコムシ *Campodes* sp. もその一種である。観察記録によれば，この虫は自分が歩くコースに沿って長い触角を振り回しているという。つまり落とし穴に落ちないのである。また，長い尾角は後上方にぴんと張って（付図参照），外敵を警戒している。転載を許可された秋吉台科学博物館に感謝します。　　　　　（執筆者　平嶋義宏／図の出典　美祢市立秋吉台科学博物館『秋吉台3億年』, 1981）

　■**学名解**：属名は（ギ）kampē いもむし＋接尾辞 -odes 〜に似たもの．

日 本（地下土壌性）

海岸の砂礫下の地中にすむイソチビゴミムシ

　イソチビゴミムシ *Thalassoduvalius masidai* は四国の海岸で，砂礫の多い浜の地下数十cmの深さに生息している甲虫である。これを掘り出すのには一苦労する。最初に発見された人の先見の明と掘り出しの労働に対して敬意を表したい。

（執筆者　小松　貴・平嶋義宏／図の出典　小松　貴, 2016）

■学名解：属名は（ギ）thalassa = thalatta 海，海洋 + *Duvalius* 属＜多分人名由来．例えばハイチの大統領にDuvalier氏あり．種小名は人名由来．

日　本（地下土壌性）

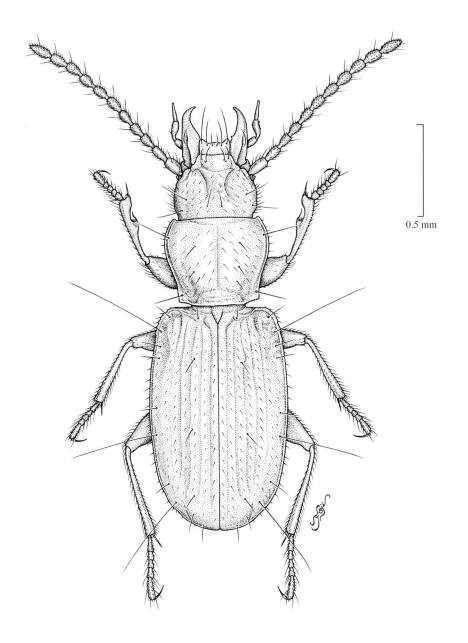

0.5 mm

日本最小のメクラチビゴミムシ

　日本最小のチビゴミムシといえばどの位の大きさだろうか。それは体長2.0〜2.1 mmである。その微小なメクラチビゴミムシの一種アマクサメクラチビゴミムシ *Stygiotrechus miyamai*（図示）が熊本県天草下島の中央部の地下浅層から発見され，上野俊一によって命名発表（Elytra, 37 (2) : 201-206, 2009）された。珍中の珍であろう。

（執筆者　上野俊一・平嶋義宏／図の出典　S. Uéno, 2009）

■学名解：属名は（ギ）stygios三途の川の，地獄の＋チビゴミムシ属 *Trechus* ＜（ギ）trechō 走る，急速に動く．種小名は最初の発見者見山　博氏に因む．

日　本（地下水生）

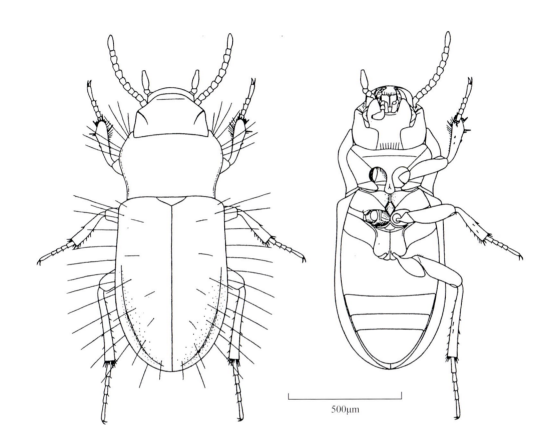

500μm

地下水にすむ微小なムカシゲンゴロウ

　ムカシゲンゴロウ *Phreatodytes relictus* は地下水にすむ微小な甲虫で，日本で発見された。1属1種。複眼と後翅は完全に退化する。特別な研究者でないとお目にかかれない珍虫である。

（執筆者　上野俊一・平嶋義宏／図の出典　S. Uéno, 1957）

■学名解：属名は（ギ）phreato- 井戸の＋（ギ）dytēs 潜水者．種小名は（ラ）放棄された，手つかずの：残存生物．

日 本（地下水生）

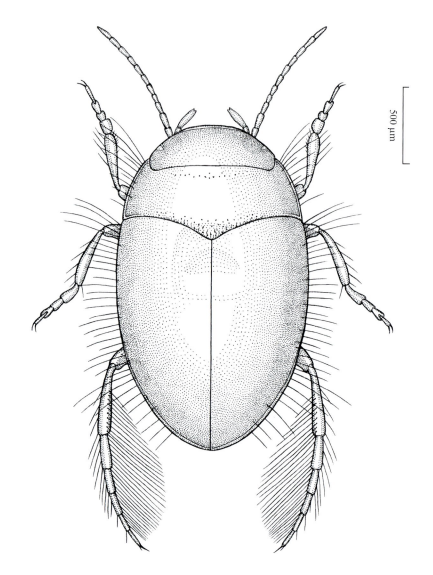

地下水にすむ微小なケシゲンゴロウ

　ゲンゴロウ科のケシゲンゴロウ族Hyphydriniは世界的に珍奇で稀少な水生甲虫であるが，その1種が四国の宇和島市から発見され，新属新種として学界に発表された。1996年のことである。洞窟昆虫や井戸水の昆虫類の権威上野俊一博士（国立科学博物館）の功績である。上野博士の描いたその虫の図をここに示した。
　和名をメクラケシゲンゴロウ，学名を*Dimitshydrus typhlops*という。

（執筆者　平嶋義宏／図の出典　上野俊一原図）

■**学名解**：属名は些か変わった命名で，Dimits・hydrysという構成．最初のDimits-は「二つのMits」という意味で，この珍虫の最初の発見者Mitsuhisa Fukuda氏とMitsuhiro Nakamura氏の最初のMits(u)を組み合わせたもの．この命名法もメクラケシゲンゴロウに負けず劣らずの珍品である．後節の-hydrysは（ギ）水の，の意．種小名は（ギ）typhlos盲の＋（ギ）ōps眼．

日　本（寄生性）

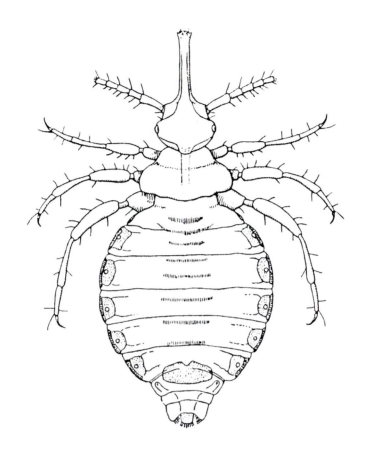

ゾウ（象）に寄生する珍奇なハジラミ

　象にもハジラミが寄生すると聞いて吃驚する。学名を *Haematomyzus elephantis* という。『日本産昆虫総目録』を見るとゾウハジラミは日本にも産するとある。成程，インドゾウは日本の動物園に飼われている。アフリカゾウはどうかな。筆者はかつてワシントンの動物園でインドゾウとアフリカゾウが2匹仲良くならんで草をねだっているのを見て，写真に収めたことがある。

（執筆者　平嶋義宏／図の出典　E. Séguy, 1950）

▮学名解：属名は（ギ）haima（連結形haemato-）血＋（ギ）myzo吸う．種小名は（ギ）ゾウの．elephasの属格．

日　本 (寄生性)

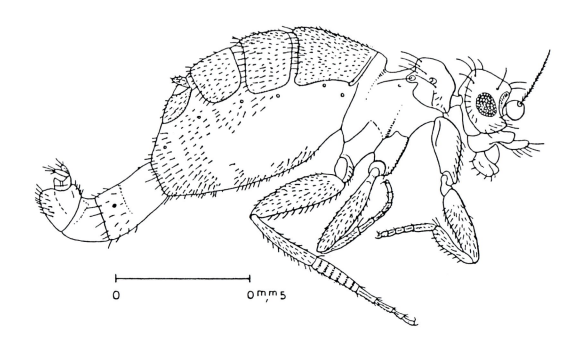

珍奇なノミバエの一種

　珍奇な無翅のノミバエである。学名を *Puliciphora tokyoensis* という。ノミバエは元来敏捷なコバエであるが，この無翅のノミバエの運動性はどうであろうか．本州産．

(執筆者　平嶋義宏／図の出典　E. Séguy, 1979)

■**学名解**：属名は(ラ)pulex(連結形 pulici-)ノミ(蚤)＋(ギ)-phora～を持つ．ノミの形をしている，という意味の命名．種小名は近代(ラ)東京の．

日　本（寄生性）

生きた蛙を食べ尽くすキンバエ

　クロバエ科のカエルキンバエ*Lucilia chini*は生きたカエルに寄生する珍虫である。北米での観察によれば，このキンバエの雌は隙をついて生きたカエルの体表に数十個の卵を産みつける。卵は短時間で孵化し，幼虫は集団で皮膚に食い入り，肉を溶かしながら2，3日でカエルを食べつくしてしまう。幼虫は地中に入って蛹となる。このハエは我が国（本州）と中国にもいる。

（執筆者　小松　貴・平嶋義宏／図の出典　小松　貴, 2016）

■**学名解**：属名は（ラ）lux（連結形 luci-）光＋縮小辞 -illa＋接尾辞 -ia. 光っているハエ，の意. 種小名は人名由来.

日 本 (寄生性)

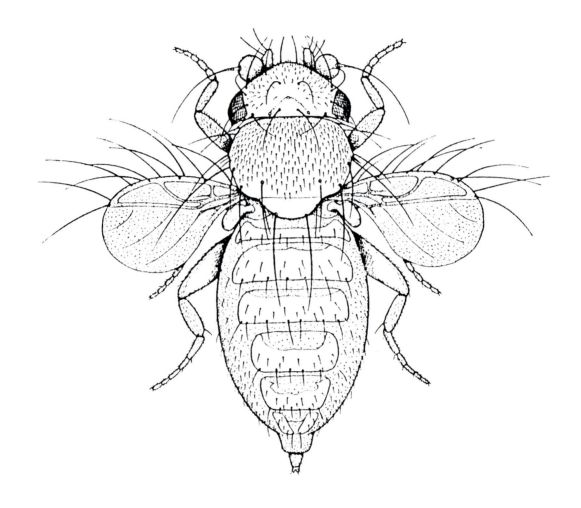

珍奇なアリノスノミバエ

　アリの巣にいる微小で珍奇なノミバエ*Hypogeophora macrothrix*が後藤忠男博士によって発見された。翅（前翅）は退化していて，申し訳程度についている。日本産としては珍中の珍である。この図は『新版　昆虫採集学』（2000）に搭載した。

(執筆者　平嶋義宏／図の出典　後藤忠男原図)

■**学名解**：属名は(ギ)地下にいるノミバエ，の意＜hypogeios 地下の＋ノミバエ属*Phora*＜phōra 盗み．種小名は(ギ)長い毛．翅や体の毛は確かに長い．

日 本 (寄生性)

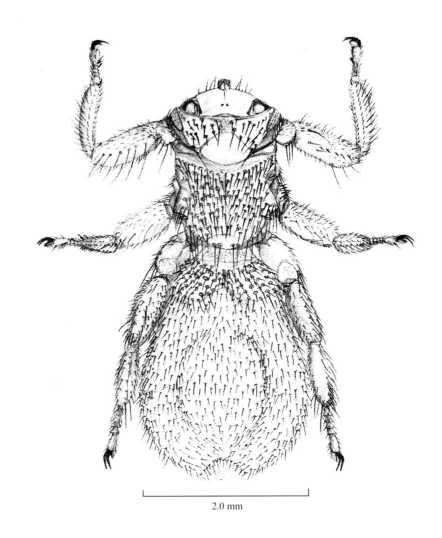

2.0 mm

羊に寄生するシラミバエの一種

　羊に寄生するシラミバエ科のコスモポリタンの一種で，*Melophagus ovinus*という。珍奇なハエである。日本にもいる。翅がないので，一生ヒツジの体から離れない。

（執筆者　平嶋義宏／図の出典　R. R. Askew, 1971）

■**学名解**：属名は(ギ)羊を食べる(もの)＜mēlon 羊, 山羊 + -phagus ～を食べる．種小名は(ラ)羊の＜ovis + 接尾辞 -inus.

日 本（寄生性）

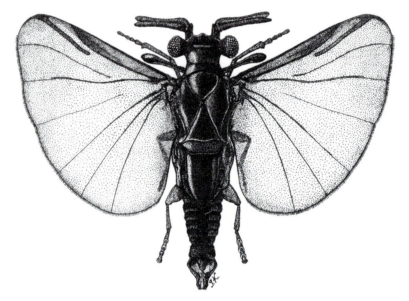

最初に目にして驚いたアナバチネジレバネ

　昭和25年頃にオスミア *Osmia* という花蜂の習性研究をしている時に，偶然その竹筒にコクロアナバチ *Sphex*（現在 *Isodontia*）*nigellus* が営巣した．捉えてみると腹部に瘤ができている．それがネジレバネの雄の蛹の頭部であった（上段写真）．吸虫管にいれておいたら，やがて1匹のネジレバネが羽化してきた．そして吸虫管の中を激しく飛び回った．それを標本にして描いたのが下段の虫である．筆者が最初に出会ったネジレバネなので，特に印象が深い．研究の結果新種と認定し，*Xenos*（現在 *Paraxenos*）*esakii* と命名した．当時院生の（故）木船悌嗣氏（のちに福岡大学教授）との共同研究であった．図は木船博士の筆になる．

（執筆者　平嶋義宏／図の出典　平嶋義宏撮影）

■**学名解**：属名 *Osmia* は（ギ）osmē（匂い）に由来．このハナバチには特有の匂いがある．属名 *Sphex* は（ギ）sphēx ジガバチより．亜属名 *Isodontia* は（ギ）isos 等しい＋（ギ）odonto- 歯のある＋接尾辞 -ia．属名 *Xenos* は（ギ）xenos 客人，よそ者．種小名は筆者の恩師(故)江崎悌三教授に奉献した．

日 本（寄生性）

▲　スズメバチネジレバネの雄成虫（単位はmm）

▲　雄成虫がホストから脱出する瞬間

▲　腹部体節間から体の一部を出す雌成虫

▲　雄の蛹がチャイロスズメバチ腹部体節間から露出

▲　ホストの体内に隠された雌成虫の巨大な体（単位はmm）

スズメバチに寄生するスズメバチネジレバネ

　ネジレバネは非常に特有の寄生昆虫で，寄生はするが相手（ホスト）を殺さないのが大きな特徴の一つである．ホストはクツワムシ，ウンカ・ヨコバイ類，各種のハチ類などである．スズメバチに寄生するのは非常に珍しい．雄は膜質の広い翅で敏捷に飛ぶ．前翅は棒状に退化している（前頁の図参照）．　　　（執筆者　小野正人・平嶋義宏／図の出典　小野正人『スズメバチの科学』，1997）

■**学名解**：*Xenos moutoni* の属名は（ギ）xenos由来で，客人，よそ者，の意．種小名は人名由来で，Mouton氏の．

日 本 (寄生性)

ユニークな寄主生活のカギバラバチ

　寄生性のカギバラバチ科のキスジセアカカギバラバチ *Taeniogonalos fasciata* はその名が示すとおり腹部の先端が鉤状に屈曲している（この写真では見えない）。この科のハチは不思議な経路をたどって成虫となる。一般的には雌が種々の植物の葉の裏に大量の微細卵を産みつける。そのために腹端が曲っているのである。その葉を食草とするハバチやチョウ，ガの幼虫が微細卵を一緒に食べる。

　キスジセアカカギバラバチでは蝶のオオムラサキ（食草はエノキ），アサギマダラ（食草はキジョラン）での観察記録がある。食草の葉と卵を一緒に食べたオオムラサキやアサギマダラの幼虫は，体内で初めてキスジセアカカギバラバチの孵化を実現させる。つまり，チョウの幼虫が食草と一緒に食べないとキスジセアカカギバラバチの卵は孵化せず無駄になる。しかも本種の場合，そのチョウの幼虫の体内に寄生バチか寄生バエの幼虫がいた場合のみ，それらへの体内寄生に成功する。したがってここまで幸運にたどり着ける確率は奇跡的となる。そのため寄主の産卵数は極めて多く1頭のメスの成熟卵保有数が14,000個という記録もある。最終的には寄生バチの繭や寄生バエの囲蛹からキスジセアカカギバラバチが生まれてくるわけである。

　キスジセアカカギバラバチは体長5〜12 mm。赤橙色の胸部，腹部の黄斑，翅縁の黒褐色斑などの特徴があり，日本産のカギバラバチ科では最も美しい種である。北海道，本州，四国，九州，琉球，海外では台湾に分布する。メスはやや稀，オスは極めて稀にしか発見されない。

　カギバラバチ科は小さなグループで世界に75種，日本には10種の分布が記録されている。

（執筆者　須田博久／図の出典　須田博久撮影）

■**学名解**：属名は（ギ）tainia 紐，リボン＋（ギ）gonē 生むこと＋（ギ）alos こぶ．

日 本（寄生性）

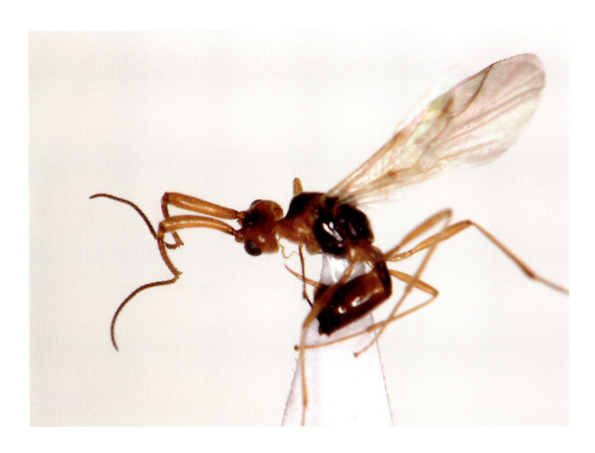

珍奇な触角を持つムナグロハラボソコマユバチ

　触角は触ったり匂ったりする感覚器官であるが，この寄生蜂 *Streblocera nigrithoracica* の場合はそれだけではないらしい。触角の第一節が伸長し，その先の数節と向かい合って，大きな鋏のような構造をしている。日本固有種（全土）だが，似たような触角の構造を持つ同属種はアジア，アフリカに広く分布している。しかし，日本と中国に分布するオカダハラボソコマユバチ *S. okadai* がフタスジヒメハムシの成虫に寄生することがわかっているだけで，詳しい生態は不明である。鋏のような触角を使ってハムシ成虫の体幹を把握して産卵するのではないかと想像されるが，まだ誰も確かめていない。　　　　　　　　　　（執筆者　前藤　薫／図の出典　前藤　薫撮影）

■学名解：属名 *Streblocera* は（ギ）捩れた（曲った）触角の，の意＜ streblos + keras. 種小名 *nigrithoracica* は（ラ）黒い胸部の＜ niger（接続形 nigro-）＋ thorax（属格 thoracis）．

日 本 (寄生性)

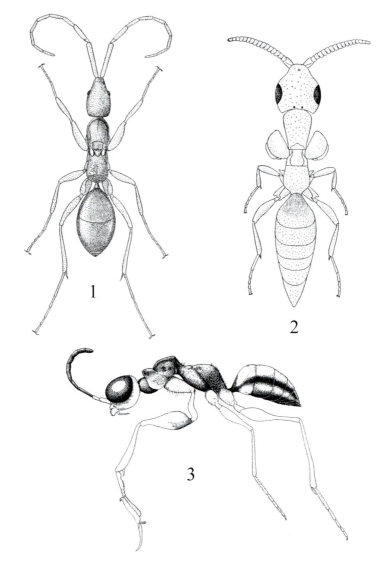

日本産の珍奇な姿のハチ3種

　1：アリモドキバチ *Embolemus walkeri*。非常に稀な種類で，北米産の種類はコガシラウンカ *Epiptera* に寄生する。

　2：シロアリモドキヤドリバチ *Caenosclerogibba japonica*。非常な珍品で，コケシロアリモドキ *Oligotoma* に寄生する。南九州のみに知られる。

　3：カマバチ科の一種 *Gonatopus sepsoides*。カマバチの名は前肢跗節の特異な形（鎌状）に由来する。半翅目のウンカ，アワフキムシやツノゼミなどを捕え，産卵する。日本にも1種いる。

　　　　　　　　（執筆者　平嶋義宏／図の出典　1，2は安松京三教授原図，3はGauld & Bolton, 1988）

■学名解：1：属名は（ギ）embolimos さしこまれた．種小名はWalker氏の．
　　　　2：属名は（ギ）kainos 新希な＋（ギ）sklēros かたい＋（ラ）gibbus こぶ．コケシロアリモドキ *Oligotoma* は（ギ）oligos 少ない，僅かの＋（ギ）tomē 切断．
　　　　3：属名は（ギ）gony（連結形 gonato-）膝＋（ギ）pous 足．種小名 *sepsoides* はツヤホソバエ *Sepsis* に似たもの．（ギ）sēpsis 発酵，興奮．

日　本（寄生性）

水中を泳ぐ珍奇な寄生蜂

　小さな寄生蜂が水中を泳ぐことを誰が予想したであろうか．水辺のアメンボの卵に寄生（産卵）するために，水中を泳いで寄主の卵を探すものがいる．それはタマゴクロバチ科の一種 *Tiphodytes* sp. である．筆者はその姿をみて驚嘆した．そこで宮崎市在住の井之口希秀氏（今は故人）に依頼して，写真を撮って貰った．それがここに掲げるもので，コバチの泳ぐ姿をとらえた世界唯一のものである．これを発表した時の論文の表題も "Do you believe a swimming wasp？（ESAKIA, (39) : 9-11, 1999）" であった．この写真は『新版　昆虫採集学』（2000）にも搭載．
　　　　　　　　　　　　　　　　　　　　　　　　（執筆者　平嶋義宏／図の出典　Y. Hirashima, *et al*., 1999）

　■学名解：属名は「池を泳ぐもの」の意で，(ギ)tiphos池，沼＋(ギ)dytēs潜水者．この珍奇な習性のコバチにぴったりの学名である．

日　本（寄生性）

水中を泳ぐアメンボの卵の寄生蜂

　シマアメンボの卵に寄生するタマゴクロバチ科の一種 Tiphodytes sp.（写真）が水中を泳ぐというショッキングなニュースは，筆者と共同研究者井之口希秀氏と山岸健三教授の3者連名でESAKIA 39号（1999）（前頁）に発表した．その泳ぐ姿をカラーでとらえた井之口氏の手腕と功績は抜群である．ここにはその井之口氏が撮影された寄生蜂の写真を紹介する．1998年3月30日に宮崎県の西都市で撮影されたものである．この写真を眺めつつ，いまは亡き井之口希秀氏のご冥福を祈る． 　　　　　　　　　　　　　　　　（執筆者　平嶋義宏／図の出典　井之口希秀撮影）

■学名解：属名は（ギ）tiphos 池，沼 ＋（ギ）dytēs 潜水者．この属名は1902年にBradleyという有名な学者が命名したものであるが，その当時からこの寄生蜂はすでに水中を泳ぐということが知られていた，と思われる学名である．

　本属はMarchalが1900年にLimnodytes gerriphagusという新属新種で記載したが，属名がカエルで使われていたため，1902年にBradleyがTiphodytesに改名した．Marchalがこの時代にアメンボの卵に寄生することや，寄生蜂の1齢幼虫も記載していることは驚くべきことである．

　Marchal P. (1900) Sur un nouver hymenoptere aquatique, le Limnodytes gerriphagus n. gen. n. sp. Annales De La Société Entomologique De France 69, 171-176.

　（注）アカガエル科のLimnodytesは現在Hylaranaのシノニム（平嶋記，山岸健三博士の教示）．

珍奇な姿のアリヤドリコバチ2題

　アリヤドリコバチ科にエサキアリヤドリコバチ *Eucharis esakii*（図の1）がいるということは文献上知っていたが，その姿を写真で見るのは初めてである．クロヤマアリに寄生する．この優れた写真を撮影された小松　貴博士に感謝したい．

　また，同科のヒメアリヤドリコバチ *Neolosbanus* sp. は奄美大島と沖縄に産する珍虫である．写真の2が雌，3が雄である．これは島田　拓氏の撮影である．

（執筆者　平嶋義宏／図の出典　小松　貴・島田　拓撮影）

■学名解：属名 *Eucharis* は（ギ）eucharis 優美な．種小名は世界的にも著名な江崎悌三博士（九州大学教授，故人）に因む．筆者の恩師．属名 *Neolosbanus* は「新しい *Losbanus* 属」の意．ただし後者の語源は不詳．

日　本（里山）

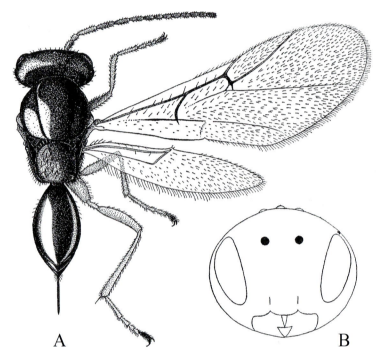

戦後騒がれた栗の大害虫

　西日本地方で戦後被害が多かったクリタマバチ *Dryocosmus kuriphilus* は，天敵利用でやがて終息した。クリタマバチは中国から持ち込まれたものであろうとされている。図のAとBは安松京三先生の描画である。先生は描画が非常にお上手で，数々の名作を残しておられる。カラー写真は村上陽三博士の撮影。　　　　　（執筆者　平嶋義宏／図の出典　安松京三原図・村上陽三撮影）

■**学名解**：属名 *Dryocosmus* は(ギ)drysオーク，柏などの樹＋(ギ)kosmos飾り．種小名は近代(ラ)クリ(栗)を好む(もの)．

日　本（寄生性）

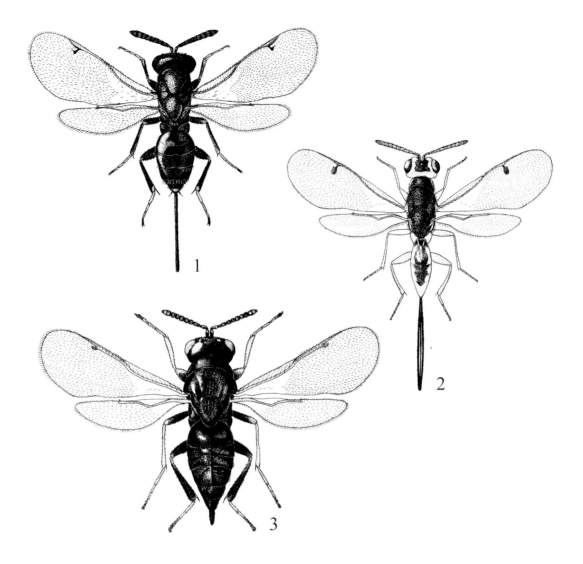

クリタマバチの天敵寄生蜂3種

　輸入害虫クリタマバチは一時西日本で猛威を振るったが，その抑圧に我が国の在来天敵の寄生蜂数種も活躍した。ここにその3種を示した。
1：クリマモリオナガコバチ *Torymus beneficus*。
2：クリノタカラモンオナガコバチ *Megastigmus nipponicus*。
3：クロアシタマヤドリコバチ *Ormyrus punctiger*。

（執筆者　平嶋義宏／図の出典　村上陽三, 1997）

■**学名解**：属名 *Torymus* は（ギ）toreuō あちこちに穴をあける，に由来すると推定．種小名 *beneficus* は（ラ）恩恵を施す，有益な．属名 *Megastigmus* は（ギ）mega- 大きな＋（ギ）stigma 斑点，縁紋．種小名 *nipponicus* は近代（ラ）日本の．属名 *Ormyrus* は（ギ）突進（突撃）するもの，の意で，ormē（突進）に由来する造語と推定．種小名 *punctiger* は（ラ）点刻（斑点）を持つもの，の意．

日　本（里山）

イヌビワに寄居するイヌビワコバチ

　イヌビワにはイヌビワコバチというイチジクコバチ科のコバチがすんでいる。その姿を栗林氏が見事に捉えて下さった。ご覧のように，雄（図のA）には翅がない。翅があるのは雌（図のB）だけであり，雌は自由に飛び回りイヌビワ（やイチジク）の花粉媒介をする。雄はイヌビワの実から出ることはできない。このイヌビワコバチはイヌビワの寄生虫ではなく，その花粉媒介を手助けする益虫である。因みに，安松京三先生の名著『昆虫の人生』のなかの「スミルナいちじく」を参照して頂きたい。　　（執筆者　栗林　慧・平嶋義宏／図の出典　栗林　慧，1973）

　■**学名解**：イヌビワコバチの学名を *Blastophaga nipponica* という．属名は（ギ）blastos 新芽, 若芽＋（ギ）phagein 食べる．種小名は近代（ラ）日本の．

日　本（寄生性）

イヌビワコバチに寄生する珍虫イヌビワオナガコバチ

　イヌビワの果実の中にいるイヌビワコバチに寄生するハチがいるから驚く外はない。イヌビワオナガコバチ *Goniogaster* sp. という。体長2 mmのコバチである（所属する科名不詳）。そのコバチがイヌビワコバチの幼虫（もしくは蛹）に産卵している貴重な写真がある。著者の一人栗林氏が西表島で撮影したものである。尾から出ている黒くて長い管は産卵管ではなく，産卵管を保護している鞘であり，この中を産卵管が通っている。

（執筆者　栗林　慧・平嶋義宏／図の出典　栗林　慧, 1973）

■学名解：属名は（ギ）角ばった腹，の意＜gōnia + gastēr腹部．この学名は栗林に従って用いた．

日 本 (寄生性)

背後より忍び寄る刺客

　アリに寄生する寄生蜂として知られるヒゲナガアリヤドリコマユバチ *Myiocephalus boops* は，同じアリ寄生蜂のアリヤドリバチ亜科とは大きく異なる習性を持っている。アリヤドリバチ亜科がアリの幼虫にのみ寄生するのに対して，このハチはアリの成虫にしか寄生しないのだ。初夏に羽化した成虫は，アリの巣の周辺に生える草葉の上で絶えず周囲を見回している。そして，アリが近くに来ると後ろからそっと近づき，アリの腹部めがけて素早く体当たりを食らわす。その瞬間，ハチは腹端をアリの腹部の腹間膜に突き刺し，産卵してしまうのだ。攻撃を受けたアリは，やがて内側からハチの幼虫に食い荒らされて死ぬ。なお，このハチに攻撃されるのは，常にヤマアリ属の種と決まっている。ヒゲナガアリヤドリコマユバチは，日本ではごく最近になって生息が確認された。また，このとき世界で初めて本属のハチの行動の詳細が観察された。

（執筆者　小松　貴／図の出典　小松　貴撮影）

■**学名解**：属名 *Myiocephalus* は（ギ）ハエの頭の，の意＜myia + kephalē. 種小名 *boops* は（ギ）牛の顔（容貌）＜bous 牛＋ōps 顔，容貌.

日　本（里山）

ハコネナラタマバチの巧妙な作戦

　タマバチの多くはコナラなどの植物にゴール（虫えい）を形成することが知られている。雌成虫が植物の組織中に産卵し，孵化した幼虫が植物を摂食し始めると細胞が増殖してゴールが形成される。幼虫はゴールの中に部屋を作り，内壁の植物細胞を食べて成長し，蛹となり，羽化する。成虫はゴールを大顎で噛み破って外に出てくる。

　コナラなどの枝に形成されるハコネナラタマバチ *Andricus hakonensis* のゴールは表面に甘露状の物質を分泌する。この物質を舐めると甘い。これには多くのアリが集まって舐める。ここにタマバチの天敵である寄生蜂が近づくとアリが追い払うのである。ところが，もう一つ驚くことがある。このゴールを割ってみると，中にはタマバチの幼虫がいるが，幼虫自身は甘露状物質を分泌しておらず，分泌しているのはゴール自体であることがわかる。すなわちハコネナラタマバチは寄主植物を操作して，自分を保護してくれるアリに餌を与えているのである。ハコネナラタマバチのゴールは最も洗練された"寄生者による寄主操作"の一例といえよう。なお，左のハチの成虫の写真は井手竜也博士（国立科学博物館）の撮影である。

（執筆者　阿部芳久／図の出典　阿部芳久撮影）

■学名解：属名は（ギ）andrikos 男の，男らしい．種小名は近代（ラ）箱根の．

日 本（里山）

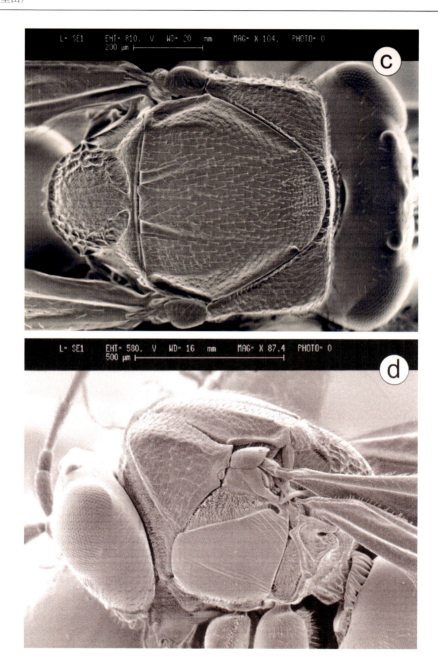

名前をみても驚くアベユーフォタマバチ

　昆虫の世界にも遂に空飛ぶ円盤すなわちユーフォUFOが登場した。学名を *Ufo abei* という。ハンガリーの学者二人が未確認飛行物体UFO（Unidentified Flying Object）のUFOを属名に採用したものである。筆者はそのことを知人の魚類学者に話したら，彼はのっけから信用しなかった。これらの経緯は拙著（平嶋義宏）『学名の知識とその作り方』（東海大学出版部，2016）に書いたので，それを参照されたい。上掲の写真2枚の転載を許可されたActa Zoologica Academiaeに感謝します。　　　　　　　　　　　　（執筆者　阿部芳久・平嶋義宏／図の出典　AZA）

■**学名解**：種小名はこのタマバチの発見者で共著者の一人阿部芳久（九州大学教授）に因む．

日　本 (寄生性)

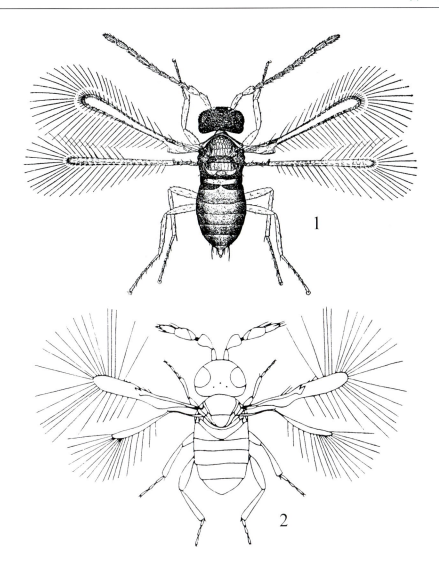

世界最小の昆虫

　世界最大の昆虫とか世界最小の昆虫という話には甚だ興味がそそられる．E. O. Essig博士のテキストによれば，ホソハネヤドリコバチ科のAlaptus magnanimusは体長0.21 mmであるという．また，同科のヤドリコバチの一種Metalaptus torquatus（図の1，雌）は体長0.3 mm以下であり，世界最小であるという．後翅が前翅より長いのも特徴の一つである．

　我が国では広瀬義躬博士によって体長0.8 mmのアザミウマタマゴバチMegaphragma sp.（タマゴヤドリコバチ科，図の2）が発見されている．快挙である．これは農業害虫アザミウマの卵に寄生する小さな小さな蜂である．広瀬博士描くところの図も素晴らしい．

（執筆者　平嶋義宏／図の出典　E. O. Essig, 1942及び広瀬義躬, 1990）

■学名解：属名Alaptusは（ギ）a-強意＋（ギ）laptōなめる，がつがつ飲む．種小名magnanimusは（ラ）度量の大きい．属名Metalaptusは（ギ）meta-後の＋Alaptus．種小名torquatusは（ラ）首飾りをつけた．属名Megaphragmaは（ギ）mega-大きな＋（ギ）phragma防壁．

日 本（寄生性）

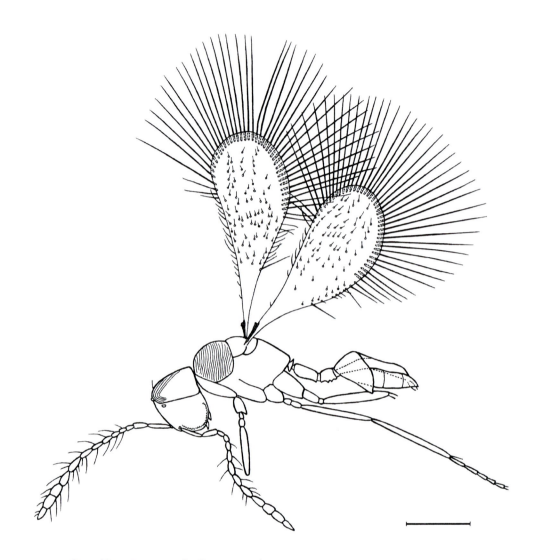

これぞ天下の珍虫　8千万年前のホソハネコバチ

　日本昆虫学会誌 Entomological Science の第5巻第1号（2002）に約8千万年前のコハク（琥珀）の中から小さな寄生蜂が発見された，という論文が発表された。発表者は4名連記で，ウクライナの国立科学アカデミーのV. Fursov，弘前大学のY. Shirota と T. Nomiya 各氏と，名城大学の山岸健三である。

　その複元図をここに示した。体長0.43 mm の小さな雄で，*Palaeomymar japonicum* と命名された。岩手県の久慈市が産地である。特徴的なことは，触角は長く，13節からなり，腹柄は2節で，前翅には多数（38本）の長い縁毛がある。図のスケールは0.1mm。

（執筆者　平嶋義宏・山岸健三／図の出典　上述）

■学名解：属名は（ギ）palaios 古代の＋ホソハネコバチ *Mymar* ＜（ギ）mymar あざけり，非難する．種小名は（ラ）japonicus の中性形，日本の．

日 本（寄生性）

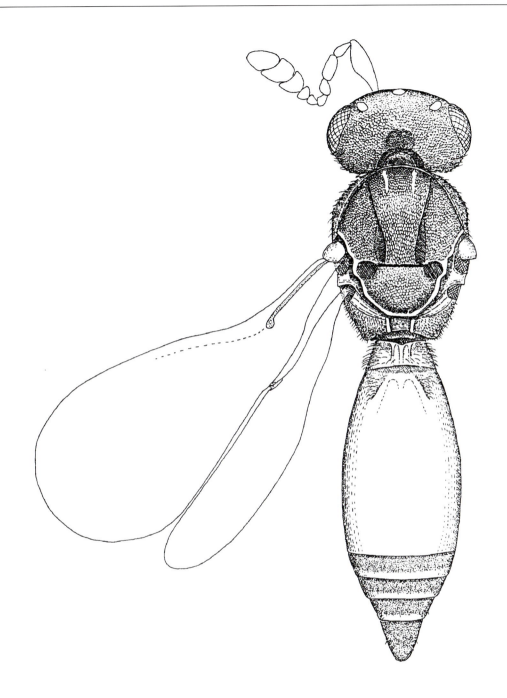

ハラビロクロバチ科の一種 *Acerotella* sp.

体長1.4 mm。和名ヒラタヒトスジクロバチ属（新称）の一種。1本の亜前縁脈を持つが，その先端が後方に湾曲しているのが特徴である。やや扁平な胸部構造は，後述の *Sacespalus* 属と類似している。宿主は不明である。　　　（執筆者　山岸健三・平嶋義宏／図の出典　山岸健三原図）

■**学名解**：*Acerotella* sp.（ギ）akerōs =（ギ）akeratos 角（つの）のない＋縮小辞-ella. または（ギ）akērōtos 蝋を塗ってない＋縮小辞-ella.

日　本（寄生性）

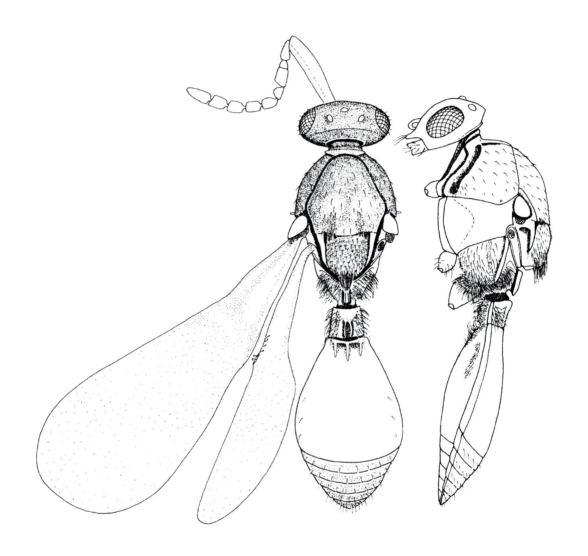

ハラビロクロバチ科の一種 *Amblyaspis* sp.

　体長2.2 mm。和名キンモウハラビロクロバチ属（新称）の一種。小楯板は金毛が密生し，三角錐ではあるが突起を欠くのが特徴である。宿主はハエ類の幼虫である可能性が高いが，まったく違う可能性もある。　　　　　　　　　　（執筆者　山岸健三・平嶋義宏／図の出典　山岸健三原図）

■学名解：*Amblyaspis* sp.（ギ）amblys鈍い，角のとれた＋（ギ）aspis盾．

日　本 (寄生性)

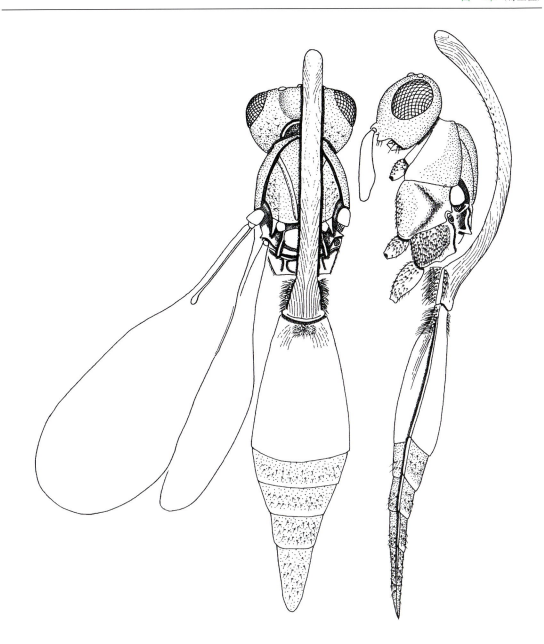

ハラビロクロバチ科の一種 *Inostemma* sp.

体長2.6 mm。和名イッカククロバチ属の一種。イッカククロバチ属の多くの種の雌は腹部第1背板に棒状突起（角）を持っていて，頭部まで達していることが普通であるが，本種の角は最も長く，頭部も超えて前方に伸長している。本科のハチの産卵管は腹部の中に収納されているが，非常に長い産卵管を収納するため，このような角を発達させていると考えられている。知られている宿主はタマバエ科で，タマバエの卵に産卵し，タマバエの幼虫の体内で発育する。

(執筆者　山岸健三・平嶋義宏／図の出典　山岸健三原図)

学名解：*Inostemma* sp. (ギ)神話のイーノー Inō 女神(Cadmus と Harmonia の娘．海の女神)＋(ギ) stemma 花冠．

日 本（寄生性）

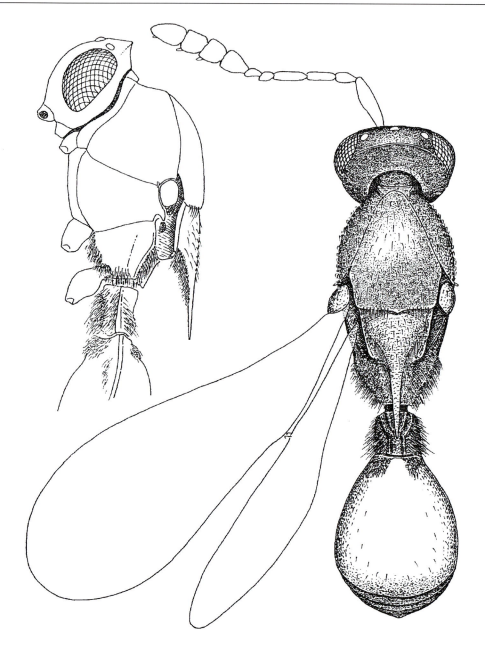

ハラビロクロバチ科の一種 *Leptacis* sp.

　体長1.5 mm。和名キリムネハラビロクロバチ属（新称）の一種。キリムネハラビロクロバチ属は小楯板後方が突起状に伸長するのが特徴であるが，種によって突起の長さが異なる。本種は最も長い突起を持っているが，その役割はまったく謎である。腹部第1節と2節とは明瞭に分かれており，これらが融合している *Synopeas* 属とはこの点で区別される。タマバエの幼虫に寄生すると考えられる。　　　　　　　　（執筆者　山岸健三・平嶋義宏／図の出典　山岸健三原図）

　■学名解：*Leptacis* sp.（ギ）leptos 細い＋（ギ）akis 尖ったもの，矢．

日 本（寄生性）

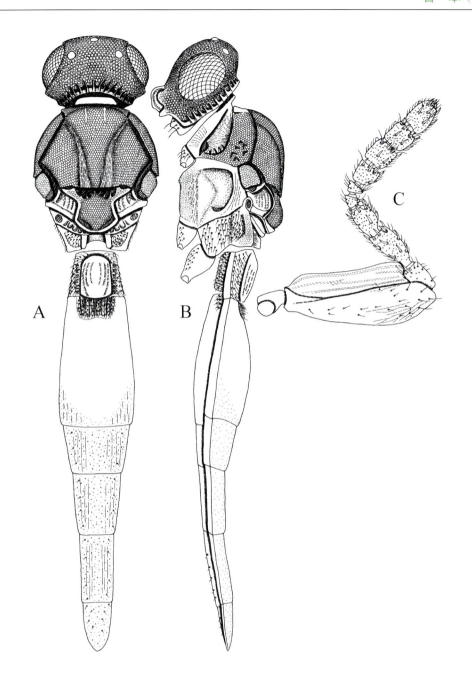

ハラビロクロバチ科の一種 *Sacespalus*

　体長2.0 mm。和名ヒゲブトハラビロクロバチ。体形はヒラタヒトスジクロバチ属に似るが，前翅は翅脈を欠く。佐賀県の北山ダムの湖畔の山で大量採集法で網に入った珍奇な寄生蜂は日本最初のものであった。1属1種という珍しい種類。山岸によってヒゲブトハラビロクロバチ *Sacespalus japonicus* と命名記載された。図のAは雌の背面，Bはその側面，Cは触角である。図はすべて山岸が描いた。　　　　　　　　　　　（執筆者　山岸健三・平嶋義宏／図の出典　山岸健三, 1982）

■学名解：属名は（ギ）sakespalos 盾を振り回す．種小名は近代（ラ）日本の．

日 本 (寄生性)

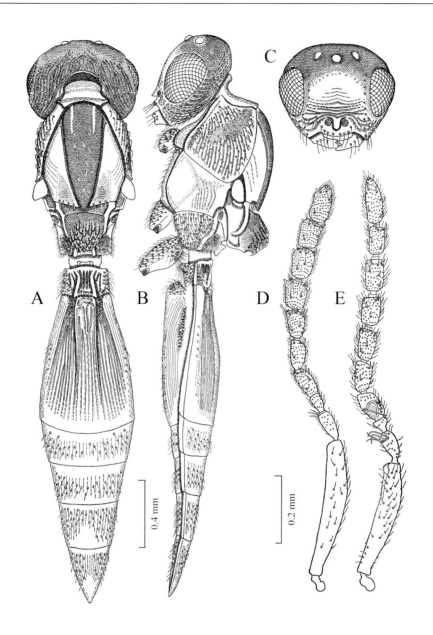

日本産の珍稀なトゲフシハラビロクロバチ

　離島を除く日本全土に分布するハラビロクロバチ科のトゲフシハラビロクロバチ *Trichacoides hirsutus* がKontyû（昆虫）48 (1)：95-99に新種として命名記載発表されている。その図を拝借した。山岸博士の図はどれを見ても素晴らしいものであるが，このトゲフシハラビロクロバチも例外ではない。その微細構造の精緻な描画を楽しんで頂きたい。A，Bは雌の体の全形図，Cはその頭の前面図，Dは雌の触角，Eは雄の触角である。体長3.2 mm。

（執筆者　山岸健三・平嶋義宏／図の出典　K. Yamagishi, 1980）

■**学名解**：属名は（ギ）tricho- 毛の＋（ギ）akos 救済法＋（ギ）-ides または -oides ～に似たもの．種小名は（ラ）毛深い．

日 本 (寄生性)

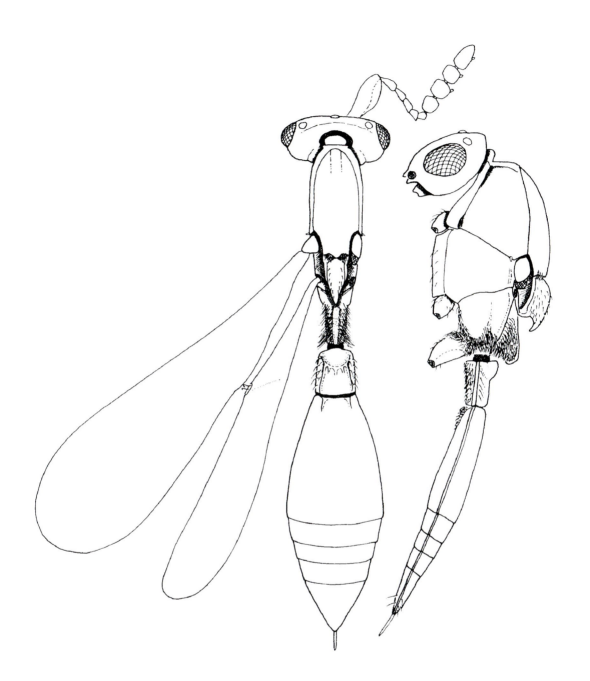

ハラビロクロバチ科の一種 *Piestopleura* sp.

体長1.7 mm。和名ムナボソハラビロクロバチ属（新称）の一種．本属は胸部が左右から圧迫された体形で，宿主は不明であるが，扁平な昆虫に寄生することが予想される．

（執筆者　山岸健三・平嶋義宏／図の出典　山岸健三原図）

■学名解：*Piestopleura* sp.（ギ）piestēr 締め付ける人＋（ギ）pleura 体の側面．胸部が狭くて細長い状況を表現．

日 本 (寄生性)

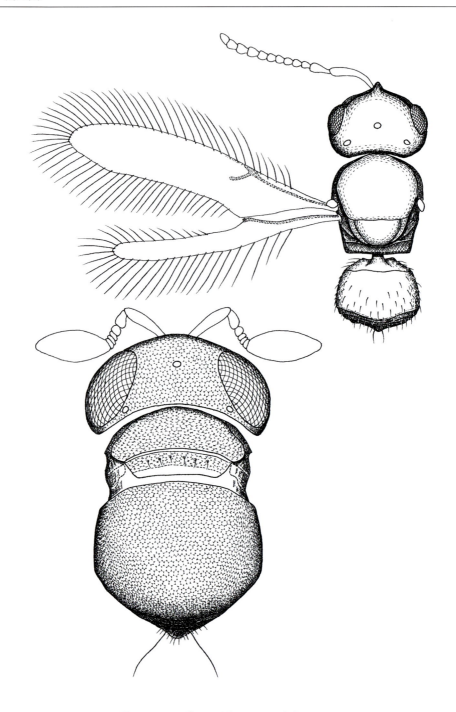

タマゴクロバチ科の一種 *Baeus* sp.

　雌雄の形態的差は非常に大きい。雌はずんぐりして，無翅。非常に珍奇な姿をしている。上は雄，0.55 mm。下は雌，0.7 mm。宿主はクモの卵。これも非常に変わっている。和名をダルマタマゴクロバチという。　　　　　　　　　　　（執筆者　山岸健三・平嶋義宏／図の出典　山岸健三原図）

■学名解：*Baeus* sp.（ギ）baios 小さい．

日　本（寄生性）

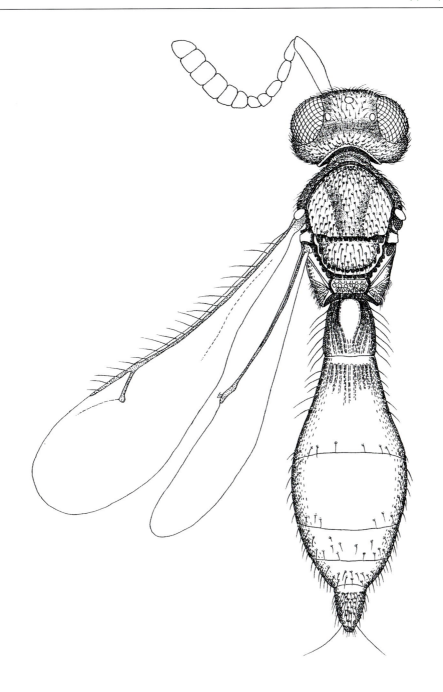

タマゴクロバチ科の一種 *Calliscelio* sp.

　体長2.4 mm。和名トガリタマゴクロバチ属の一種。前翅の亜前縁脈が翅の前縁に接して伸びていることと，腹部の末端節が少し伸長しているのが特徴である。バッタ目昆虫の卵に寄生することが推定される。　　　　　　　　　　（執筆者　山岸健三・平嶋義宏／図の出典　山岸健三原図）

　■**学名解**：*Calliscelio* sp.（ギ）kallos 美，美しいもの＋タマゴクロバチ属 *Scelio* ＜（ラ）scelio よこしまな男，不道徳な男．

日 本 (寄生性)

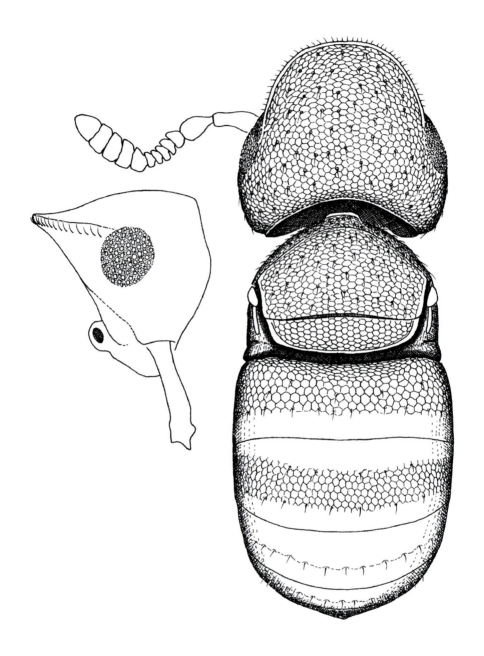

タマゴクロバチ科の一種 *Encyrtoscelio japonicus*

体長0.95 mm。和名をツルハシタマゴクロバチという。福岡市箱崎でパントラップによって採集された逸品。形態の珍奇さに驚く外はない。地中に産下されたツチカメムシの卵に寄生するが，ツルハシのように長い大顎と突出した額を使って土の中に潜っていくと推定されている。左は頭部の側面図。

(執筆者　山岸健三・平嶋義宏／図の出典　山岸健三原図)

■学名解：*Encyrtoscelio* sp. トビコバチ属 *Encyrtus* ＋ タマゴクロバチ属 *Scelio*. トビコバチとタマゴクロバチの両方の特徴をもったもの，の意．（ギ）enkyrtos 曲った＋（ラ）scelio 悪漢．

日 本（寄生性）

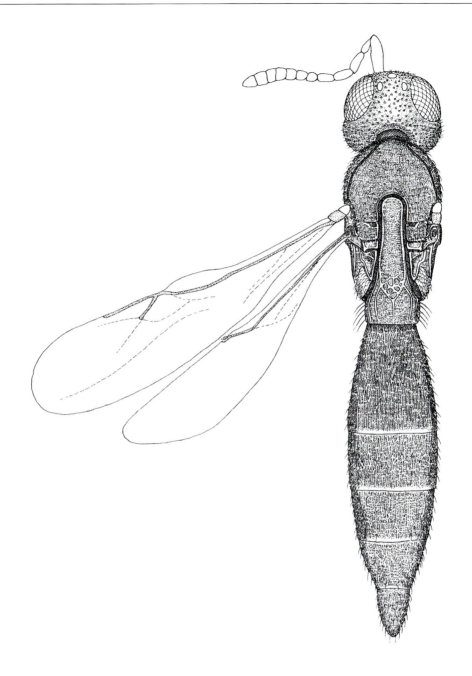

タマゴクロバチ科の一種 *Phoenoteleia* sp.

　体長3.7 mm。和名シャクタマゴクロバチ属（新称）の一種。前翅の亜前縁脈が翅の前縁から大きく離れていることと，腹部第1節背板から前方に伸長した角が扁平で胸部背面に密着していることが特徴である。バッタ目昆虫の卵に寄生することが推定される。

（執筆者　山岸健三・平嶋義宏／図の出典　山岸健三原図）

■**学名解**：*Phoenoteleia* sp.（ギ）phoinos 血で赤い，血のように赤い＋（ギ）teleios = teleos 完全な，欠点のない．

日 本 (寄生性)

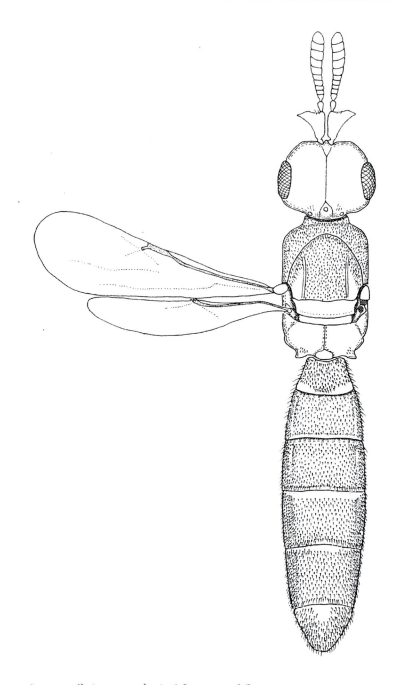

タマゴクロバチ科の一種 *Platyscelio* sp.

　体長4.7 mm。和名ヒラタタマゴクロバチ属の一種。学名からもわかるように極めて扁平な体型であり，極めて扁平な卵に寄生することが推定される。日本では奄美大島以南で採集されている。

（執筆者　山岸健三・平嶋義宏／図の出典　山岸健三原図）

　■**学名解**：*Platyscelio* sp.（ギ）platys 幅広い，平たい＋タマゴクロバチ属 *Scelio* ＜（ラ）scelio よこしまな男，不道徳な男．

日 本 (寄生性)

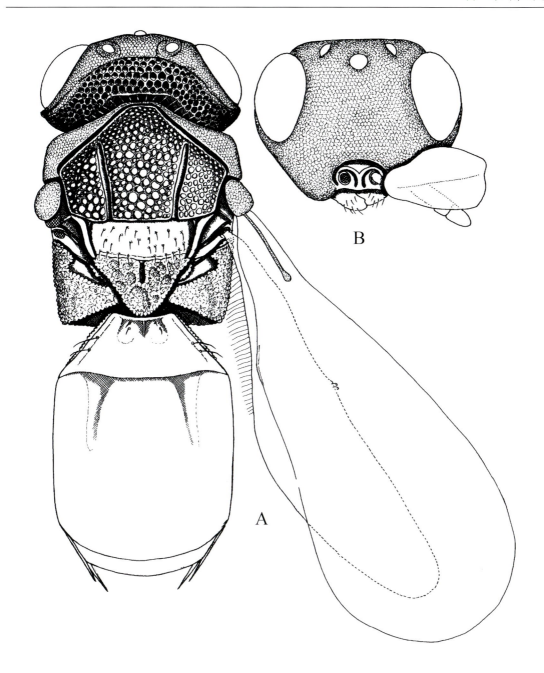

キゴシクロバチ類の一種 *Plutomerus japonicus*

　頭胸腹部の構造は非常に特異である．Bは頭部の全面図．体長1.3 mm．和名をアミメキゴシクロバチという．前翅にはとても短い亜前縁脈が存在し，小楯板と前伸腹節が泡状の構造物に覆われる．中胸楯板の表面は微小なコインを敷き詰めたようである．極めて稀で，宿主も不明である．　　　　　　　　　　　　　　　　　　（執筆者　山岸健三・平嶋義宏／図の出典　山岸健三原図）

■学名解：*Plutomerus japonicus*. 属名は（ギ）ploutos 富，財産＋（ギ）meros 部分（部類，運命，という意味もある）．種小名は近代（ラ）日本の．

日　本（寄生性）

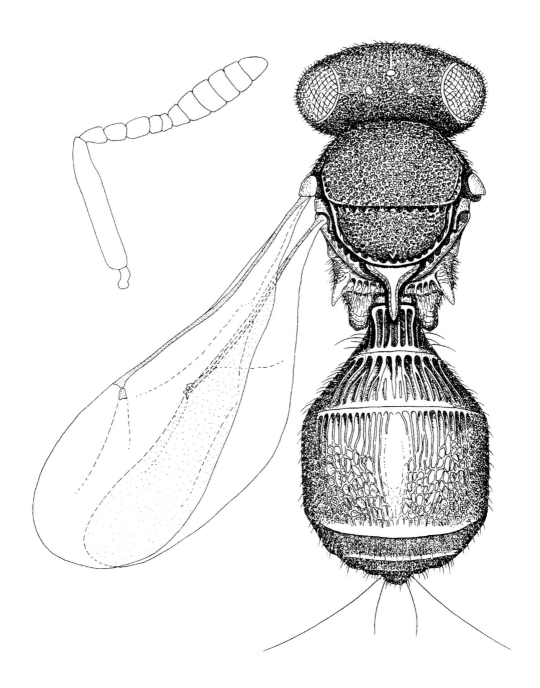

タマゴクロバチ科の一種 *Trimorus* sp.

体長1.8 mm。和名をゴミムシタマゴクロバチ属という。腹部第3節が第2節より明らかに長く，後小楯板から1本の長大な突起が伸びているのが特徴である。オサムシ科甲虫の卵に寄生すると考えられる。
　　　　　　　　　　　　　　　　　　　　　（執筆者　山岸健三・平嶋義宏／図の出典　山岸健三原図）

■学名解：*Trimorus* sp.（ギ）trimoros 三倍の，三重の．

日　本（寄生性）

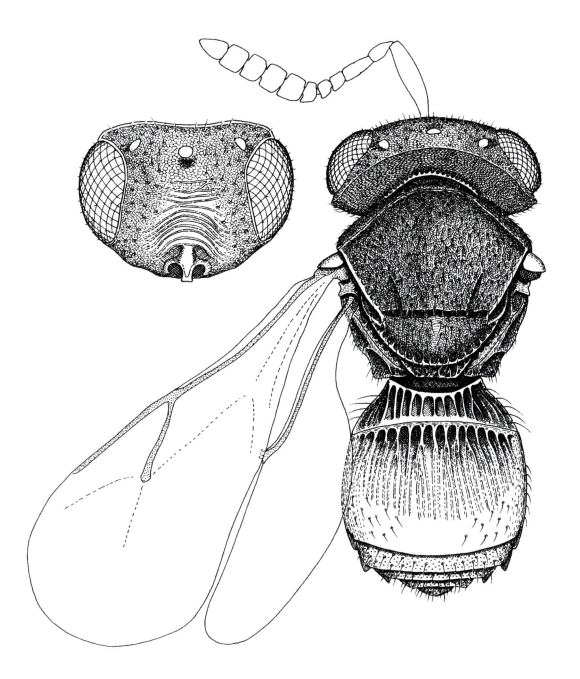

タマゴクロバチ科の一種 *Trissolcus* sp.

体長1.7 mm。胸部と腹部には異質の微細構造があって，美しい。左は頭部の前面図。

（執筆者　山岸健三・平嶋義宏／図の出典　山岸健三原図）

■学名解：*Trissolcus* sp.（ギ）trissos三重の＋（ギ）holkos溝, 堀.

日 本 (寄生性)

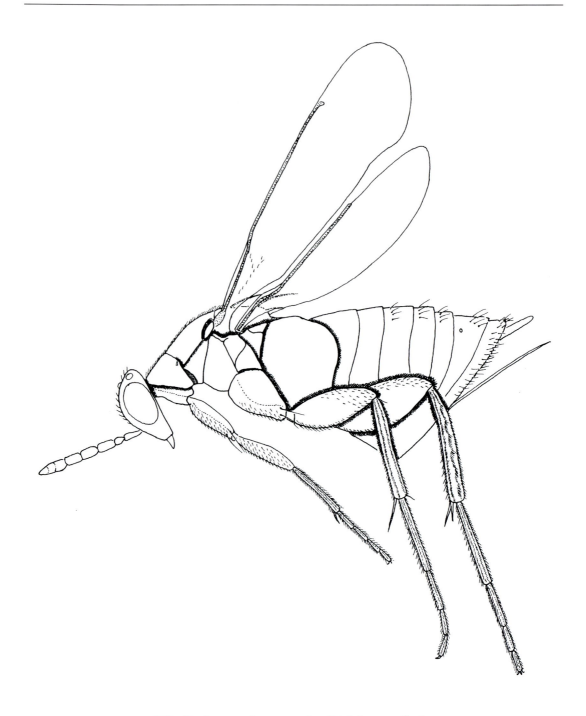

珍奇なハチノスヤドリコバチ

ヒメコバチ科のハチノスヤドリコバチ *Elasmus japonicas* は蝶の幼虫の一次寄生蜂であり，同時に蜂のヒメバチやコマユバチ（共に寄生蜂）の二次寄生蜂となる．形態も特異である．体長2 mm。　　　　　　　　　　　　　　（執筆者　山岸健三・平嶋義宏／図の出典　山岸健三原図）

■学名解：属名は（ギ）elasmos = elasma 金属板．種小名は近代（ラ）日本の．

日 本 (寄生性)

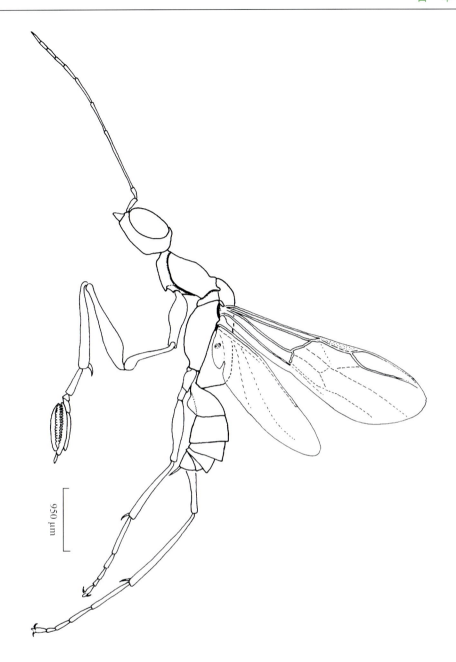

屋久島産の珍種インドオオカマバチ

　ここに図示したものは屋久島産のインドオオカマバチ *Dryinus indicus* である。前脚末端が蟹のハサミのようになっており，このハサミを使って寄主となるウンカ類を捕らえる。水田や河川敷などで見られるカマバチ科のメスは翅を持たず，アリのような姿をしているが，本種を含むオオカマバチ亜科の仲間はみな発達した翅を持つ。本種は体色が黄褐色を基調とするため識別は容易。国内ではアオバハゴロモから羽化した例がある。体長4.8 mm。

（執筆者　三田敏治／図の出典　山岸健三原図）

■**学名解**：属名は(ギ)drys 木(特にオーク)＋接尾辞 -inus 所有や類似を示す．種小名はインドの．

日　本（寄生性）

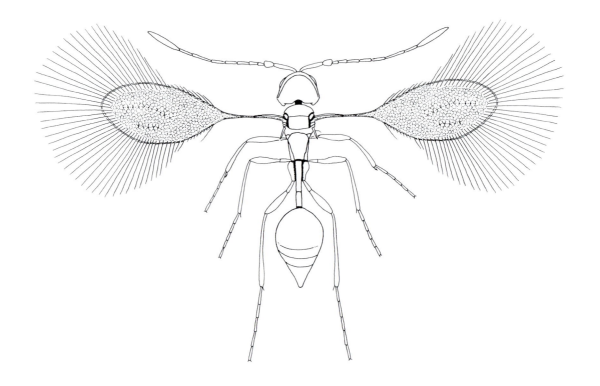

中生代の生き残りムカシホソハネコバチ

　ムカシホソハネコバチ *Palaeomymar*（=*Mymaromma*）は中生代の生き残りとされ，化石種が3種知られている。微小種で，現存は1科（ムカシホソハネコバチ科）1属約10種（未記載が多い）。体長0.6 mm。　　　　　　　　　　　　（執筆者　山岸健三・平嶋義宏／図の出典　山岸健三原図）

■**学名解**：属名は（ギ）palaeo- 昔の，古代の＋ホソハネコバチ *Mymar* ＜（ギ）mymar 非難（する）．旧属名は（ギ）mymar＋（ギ）omma 眼，顔．

日 本 (寄生性)

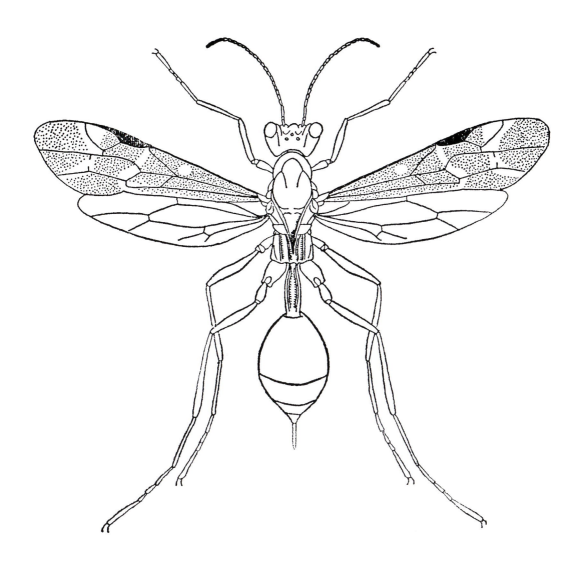

水底に潜ってトビケラの幼虫に産卵するミズバチ

　人の世にも変人がいるが，昆虫の世界にも変わり者がいる。それを明らかにするのが本図説である。地上生活者であるハチのなかに，水中に潜って水底にいる寄生の相手に卵を産みつける，という変わり者がいる。それは日本特産のミズバチ *Agriotypus gracilis* である。水草の茎にそって30 cm以上も深く潜水し，水底のトビケラの鞘巣を探し，その中に蛹や前蛹がいるときにだけ，産卵管を突き刺して，体の中ほどの側面あるいは脊面に卵を産みつける。この行動が終わると，脚を放して一気に水面に浮上するという。潜水時間は十数分である。この項は岩田先生の『昆虫を見つめて五十年（Ⅱ）』pp. 36-37によった。

(執筆者　平嶋義宏／図の出典　岩田久二雄，1978)

■学名解：属名は(ギ)agrios野生の＋(ギ)typos姿，形．種小名は(ラ)細い，やせた．

日　本（寄生性）

小さなアリの幼虫に寄生する大きな寄生蜂
アラカワアリヤドリバチ

　アラカワアリヤドリバチ *Eurypterna cremieri* はヒメバチ科の寄生蜂で，旧北区産であるが，日本では北海道と本州中部から知られている。体長は5〜10 mmで，雌雄ともに後脚は特に長く，かつ扁平である。この脚の用途は不明である。寄主はフシボソクサアリ *Lasius crispus* である。寄生蜂は寄主のアリよりも3倍も大きい。このアリはサテライト巣をつくり，春と秋に幼虫の引っ越しをする。秋にはサテライト巣を撤収し，幼虫を本巣に戻すのであるが，寄生蜂はこの時を狙い，上空から急降下し，アリが咥える幼虫に産卵するのである。その後の寄生蜂の発育経過は不明である。小さな寄主から大きな寄生蜂が羽化してくるのも不思議である。

（執筆者　小西和彦・小松　貴／図の出典　上図は小松　貴撮影，下図は小西和彦撮影）

■**学名解**：属名 *Eurypterna* は（ギ）eurys 幅広い＋（ギ）pterna かかと（踵）．種小名は人名由来．属名 *Lasius* は（ギ）lasios 毛深い．種小名は（ラ）crispus 縮れた，皺のある．

日 本 (寄生性)

天下の奇虫ウマノオバチ

　東アジアを代表する珍虫と言って良いこのウマノオバチ *Euurobracon yokahamae* は，体長20 cmにも達する長大昆虫だが，その8割程度を産卵管が占める。馬尾蜂（ばびほう）とも呼ばれる名称は，馬の尾毛のように長くて弾力のある産卵管に由来するものらしい。シロスジカミキリなどの大型のカミキリムシの幼虫に寄生することが知られており，春の大型連休の前後にはクリやクヌギ，ナラ，カシ類の雑木林を長い産卵管を垂らして悠々と飛ぶ姿が見られる。冬間に薪割りをすると，脱出前の成虫が集団で越冬している場面に出くわすこともある。長い産卵管はしなやかに曲がり，木の幹に錐のように突き立てるようには出来ていない。カミキリムシの幼虫が木屑を排出する穴から，産卵管をそっと差し入れて産卵する様子が観察されている。里山林の放棄によって減少している昆虫の一つである。

　　（執筆者　前藤　薫／図の出典　上図は野村周平撮影，右図は伊藤誠人撮影）

　■**学名解**：属名 *Euurobracon* は（ギ）美しい尾のコマユバチ，の意＜eu- 良い，豊かな＋oura 尾＋コマユバチ属 *Bracon*．後者は（ギ）brachys 短い，小さいに由来．種小名 *yokahamae* は多分「横浜の」の意．往々にして *yokohamae* と（誤って）綴られる．

日　本（寄生性）

不思議なアリスアブ

　ハナアブの一種であるアリスアブ *Microdon japonicus* Yano, 1915 の成虫は一見するとただのハエかアブにしか見えない。しかし，その生態の全容は奇妙奇天烈なものである。初夏に羽化した成虫は，ほとんど餌らしいものをとることなく交尾し，雌はトビイロケアリの巣の周辺の地面に産卵し，まもなく死ぬ。孵化した幼虫は，まるで不思議の国のアリスが穴ぽこに落ちていくかのように，自らアリの巣穴の奥へと入り込んでいく。幼虫の姿はどう見ても一刀両断したメロンそのもので，表面に網目模様の走る半球型をしている。そのあまりにも昆虫離れした風貌から，ナメクジの一種と思われていたこともあった。幼虫は音もなくアリの巣内を這い回り，アリの幼虫や蛹を静かに食い荒らして成長するのだ。アリスアブは日本国内だけでも20種弱は生息しており，いずれも幼虫期に居候先とするアリの種は厳密に決まっている。

（執筆者　小松　貴／図の出典　小松　貴撮影）

■**学名解**：属名 *Microdon* は（ギ）小さな歯＜mikros + odōn．種小名は近代（ラ）日本の．

日 本 (寄生性)

アリが泣いて逃げ出すアリクイノミバエ

　ノミバエ科のハエは莫大な種数を誇り，またどれも体長数mm以下の小型種からなるハエの仲間だ。大半が腐食性種と捕食寄生性種からなるこの仲間のハエには，アリと関わる生態を持つ種が極めて多く知られている。アリの巣内に溜まったゴミを食べる種もいれば，アリそのものの体に取り付いて食い物にする種もいる。アリクイノミバエ *Microseria* sp. は，日本ではごく最近その存在が知られるようになった種で，クロオオアリの体内に寄生する。このハエが羽化する初夏，クロオオアリは年に一度の結婚飛行を行うため，巣口周辺で異様に興奮状態になる。そのため，異なる巣のアリ同士が頻繁に喧嘩するが，このハエはその隙をついて争うアリの腹部に止まり，腹間膜に産卵管を突き刺して寄生してしまう。時に，外勤中のアリを追い回すこともあり，狙われたアリはパニックを起こしてめまぐるしく走り回る。アリは小さくて素早いこのハエを打ち落とす術を持たず，走って振り切るしか逃れる術がない。

（執筆者　小松　貴／図の出典　小松　貴撮影）

■学名解：属名 *Microseria* は（ギ）micro-小さな＋（ギ）sēr 蚕，絹織物＋接尾辞 -ia.

日　本（寄生性）

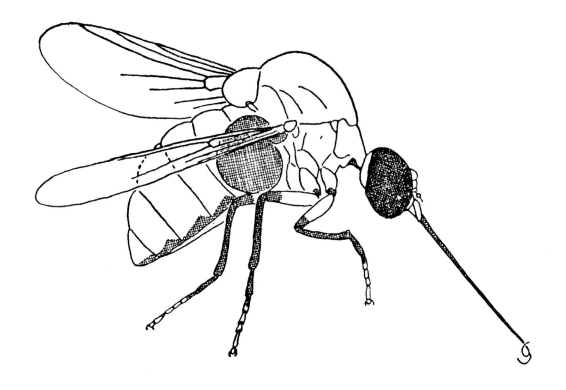

クモの体内寄生虫のコガシラアブ

　コガシラアブはその名のとおり頭が小さく，その大部分を複眼が占めていて，口吻が非常に長い．奇妙といえば奇妙なハエであるが，クモに寄生するのも変わった習性である．小さな腹から何千という微小な卵を産む．1齢幼虫（プラニディウム）は寄主のクモにとりついて体内に潜り込むのであるが，その実態は観察されていない．岩田久二雄先生がモチツツジを訪花したハセガワコガシラアブ *Oligoneura hasegawai* の雌を捕えてスケッチされた．図の格子縞の部分は淡黄白色で，他は黒褐色に光る．　　　　　　（執筆者　平嶋義宏／図の出典　岩田久二雄, 1980）

　■学名解：属名は（ギ）oligos 小さな，僅かな＋（ギ）neuron 筋，翅脈．種小名は（故）長谷川　仁氏に因む．素晴らしい採集家で，また物知りであった．

日　本（寄生性）

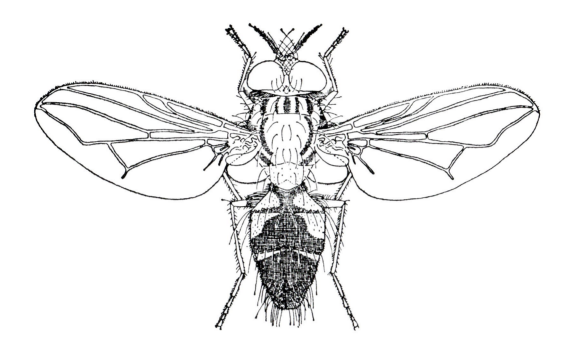

ナミテントウに寄生するウズキイエバエモドキ

　クロバエ科のウズキイエバエモドキ *Paradichosia pusilla* がナミテントウに寄生することは岩田久二雄先生が飼育して始めて確認された事実である。岩田先生のスケッチを紹介する。胸部の白抜きの部分は淡青に光る。胸の稜状部末端と腹部の白抜きの部分と各肢の腿，脛部は橙黄色。

（執筆者　平嶋義宏／図の出典　岩田久二雄，1980）

▰**学名解**：属名は（ギ）para- 副，側，近 +（ギ）dichōs 二重に，二様に + 接尾辞 -ia．種小名は（ラ）pusillus ごく小さい．

日　本（寄生性）

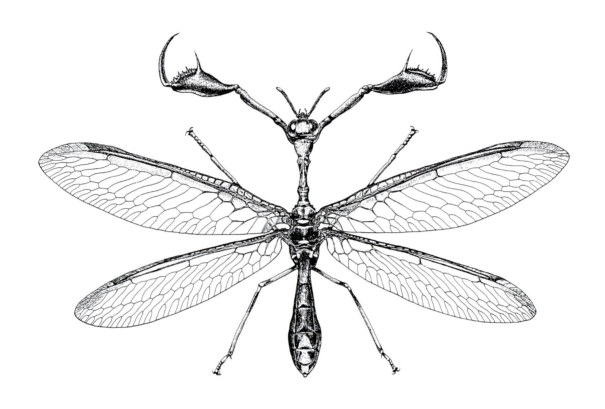

英彦山の珍虫オオカマキリモドキ

　昆虫学者でこの寄生性のオオカマキリモドキ *Climaciella magna* を網に入れたという人はかなり稀少である．実物を見た，という人も稀であろう．かつて九州大学農学部付属彦山生物学実験所に奉職しておられた黒子　浩博士（大阪府立大学名誉教授）が，長年に亘ってその生態を観察され，習性について多くの貴重な発見をされたが，遂にその寄主の昆虫を発見するには至らなかった．将来，その寄主を発見した人は，昆虫学史に永久に名を残すであろう．この図は九大院生時代の野村周平博士の描画である．なお，オオカマキリモドキの写真は127頁にもある．

（執筆者　平嶋義宏／図の出典　野村周平原図）

■学名解：属名は（ギ）klimax（ラテン語化された連結形 climaco-）梯子＋縮小辞 -ella．翅脈の形を表現したもの．種小名は（ラ）magnus 大きな．

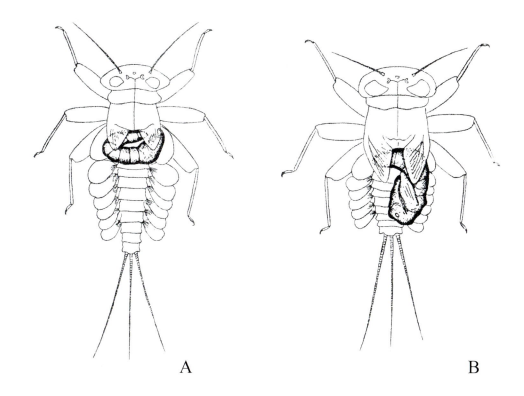

A　　　　　　　　　　　　　　　B

天下の珍虫寄生性のユスリカ

　外部寄生性のユスリカである。学名を*Symbiocladius equitans*という。Aは幼虫，Bは蛹である。幼虫はヒラタカゲロウ類やトビイロカゲロウ類の翅芽の内側に付着する。日本ではキブネタニガワカゲロウやヒメタニガワカゲロウへの寄生が知られている。この属に含まれる種は世界から7種が知られ，日本には*Symbiocladius rhithrogenae*，*S. villosus*の2種が生息している。また，淡水性の貝類の外套膜内に寄生するユスリカ類もいる。

(執筆者　山本　優／図の出典　Claassen, 1922)

■学名解：属名*Symbiocladius*は(ギ)symbios 一緒に暮らす + -cladius (前出). 種小名*equitans*は(ラ)疾駆する.

日　本（山地）

▲　イッシキスイコバネ

▲　イッシキスイコバネの潜孔

幼虫は「絵かき虫」のイッシキスイコバネ

（図の出典　広渡俊哉撮影／解説は次頁に）

日 本 (山地)

幼虫は「絵かき虫」のイッシキスイコバネ

　スイコバネガ科のイッシキスイコバネ*Issikiocrania japonicella* Moriuti, 1982は，本州の中部山岳地帯や東北地方の他に大阪府や愛知県から記録がある．幼虫は潜葉性，すなわち植物の組織内を食べ進むいわゆる「絵かき虫」で，ブナ（ブナ科）を寄主とすることが知られている．年1化で，成虫は，本州の低山地では早春（4月上旬〜中旬），長野県などでは5月初旬〜中旬に発生する．ブナが開葉する前から飛び始めるため，成虫を見つけるのは大変難しい．幼虫のマイン（潜孔）は，成虫が発生する時期の2週間から半月後に見られる．成長した幼虫は地面に落ちて，地中で土繭を作り，翌年の春に羽化するまで，1年の大半を地中で過ごす．スイコバネガ科の蛹は付属肢が体から離れた裸蛹で，左右に交差するよく発達した大顎を持つ．

（執筆者　広渡俊哉／図の出典（蛹）　水川　瞳原図）

■**学名解**：属名の前節*Issikio-*は(故)大阪府立大学教授一色周知博士に因む．蛾特に小蛾の専門家．後節*-crania*は（ギ）kranos（兜）由来で，兜をかぶったもの，の意．種小名*japonicella*は珍しい造語で，日本産の小さなもの，の意．*-ella*は縮小辞．

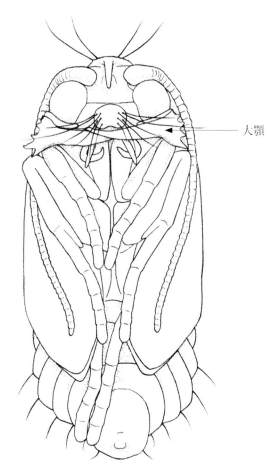

▲　イッシキスイコバネの蛹

日 本（山地）

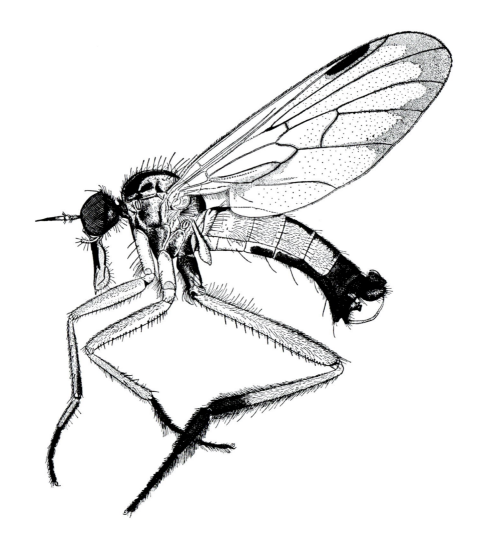

英彦山の珍奇なオドリバエ

　九州北部の英彦山（彦山）からは珍奇な昆虫が多数採集されている。ここに図示するヒロスジホソオドリバエ *Rhamphomyia latistriata* もその一つで，英彦山以外からは発見されていない。図は三枝豊平博士（九州大学名誉教授，当時大学院生）の健筆になる。

（執筆者　平嶋義宏／図の出典　『九州大学農学部付属彦山生物学研究所要覧』，1970）

■学名解：属名は（ギ）曲った嘴のハエ＜rhamphos 猛禽類の曲がった嘴＋myia ハエ．種小名は（ラ）広い条斑のある．

日　本（山地）

阿蘇の妖精オオルリシジミ

　オオルリシジミ *Shijimiaeoides divinus* は本州の一部と九州に産し，本州亜種には *barine*，九州亜種には *asonis* と命名されている。九州では1991年に熊本県の特定希少野生動植物に指定され，同県の白水町・阿蘇町では天然記念物に指定され，厳重に保護されている。しかし無法な採集者が後を絶たない。食草はマメ科のクララである。阿蘇の草原では牛の放牧が行われているが，牛はクララをたべないので，自然にその生育は保護されている。なお，熊本県で法令によって採集が禁止されているもの（地域を定めず）に次のものがある。すなわち，コバネアオイトトンボ，モートンイトトンボ（山都町），グンバイトンボ，ハッチョウトンボ，マルコガタノゲンゴロウ，ダイコクコガネ，ホタル（芦北町），ミドリシジミ，ウラジロミドリシジミ，ゴマシジミ，及びオオウラギンヒョウモン。　　　　（執筆者　村田浩平・平嶋義宏／図の出典　村田浩平撮影）

　■**学名解**：属名は近代（ラ）「シジミチョウに似たもの」の意．種小名 *divinus* は（ラ）神の，神に属する．亜種小名 *barine* は（ラ）奴隷の身分から解放された女の自由民．亜種小名 *asonis* は近代（ラ）阿蘇の．

日　本（山地）

成虫の雌（右は側面より）

成虫の雄

産みつけられた卵

網をはい上がる幼虫

ミヤマキリシマの害虫（1）クジュウフユシャク

（図の出典　平嶋義宏, 1992／解説は次々頁に）

日　本（山地）

▲成虫（左は雄、右は雌）

▶胚子と卵

▲幼虫（左は黄色・黒条型、右は黒化型）

ミヤマキリシマの害虫（2）キシタエダシャク

（図の出典　平嶋義宏, 1992／解説は次頁に）

日 本（山地）

九州特産のミヤマキリシマの害虫

　九州には山地特有のツツジがある。5月中旬から6月上旬の花は素晴らしい。九重（段原）と雲仙（池の原）の群落は国の天然記念物である。

　1971年当時，九重のミヤマキリシマが得体の知れぬ害虫に食い荒らされて，花はまったく咲かなくなった。そこで筆者は阿蘇国立公園の長者原管理事務所から依頼をうけて，害虫の調査と防除法の研究にとりかかったのである。

　そうして1971年12月6日に登山して第1回の調査を行った。同行したのは学生の4名鈴木芳人，上田恭一郎，高木正見，山中正博君である（今はそれぞれ立派になっている）。雪が積もった真冬の調査である。ツツジは分厚い雪に覆われていた。その雪をかきわけて，ツツジの小枝に産みつけられた蛾の卵を発見した。これを飼育すればよい。その時，調査は簡単に終わりそうだ，と思った。

　ところがどっこい。手強い相手であった。その卵はキシタエダシャク *Arichanna melanaria* と見当をつけておいたのであるが，調査をしていて，どうもおかしい，と気がついた。そして，いろいろ苦労したあげく，それがクジュウフユシャクという新種 *Inurois kyushuensis* であることをつきとめたのである。成虫が真冬に出現する変な虫である。

　その調査の経過と成果は拙著『ミヤマキリシマはよみがえった，害虫との闘いの記録』（西日本新聞社，1992）を見られたい。　　　　　　　　（執筆者　平嶋義宏／図の出典　平嶋義宏, 1992）

▲　九重段原付近のミヤマキリシマ。左上は害虫の被害を受けた哀れな姿

日　本（奄美大島）

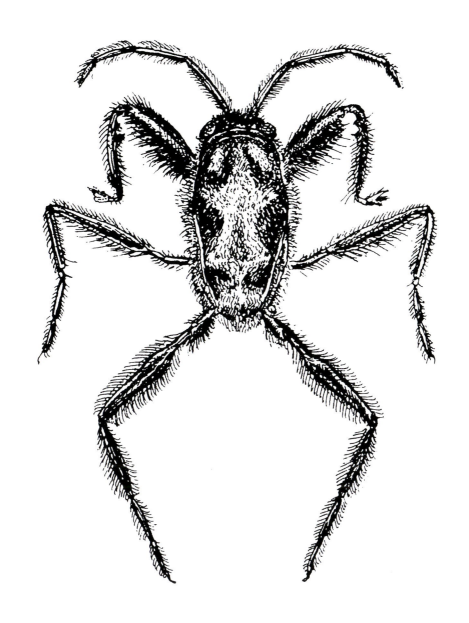

海を泳ぐサンゴアメンボ

　我が国の南西諸島の浅海にはサンゴアメンボという珍奇なアメンボがすんでいる。筆者は宮本正一先生と二人で奄美大島のサンゴ礁でこのアメンボを探したことがある。その後1962年に英領北ボルネオに遠征したとき，タワウの東にあるシアミル島のサンゴ礁でこのアメンボと遊んだ。群れを作って波の上をキラキラ光りながら，すいすいと泳いでいたので，追っかけっこをしたのである。実に敏捷であった。愉快な思い出としてその状況を今でも鮮明に覚えている。日本産の種の学名を *Hermatobates schuhi* という。体長3.8 mm未満。

（執筆者　平嶋義宏／図の出典　宮本正一, 1961）

■学名解：属名は（ギ）hermato-暗礁の＋（ギ）-batēs 歩む人＜bainō 歩く．種小名は人名由来．

日 本（奄美大島）

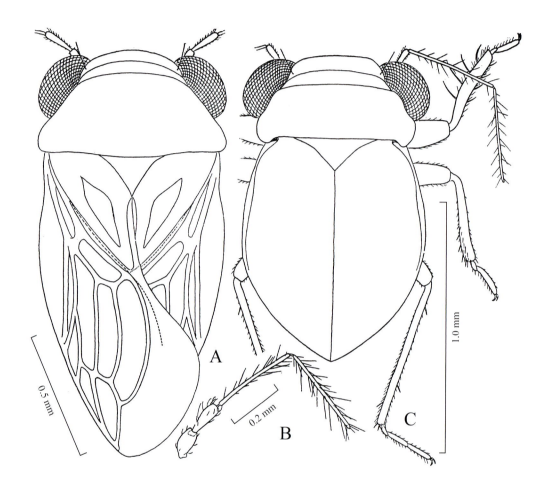

湿地性の微小な珍虫

　アマミオオメノミカメムシ *Hypselosoma hirashimai* は山地の路傍の湿ったところにいる珍品で，現在奄美大島のみから知られる。筆者（平嶋）が復帰直後の奄美大島に宮本正一先生同道で出かけた時の採集品である。和名にノミとあるように，体は小さく（体長は長翅型雄で1.5～1.6 mm，短翅型雌で1.2 mm），よく跳ねる。また，和名のように複眼も大きい。Aは雌，Bはその触角，Cは雄。　　　　　　　　　　　　　　　（執筆者　平嶋義宏／図の出典　Esaki & Miyamoto, 1959）

■**学名解**：属名は（ギ）hypselos高い，崇高な＋（ギ）sōma体．種小名は採集者の筆者に献呈されたもの．筆者の名をつけて下さった恩師（故）江崎悌三教授に心から感謝している．

日　本（奄美大島）

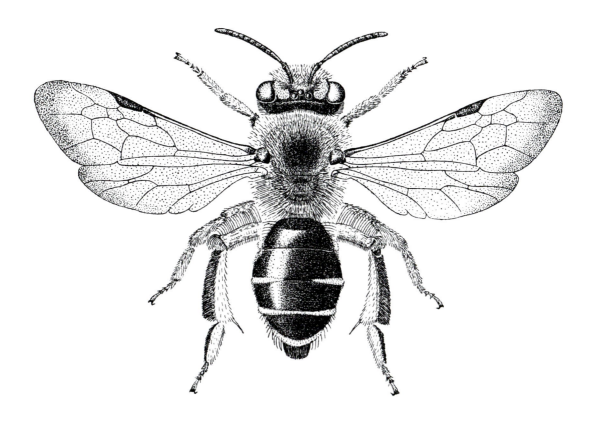

奄美大島の珍虫エダシゲヒメハナバチ

　奄美大島にこのような美麗なヒメハナバチ*Andrena*がいようとは思ってもみなかった。黒光りして腹部に白い毛のバンドがある。愛媛大学農学部の枝重忠夫氏が採集されたもので，命名にあたっては同氏のお名前を拝借して*edashigei*とし，記念に残した。また，この図は筆者が描いたもので，自分でもうまく描けたものの一つと思っている。現在，沖永良部島と沖縄島からも記録されている。体長10 mm未満。　　　　（執筆者　平嶋義宏／図の出典　平嶋義宏, 1960）

日　本（南西諸島・琉球列島）

敏捷なアシナガハリバエ

　西表島で撮影されたこのアシナガハリバエは南西諸島特産というのではない。内地にも広く分布しているが，滅多にお目にかかれない。ハリバエは一般に動きが敏捷であるが，このアシナガハリバエにも敏捷さがうかがえる。特徴的なことは，脚が長いということである。その利点は不明である。体長約10 mm。　　　　（執筆者　栗林　慧・平嶋義宏／図の出典　栗林　慧，1973）

　■学名解：*Thelaira nigripes* の属名は（ギ）theleos 喜んで〜する＋（ギ）aireō 捉まえる．面白い造語である．
　　種小名は（ラ）黒い足の．

日　本（南西諸島・琉球列島）

ベンガルトラのように獰猛なハエ

　アジア，アフリカの熱帯地域にすむベンガルバエ *Bengalia* sp. は，汚物にたかるありふれたキンバエの属するクロバエ科にありながら，汚物には来ない。彼らは，アリの行列脇に待ち伏せし，それらが運んでくる餌を強奪することに特殊化した肉食性のハエだ。特に，白っぽいものを執拗に攻撃するくせがあり，アリが自分たちの幼虫や蛹をくわえて引越しをすると，すぐさま目ざとく嗅ぎ付けて来たハエたちの集中攻撃を浴びる。シロアリの巣を壊しても飛来する。幼虫期はシロアリの巣内で育つとされる。日本では，八重山諸島にかぎり見られる。

（執筆者　小松　貴／図の出典　小松　貴撮影）

■**学名解**：属名*Bengalia*は近代(ラ)ベンガルの．産地名に由来するが，実際の分布は広い．

日 本（南西諸島・琉球列島）

イワサキクサゼミを捕えて吸血中のムシヒキアブの一種

　セミなどを捕えて食べるのはカマキリだけではない。ムシヒキアブも突き刺して相手の体液を吸うための強力な武器（口器）を持っている。この写真は西表島で撮影されたもの。

（執筆者　栗林　慧・平嶋義宏／図の出典　栗林　慧, 1973）

■**学名(推定)と学名解**：*Asillus fallaciosus* の属名は(ラ)asillus ウシアブ．種小名は(ラ)fallax 人を欺く，裏切る＋(ラ)接尾辞 -osus ～に満ちた．

沖縄の珍虫オキナワトゲオトンボ

　トゲオトンボ科のオキナワトゲオトンボ*Rhipidolestes okinawanus*は奄美大島，沖縄島，渡嘉敷島に生息する固有種である．腹長は雄で25〜36 mm，雌で25〜29 mm，後翅長は雄で24〜27 mm，雌で22〜25 mmである．前胸から続く黄色の前肩条は下部4分の3まで太く，その上は細まって上端に達し，細く後方に延長して胸側の黄条と連なる個体が多い．後胸腹板の黒斑はU字型のものから一だけのものまで変異が多い．腹部第3〜6節に明らかな黄斑がある．雄の腹部第9節背面に突起があり，そのためトゲオの和名がある．産地の小渓流に生息し，4月下旬から7月下旬にかけて成虫が出現する．　　　　　　　　　　（執筆者　東　清二／図の出典　湊　和雄撮影）

■**学名解**：属名は（ギ）rhipis（属格 rhipidos）うちわ＋（ギ）lēstēs 盗賊（*Lestes* 属あり）．種小名は近代（ラ）沖縄の．

日本（南西諸島・琉球列島）

八重山諸島固有のコナカハグロトンボ

　石垣・西表島固有のコナカハグロトンボ*Euphaea yayeyamana*（ミナミカワトンボ科）は山地の流れに生息する。雄の体長は44 mm内外，雌は36 mm内外で，雄の後翅先端半分が濃褐色である。雌の翅は全体に薄い褐色。交尾は静止して行う。雌は水中に潜って産卵する。沖縄県の絶滅の恐れのある地域個体群（石垣島）に指定されている。

（執筆者　屋富祖昌子／図の出典　宮城秋乃撮影）

■学名解：属名は（ギ）euphaēs非常に明るい．種小名は近代（ラ）八重山諸島の．

日　本（南西諸島・琉球列島）

沖縄本島固有のオキナワサラサヤンマ

　オキナワサラサヤンマ Sarasaeschna kunigamiensis は沖縄島北部のみに生息する珍種で，沖縄県の準絶滅危惧種に指定されている。腹長雄59 mm内外，雌55 mm内外。日本のヤンマ科の中で最小種。春季の4月に出現し，雄は縄張りを持ち，低空でのパトロール飛行を繰り返す性質がある。1972年の記載で，ちょうど沖縄の本土復帰の年に当たる。その後のやんばる（沖縄本島北部）での新種発見ラッシュの先駆け的存在とも言える。

(執筆者　湊　和雄・屋富祖昌子／図の出典　湊　和雄撮影)

■学名解：属名はサラサヤンマのsarasa＋ルリボシヤンマ Aeschna＜(ギ)aischros醜い，不名誉，と推定．種小名は近代(ラ)国頭の．沖縄本島北部の呼称．

日　本（南西諸島・琉球列島）

西表島固有のヤエヤマハナダカトンボ

　ヤエヤマハナダカトンボ*Rhinocypha uenoi*は西表島（八重山諸島）の固有種である。沖縄県の準絶滅危惧種に指定されている。腹長雄34 mm内外，雌29 mm内外。和名のとおり，額（頭楯）が突き出ていて鼻に例えられる。腹部よりも翅が長く，閉じた状態でも腹部より突き出る。山地渓流性で，分布は局所的である。7〜11月に成虫の活動が見られ，雄は木漏れ日の当たる葉や枯れ枝，石などに止まって雌を待つ。同属近縁種に小笠原諸島のハナダカトンボが知られる。
（執筆者　湊　和雄・屋富祖昌子／図の出典　湊　和雄撮影）

■学名解：属名は（ギ）rhis（連結形rhino-）鼻＋（ギ）kyphos曲った．種小名は採集者の上野俊一博士に因む．彼が網に入れた時，私（平嶋）はすぐ傍で見ていた．私は一呼吸遅れたのである．

日　本（南西諸島・琉球列島）

日本最大のゴキブリ

　八重山諸島産のヤエヤママダラゴキブリ *Rhabdoblatta yaeyamana* は日本最大のゴキブリで，雄の体長35〜38 mm，雌の体長43〜48 mm。前胸背板中央の黒斑は大きく明瞭で，マダラゴキブリと容易に区別できる。前翅は淡褐色で，黒褐色の小さな斑点が密に存在する。山地に生息し，地表や樹上，樹皮下，落ち葉の中などにいる。

（執筆者　湊　和雄・屋富祖昌子／図の出典　湊　和雄撮影）

■学名解：属名は（ギ）rhabdos 棒＋（ラ）blatta ゴキブリ．種小名は近代（ラ）八重山の．

日　本（南西諸島・琉球列島）

巣の中で食糧の菌類を栽培するタイワンシロアリ

　タイワンシロアリは巣の中に食料栽培室を設け，菌類を培養してそれを食糧とするので有名である．栗林の撮影による上記の2枚の写真は世界に誇るべきショットである．我が国では沖縄と石垣島に産する．この写真は石垣島で撮影されたもの．

（執筆者　栗林　慧・平嶋義宏／図の出典　栗林　慧, 1973）

■**学名解**：*Odontotermes formosanus* の属名は（ギ）歯（棘）のあるシロアリ, の意．種小名は台湾の．

日　本（南西諸島・琉球列島）

頭の尖ったテングシロアリの兵蟻

　写真に見る頭の尖ったものはテングシロアリの兵蟻である。石垣島で撮影されたもの。属名を *Nasutitermes*（大鼻のシロアリ，の意），種小名を *takasagoensis*（高砂の，すなわち台湾の）という。和名のテング（天狗）とは形態的特徴を捉えた適切な名前のように思われる。タカサゴシロアリということもある。　　　　　　　　　　（執筆者　栗林　慧・平嶋義宏／図の出典　栗林　慧，1973）

沖縄の珍虫オキナワツノトンボ

　ツノトンボ科のオキナワツノトンボ*Suphalomitus okinawensis*は沖縄島，宮古島，石垣島，西表島に生息する沖縄県の固有種である。前翅長は31 mm内外。体は黒色，触角は長く，トンボに似ているためその名がある。胸背は黒色で黄色紋がある。腹部は長く，背面に黄色紋，下面に白色紋が並ぶ。翅脈は黒褐色で後縁に暗色帯が走る。雌は腹部が太く，白色紋も大型であることで雄と区別できる。幼虫はグロテスクで体は幅広く扁平で触角が長い。草地や潅木林中に生息し，成虫は夏期に出現する。夕方飛翔，雄は悪臭を放つ。

（執筆者　東　清二・屋富祖昌子／図の出典　湊　和雄撮影）

■**学名解**：属名の前節Su-は（ラ）sub-の変形，下に，やや，の意＋（ギ）phalos兜の頂飾り＋（ギ）mitos糸．種小名は近代（ラ）沖縄の．

日　本（南西諸島・琉球列島）

沖縄固有のオキナワオオカマキリ

　オキナワオオカマキリ *Tenodera* sp. は徳之島以南琉球列島にいる固有のカマキリである。成虫の形態も卵嚢の形も本土のオオカマキリに酷似するが，本種では後翅前縁部に白と黒が交互に並んだ明瞭な一列の紋があることで明瞭に区別できる。以前は住宅地の生垣や草地に多かったが，生息地が狭まっている。写真の右は卵嚢。

（執筆者　湊　和雄・屋富祖昌子／図の出典　湊　和雄撮影（右を除く））

■学名解：属名は（ギ）teinō 引き延ばす＋（ギ）derē 頸，喉．

日 本（南西諸島・琉球列島）

八重山諸島の固有種ヤエヤマツダナナフシ

　ヤエヤマツダナナフシ *Megacrania tudai adan* は八重山諸島の固有亜種である。発見されたのは1988年末で，翌年，山崎柄根博士により台湾のツダナナフシの新亜種として発表された。夜行性で，幼虫と成虫共にアダンの葉を食べる。日中は中肋の上にぴったりと張り付いている（写真）。一般のナナフシ同様に卵はパラパラと産み落とされる。糞によく似た形と大きさで，直径7 mm余。成虫を刺激すると，前胸背面の分泌腺から乳白色の液をとばす。

（執筆者　湊　和雄・屋富祖昌子／図の出典　湊　和雄撮影）

■学名解：属名は（ギ）mega-大きな＋（ギ）kranion頭，頭蓋．種小名は人名由来．委細不明．亜種小名は食草のアダンに因む．

日　本（南西諸島・琉球列島）

琉球列島の珍虫コブナナフシ

　トカラ列島以南の琉球列島に広く分布するコブナナフシ *Datames mouboti* は，国外では台湾，カンボジアなどにもいる。枯れ枝に似た色とごつごつとして太く短い姿は擬態を極めたもののようである。頭部に一対のこぶ（突起）がある。民家周辺ではヤコウボクを好んで食べる。上の写真は交尾中のペア，下は地上に産み落とされた卵。

（執筆者　湊　和雄・屋富祖昌子／図の出典　湊　和雄撮影）

■学名解：属名は(ギ)da-強意の接頭辞＋推定(ギ)tamia家政婦．種小名は人名由来．

日 本（南西諸島・琉球列島）

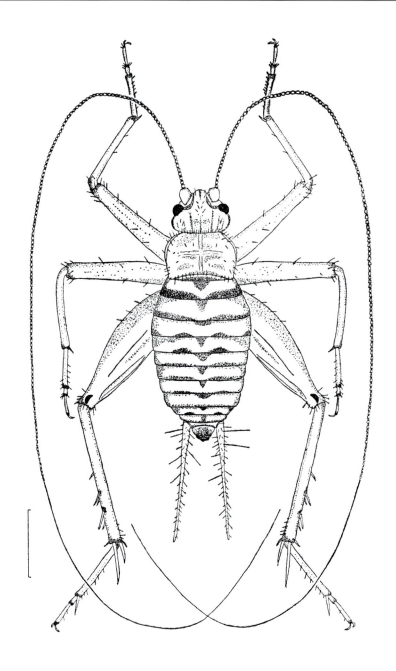

南大東島の珍虫ダイトウウミコオロギ

　サンゴ礁地帯にいる小型（10〜12 mm）のウミコオロギの1種ダイトウウミコオロギ *Parapteronemobius daitoensis* が Kontyû（昆虫）54 (4)：719-722に発表されたので引用して紹介したい。この小さな無翅のコオロギは海岸のごろごろした岩の間にいて，海面上をよく泳ぐという。左端のスケールは3 mm。　　　　（執筆者　屋富祖昌子・平嶋義宏／図の出典　Y. Oshiro, 1986）

　■学名解：属名は（ギ）para- 副＋ハマスズ *Pteronemobius* ＜（ギ）ptero- 翅の＋（ギ）nemos 林間の牧草地＋（ギ）bioō 生きる．種小名は大東島の．

南西諸島の珍虫クサキリモドキ

　キリギリス科のヒラタツユムシ亜科の邦産種はこのクサキリモドキ *Togona unicolor* 1種のみである。本種は奄美大島以南の琉球列島に産し，国外の産地は台湾が知られるのみ。体長は翅端まで45〜55 mm。体は全体が緑色で，樹上生活者。独特の体型を持ち，葉上にぴたりと伏せると見つけにくい。後脚は短く，静止時は前翅の下にほぼ隠れる。

（執筆者　湊　和雄・屋富祖昌子／図の出典　湊　和雄撮影）

■**学名解**：属名は日露戦争の英雄東郷平八郎元帥に因む．日本海海戦でバルチック艦隊を全滅させた．種小名は(ラ)単一色の．

日 本（南西諸島・琉球列島）

大型で美麗な直翅類の一種

　ヤンバルクロギリス *Paterdecolyus yanbarensis* は国内最初のクロギリス科の昆虫として1985年に発見されたもので，沖縄島固有の美麗種である。体は光沢のある黒色。雌雄とも無翅である。夜行性。筆者の一人（湊）の観察では，雌成虫が驚いて流れに飛び込んだ際，そのまま潜水して水底を歩き，再び上陸したという。（執筆者　湊　和雄・屋富祖昌子／図の出典　湊　和雄撮影）

■**学名解**：属名は，推定で，(ギ)patēr 父，両親＋(ラ)decolor 変色した＋接尾辞-ius. 種小名は近代(ラ) 山原の．やんばるは沖縄本島北部の呼称．

日 本（南西諸島・琉球列島）

琉球列島特産のモリバッタ（1）

　琉球列島には固有のモリバッタ *Traulia ornata* を産し，産地の島ごとに亜種が分かれる。興味ある現象である。1は西表島特産のイリオモテモリバッタ *T. o. iriomotensis*，2は石垣島（及び竹富島）特産のイシガキモリバッタ *T. o. ishigakiensis* である。

（執筆者　湊　和雄・屋富祖昌子／図の出典　湊　和雄撮影）

■**学名解**：学名解は次頁に．

日本（南西諸島・琉球列島）

琉球列島特産のモリバッタ（2）

　ここには 3 に与論島と久米島産のオキナワモリバッタ *Traulia ornata okinawaensis*（渡嘉敷島ほかにも産する）と，4 に与那国島特産のヨナグニモリバッタ *T. o. yonaguniensis* を紹介する。3 の体長は雄23〜31 mm，雌37〜44 mm。4 の体長は雄23〜30 mm，雌36〜44 mm。長翅型。

（執筆者　湊　和雄・屋富祖昌子／図の出典　湊　和雄撮影）

■**学名解**：属名は（ギ）traulos 舌の回らぬ，破損．種小名は（ラ）ornatus の女性形，華麗な．亜種小名はそれぞれの産地の島の名に由来．

日　本（南西諸島・琉球列島）

奄美大島にすむ巨大なカマドウマ

　奄美大島に分布するアマミマダラカマドウマ *Diestrammena gigas* は巨大なカマドウマで，特徴的な体色と相俟って，一際重量感がある。個体数は比較的多い。

(執筆者　村井貴史・平嶋義宏／図の出典　村井貴史，2014)

■学名解：属名は（ギ）di-2つ＋（ギ）oistros 激情＋（ギ）ama 一緒に＋（ギ）mēnē 月（推定）．種小名は（ギ）巨人．

日 本（南西諸島・琉球列島）

口髭でドラミングする珍虫

　オキナワヒバリモドキ *Trigonidium pallipes* は南西諸島に分布し，乾燥した雑草地にいる普通のコオロギであるが，口髭を用いてドラミングする珍奇な習性がある。おそらく世界唯一の芸当であろう。　　　　　　　　　　　（執筆者　村井貴史・平嶋義宏／図の出典　村井貴史, 2014）

■学名解：属名は(ギ)trigōnos 三角形の＋縮小辞 -idium．種小名は(ラ)pallio 覆う，覆い隠す＋(ラ)pes 足．

日　本（南西諸島・琉球列島）

最も美しいヒシバッタ

　日本のヒシバッタ類で最も美しいアマミコケヒシバッタ *Amphinotus amamiensis* は奄美大島の固有種である。深い森林のコケの上などにすみ，全体が渋い緑色を帯びる。

（執筆者　村井貴史・平嶋義宏／図の出典　村井貴史, 2014）

■学名解：属名は（ギ）amphis 両側に＋（ギ）nōtos 背．種小名は近代（ラ）奄美大島の．

日　本（南西諸島・琉球列島）

日本一の美声の持ち主リュウキュウサワマツムシ

　琉球の美声種として名高い。よく通る澄んだ鳴き声で，テンポにも変化がある。リュウキュウサワマツムシ *Vescelia pieli ryukyuensis* は深い森の中，沢の近くの樹上や草むらにいる。夜にならないと鳴かない。　　　　　　　　　　（執筆者　村井貴史・平嶋義宏／図の出典　村井貴史, 2014）

　■**学名解**：属名は(ラ)ve-否定または強意＋(ラ)scelus呪い，不幸＋接尾辞-ia. 種小名は人名由来. 亜種小名は近代(ラ)琉球の.

日　本（南西諸島・琉球列島）

頭部と胸部が癒合した珍奇な水生カメムシ

　昆虫の姿・形にはさまざまな多様化が見られる。その中でも，成虫の頭部と胸部が癒合するものは昆虫界広しといえどもタマミズムシ科Helotrephidaeのみである。これは，水生カメムシ類（タイコウチ下目）の1科で，日本にも1種，エグリタマミズムシ*Heterotrephes admorsus*（体長3 mm未満）が分布する。鶏卵を半分にしたような形で，頭部と前胸は癒合し，清流中にすむ。奄美大島と徳之島に固有である。因みに，本種は本土復帰直後の奄美大島で，宮本正一・平嶋義宏両博士によって初めて採集された。　　　　　　　　　（執筆者　林　正美／図の出典　林　正美撮影）

■**学名解**：属名*Heterotrephes*は（ギ）heterosもう一方の，異なった＋（ギ）trephō養い育てる．種小名*admorsus*は（ラ）admordeoの現在分詞で，齧った，（人から）巻き上げた．

日 本（南西諸島・琉球列島）

沖縄のタテスジハンミョウ

タテスジハンミョウは沖縄を代表するハンミョウ科の逸品である。俊敏そうな姿がよく出ている。
　　　　　　　　　　　　　　　　　　　　　　　（執筆者　栗林　慧・平嶋義宏／図の出典　栗林　慧, 1973）

■**学名解**：*Cicindela striolata dorsolineolata* の属名は(ラ)光る虫, のことで, 多分ホタルを指すが, 現実には地表を走るハンミョウに用いられている. 種小名は(ラ)小さなすじ(溝)のある. 亜種小名は(ラ)背に小さな線のある.

日　本（南西諸島・琉球列島）

八重山諸島特産のヤエヤマクビナガハンミョウ

　石垣島，西表島，与那国島にしかいないヤエヤマクビナガハンミョウは特徴的な形態を持ち，その形と色の美しさからも珍虫と太鼓判をおすことができよう．葉上で生活するのも珍しい．また，産地と出現期が限られることにも興味がある．

(執筆者　栗林　慧・平嶋義宏／図の出典　栗林　慧, 1973)

■学名解：*Collyris loochoensis* の属名は（ギ）korylla の縮小形で，質の粗いロールパンの一種をさす．種小名は近代（ラ）琉球の．

日 本（南西諸島・琉球列島）

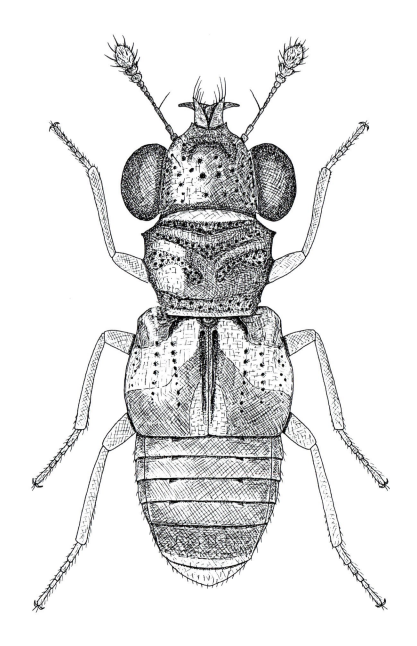

珍虫メダカオオキバハネカクシ

　ここに図示するヒラシマメダカオオキバハネカタシ *Megalopinus hirashimai* は前胸や翅鞘の形もさることながら，複眼が大きく，かつ大顎も発達しているという変わり者である．奄美大島，徳之島と沖縄の特産である． (執筆者　平嶋義宏／図の出典　直海俊一郎，1986)

■**学名解**：属名は(ギ)megalo-大きな＋(ギ)pinō飲む，または(ギ)pinos汚れ．種小名は平嶋義宏博士に因む．

日　本（南西諸島・琉球列島）

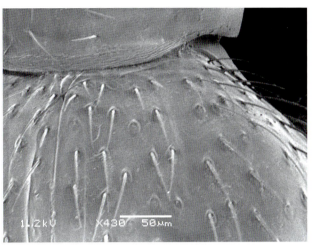

▲　上2枚はホロタイプのSEM写真．下2枚はホロタイプの採集地点とオモト岳の遠景

オモト岳から唯一頭見つかった珍種
オモトモノノケアリヅカムシ *Maajappia omotonis*

　石垣島オモト岳山麓から1雄のみ採集された．ムネトゲアリヅカムシ上族に所属するが，類似の群は見つかっていない．ムネトゲアリヅカムシでは通常2～4対見られる上翅基部の孔点が，まったく見られないことが，最大の特徴である．

（執筆者　野村周平／図の出典　野村周平撮影）

■**学名解**：属名は森林にすむ精霊を表す八重山地方の方言「マージャッピ」に由来する．種小名はタイプ産地となった石垣市オモト岳由来．

　（参考文献）Nomura, S. (2010) A new genus *Maajappia* and its new species of the subtribe Batrisina, Tribe Batrisini (Coleoptera, Staphylinidae, Pselaphinae) from Japan, with a note on the genus *Dendrolasiophilus*. *Elytra, Tokyo*, 38: 53-60.

日　本（南西諸島・琉球列島）

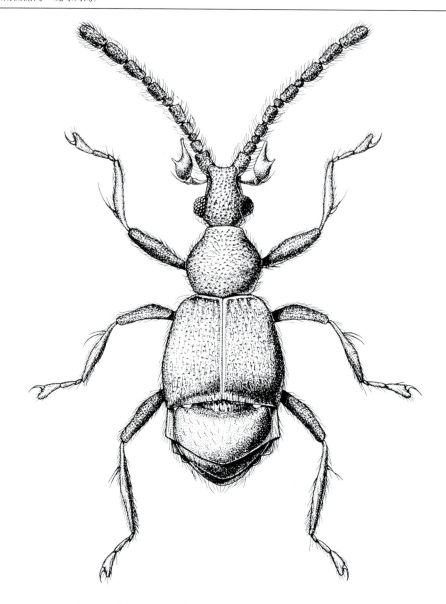

平嶋博士の名を冠した新属新種
カギアシアリヅカムシ *Hirashimanymus schistodactyroides*

　本種はアリヅカムシ亜科の中では，類似のグループが全くなく，触角や小顎肢の形状はきわめて特異である．各脚先端の爪の形状もきわめて特徴的で，他に全く類がない．本種はこの特殊な爪の形状から，当初オーストラリアに特産する小族Schistodactyliniに近いものかと思われたが，現在ではヒゲナガアリヅカムシ族Pselaphiniに分類されている．八重山諸島の石垣島，西表島，与那国島および台湾から発見されている．（執筆者　野村周平／図の出典　野村周平原図）

■学名解：属名は平嶋義宏教授＋（ギ）onoma 名声．種小名は*Schistodactylus*属に似たもの．元の属名は（ギ）schistos 分岐した＋（ギ）dactylos 指（昆虫では付節の意）．

　（参考文献）Nomura, S. (1990) Descriptions of a new genus and two new species of Pselaphini (Coleoptera, Pselaphidae) from Japan and Taiwan. *Esakia, Fukuoka*, (29): 51-55.

日 本（南西諸島・琉球列島）

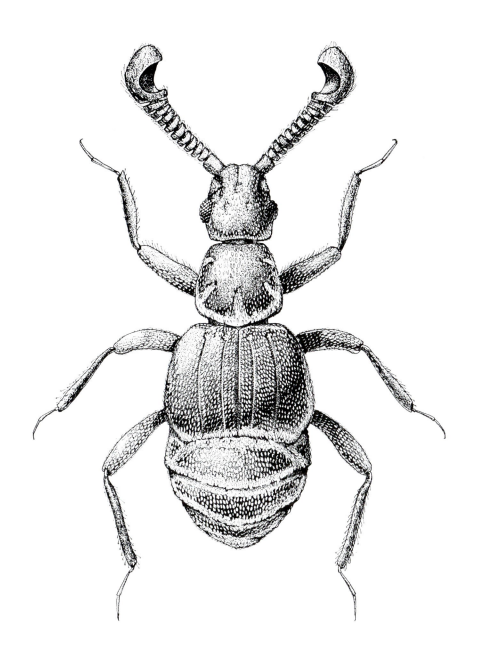

沖縄産の珍奇なアリヅカムシ

　沖縄島から珍奇なアリヅカムシが発見され，Jpn. J. Ent.（昆虫）の57 (2)：278-282に命名，記載発表された。その虫をオオウロコアリヅカムシ *Apharinodes papageno* という。学名は執筆者の一人野村周平の命名である。目につくことは触角末端節が肥大し，大きく抉れていることである。

（執筆者　野村周平・平嶋義宏／図の出典　S. Nomura, 1989）

■学名解：属名の前節は *Apharina* 属より．（ギ）aphar す早く＋接尾辞-ina．後節は（ギ）接尾辞-odes〜に似たもの．種小名はモーツァルトのオペラ「魔笛」の中の登場人物 Papageno に因む．

日　本（南西諸島・琉球列島）

移入種のハイイロテントウは有益虫

　北米原産のハイイロテントウ *Olla v-nigrum* は1987年に沖縄本島で発見され，現在はその周辺に広がっている。体長は6〜7 mm前後。幼虫，成虫ともにギンネムキジラミを捕食する。ギンネムは日本では沖縄と小笠原諸島に帰化し，土地を肥沃にし，また土壌の浸食を防ぐために植えられている。
　　　　　　　　　　　　　　　　　　　　（執筆者　湊　和雄・屋富祖昌子／図の出典　湊　和雄撮影）

■学名解：属名は(ラ)olla壷，瓶．種小名は(ラ)黒いV，という意味で，ハイフンが許された珍しい学名．前胸背の黒いV字状の斑紋をさす．

日 本（南西諸島・琉球列島）

模様の美しいタテスジヒメジンガサハムシ

　内地にも色々なジンガサハムシが多いが，トカラ列島以南に産するこのタテスジヒメジンガサハムシ *Cassida circumdata* は特に美しい。本邦産ジンガサハムシのぴか一である。丸い体形をジンガサ（陣笠）と呼んだのも面白い。

(執筆者　栗林　慧・平嶋義宏／図の出典　栗林　慧, 1973)

■ **学名解**：属名は（ラ）兜のような虫，の意＜ cassis ＋ -ida 状態などを示す接尾辞．種小名は（ラ）circumdatus の女性形で，囲む，取り巻く．

日　本（南西諸島・琉球列島）

トカラ列島以南にいるムネアカアリモドキ

　名前は類似するが，サツマイモの大害虫でトカラ列島以南に生息するアリモドキゾウムシとは類縁が遠い甲虫である。図示したムネアカアリモドキ（アリモドキ科）もトカラ列島以南に産する。光沢があって，形もスマートな甲虫である。

（執筆者　栗林　慧・平嶋義宏／図の出典　栗林　慧, 1973）

■学名解：学名を *Anthelephila ruficollis* という．属名は（ギ）anthēlē アシ（ヨシ）の絹状の花の房＋（ギ）-phila ～を好む．種小名は（ラ）赤い頸の＜ rufus + collum.

日　本（南西諸島・琉球列島）

沖縄の珍虫ミドリナカボソタマムシ

　タマムシ科のミドリナカボソタマムシ *Coraebus hastanus* は奄美大島以南の琉球列島に産し，国外では台湾以南の東南アジアに広く分布する．体長は8〜12 mm．体背面は金緑色で青色を帯びる．翅鞘の半分後方は赤紫色，白色，青藍色などの紋が横に走っている．体下面は黒色，翅端は深く半月型にえぐられ，その両側は強く棘状に突出する．成虫は3月から8月にかけて出現し，アカメガシワ（トウダイグサ科）の葉を後食する．

（執筆者　東　清二／図の出典　湊　和雄撮影）

■学名解：この属名には *Coraebus* と *Coroebus* の二通りの綴りが混在する．前者が古く，後者はその訂正名である．前者の前節は（ギ）korē 少女，処女．後者の前節は（ギ）koros 満腹．後節はどちらも（ギ）hēbē 青春，若さの盛り．種小名は（ラ）槍の．

日　本（南西諸島・琉球列島）

沖縄の珍虫オキナワトゲウスバカミキリ（仮称）

　カミキリムシ科のオキナワトゲウスバカミキリ（仮称）（旧称コゲチャトゲフチオオウスバカミキリ）*Macrotoma fisheri* は現在のところ我が国では石垣島と西表島の2島のみから知られている珍虫である。体長は43〜58 mmで，琉球列島では最大のカミキリムシである。体表面は焦げ茶色で，脚も同色である。触角の基部半分は濃褐色で先端半分は褐色である。前胸後角は外方へ棘状に尖る。翅鞘には縦に走る淡褐色の細線が4本ある。*Macrotoma* 属は熱帯系だといわれ，我が国では本種のみが知られている。　　　　　　　（執筆者　東　清二／図の出典　湊　和雄撮影）

■学名解：属名は（ギ）makros長い，大きい＋（ギ）tomos切片．種小名は人名由来．

沖縄の珍虫イチジクカミキリ

　カミキリムシ科のイチジクカミキリ *Batocera rubus* は我が国では沖縄島のみから知られている。国外では台湾以南東南アジアに広く分布する。体長は33〜48 mmで，体は黒色で全体に灰色の粉を装う。前胸は側部に鋭い突起を有し，中央両側に1対のハの字状の目立つ赤紋がある。翅鞘基部は顆粒状の突起を密布し，小楯板と翅鞘に計5対の白紋を有するが，小楯板の1対は癒合して1個の紋に見える。胸部両側にも縦に長い白色紋がある。翅鞘端は裁断状に切れ，端は歯状に突出している。成虫は6月から9月にかけて出現し，インドゴムノキ，ガジュマル，ベンジャミナなどイチジク属の植物に穿孔する。1986年（昭和61年）に突然首里城近くで採集され，その後沖縄全域へ分布が広がった。　　　　　（執筆者　東　清二／図の出典　湊　和雄撮影）

■**学名解**：属名の前節 Bato- は（ギ）batos 植物のキイチゴ．後節の -cera は（ギ）keras 触角．種小名は（ラ）キイチゴ（植物）．

日　本（南西諸島・琉球列島）

来間島と宮古島特産のカミキリムシ

　小さな島に限って生息するというカミキリムシは珍しい。このアシナガゴマフカミキリ *Mesosa praelongipes* は来間島（原記載）と宮古島から記録されている。前脚が長いのが特徴。

（執筆者　屋富祖昌子／図の出典　宮城秋乃撮影）

■学名解：属名は（ギ）mesos 中央の＋（ラ）-osus 〜に満ちた．種小名は（ラ）praelongus 非常に長い＋（ラ）pes 足．

日　本（南西諸島・琉球列島）

沖縄の珍虫チャイロマルバネクワガタ

　クワガタムシ科のチャイロマルバネクワガタ *Neolucanus insularis* は石垣島，西表島の固有種である。体長は雄で23～28 mm，雌で23～25 mmである。体は赤褐色で上翅は淡色，脚と体下面は暗色。雄の大顎は不規則な小歯のある原歯型で上方に湾曲する。成虫は9月下旬から11月下旬に林中で飛翔するのが見られる。また，林道を歩行している個体や林地近くのパインアップル畑やススキ原で見かけることがある。　　　　　（執筆者　東　清二／図の出典　湊　和雄撮影）

■学名解：属名は(ギ)neos新しい＋ミヤマタワガタ属 *Lucanus* ＜プリニウスによって作られた甲虫の
　名前．種小名は(ラ)島の．

日　本（南西諸島・琉球列島）

沖縄の珍虫オキナワマルバネクワガタ

　クワガタムシ科のオキナワマルバネクワガタ *Neolucanus saundersii okinawanus* は沖縄島のみの固有種である。これを種に昇格させて *N. okinawanus* とも扱われる。体長は雄で46〜67 mm，雌で40〜52 mmである。体色は黒色で，眼縁突起はほぼ直角に張り出す。頭楯は横長で，幅は長さの約3倍，前縁は湾曲する。前胸突起は中央に広い横溝がある。雄の大顎は両歯型で長く，基部上方へ向かう突起は欠いている。9月頃にイタジイの枯死木のうろの中で見られ，10月には雌雄ともに林床あるいは林道上を徘徊するのが見られる。

（執筆者　東　清二／図の出典　湊　和雄撮影）

■学名解：属名の解釈は前出. 種小名は人名由来. 亜種小名は近代(ラ)沖縄の.

日　本（南西諸島・琉球列島）

沖縄の珍虫クロカタゾウムシ

　ゾウムシ科のクロカタゾウムシ *Pachyrhynchus infernalis* は石垣島と西表島の特産である。台湾にもいるようであるが，確認されていない。成虫の体長は11〜15 mmである。体全体黒色で光沢があり，ウリ科のヒョウタンの形にそっくりである。触角端と脚の跗節は橙黄色を呈する。各腿節は弓状に僅かに曲がり，各節とも太めである。体は硬く，"カタ"の名があり，標本にするために昆虫針を刺すのに5号ピンでも1，2本は曲がってしまうことが多い。成虫は5月から10月にかけてカキバカンコノキ（トウダイグサ科）やウラジロエノキ（ニレ科）の幹や葉上で見られ，樹液を舐めているようである。幼虫もそれらの木の枯死枝でよく観察される。しかし最近になってマンゴーの栽培が盛んになり，その害虫となっている。

（執筆者　東　清二／図の出典　湊　和雄撮影）

■**学名解**：属名は(ギ)pachysがっちりした，太い，厚い＋(ギ)rhynchos嘴．種小名は(ラ)冥府の，地獄の．

日　本（南西諸島・琉球列島）

珍虫ハスオビコブゾウムシ

　虫をとらえたカメラのアングルがよいので，これがそこらへんの図鑑（例えば『原色日本甲虫図鑑』）に出ている図とは似ても似つかない姿をみせる．怪物といっても差支えなさそうである．本種は琉球と台湾に産する．内地では見られない．

(執筆者　栗林　慧・平嶋義宏／図の出典　栗林　慧，1973)

■学名解：*Desmidophorus aureolus*の属名は(ギ)desmido-小さな綱＋-phorus〜を所有する．種小名は(ラ)金の，金色の．

日　本（南西諸島・琉球列島）

沖縄の珍虫オサゾウムシ

　トカラ列島以南の琉球列島にはオサゾウムシ科の特産の甲虫がいる。ここにその2種を紹介したい。1はバナナツヤオサゾウムシで，学名を*Odoiporus longicollis*という。バナナ類の害虫として知られる。2はヨツメオサゾウムシで，学名を*Sphenocorynes ocellatus*という。山地ではアオノクマタケランを，平地ではゲットウの葉を食害する。

（執筆者　東　清二／図の出典　湊　和雄撮影）

■**学名解**：属名*Odoiporus*は（ギ）odoiporos 旅人．種小名は（ラ）長い（広い）首の．属名*Sphenocorynes*は（ギ）楔状の梶棒．種小名は（ラ）目のような斑点のある．

日 本（南西諸島・琉球列島）

八重山の固有種のミツギリゾウムシ

　石垣島と西表島の固有種ヤエヤマミツギリゾウムシ *Baryrhynchus yaeyamensis* は体長13〜24 mm，全体に光沢がない．上翅端外角が三角となる．沖縄県の絶滅危惧種に指定されている．上の写真は石垣島於茂登岳で撮影されたもの．

（執筆者　屋富祖昌子・宮城秋乃／図の出典　宮城秋乃撮影）

■学名解：属名は（ギ）barys 重い，重苦しい＋（ギ）rhynchos 嘴．種小名は八重山の．

日　本（南西諸島・琉球列島）

世界の珍虫イリオモテボタル

　世界的な珍虫で西表島特産のイリオモテボタル*Rhagophthalmus ohbai*の交尾中（上）と尾端で発光する雌（下）を示す。これらの写真も素晴らしいが、この珍奇なホタルを発見された大庭信義博士の功績に心からの敬意を表します。

（執筆者　東　清二・屋富祖昌子・平嶋義宏／図の出典　湊　和雄撮影）

■**学名解**：属名は（ギ）rhax（連結形rhago-）ブドウの実の一粒＋（ギ）ophthalmos眼．種小名は発見者の大庭博士（上述）に因む．

日 本（南西諸島・琉球列島）

沖縄の珍虫タイワンカブトムシ

　コガネムシ科のタイワンカブトムシ*Oryctes rhinoceros*は沖縄，宮古，八重山，大東の各諸島に産し，国外では台湾以南の東南アジアに広く分布する。体長は33〜43 mm。体背面は暗褐色で光沢がある。前胸背中央は凹み，頭部に1本の短い角を持つ。褐色を帯びた金色の短毛が前胸背の凹み部分ではやや密に，翅鞘では小さな塊として縦に並ぶ。顔面と角の間，前胸下面，中胸下面前半及び脚には赤褐色の毛が密生する。脚は褐色で光沢がある。成虫は6月から7月にかけて発生のピークがあるが，幼虫は年中温度の高い腐植物の中などに生息するため少数ながら他の季節でも羽化個体が見られる。夜間に飛翔し，ヤシ類の枯死した茎内や植物腐敗堆積物の中に産卵する。サトウキビ，ヤシ類の害虫である。

（執筆者　東　清二／図の出典　湊　和雄撮影）

■学名解：属名は(ギ)oryktos由来で，掘り出されたもの，の意．種小名は(ギ)サイ(犀)．

沖縄の珍虫リュウキュウツヤハナムグリ

　コガネムシ科のリュウキュウツヤハナムグリ *Protaetia pryeri* は九州南端以南琉球列島に分布する。体長は16〜28 mmである。体背面の色彩は金緑色から赤銅色，銅黒色などの変異が大である。前脛節の外歯は雄で1本，雌で2本である。上翅端の突出は弱い。後脛節内側の長毛は灰褐色。腹部腹板は雌雄とも同様で凹みがない。中胸突起は杏型で先端は丸い。成虫は5月から8月にかけて出現し，樹液や熟果に集まる。　　　　　（執筆者　東　清二／図の出典　湊　和雄撮影）

■学名解：属名は(ギ)prōtos 第一の＋(ギ)aitia 原因，動機．種小名はイギリス人の昆虫研究家プライアー Henry Pryer 氏に因む．1873年に来日し，16年間にわたって蝶蛾の採集と研究に従事し，日本最初の蝶類図譜(1886〜1889)を著わした．

日　本（南西諸島・琉球列島）

沖縄の珍虫オキナワシロスジコガネ

　コガネムシ科のオキナワシロスジコガネ *Polyphylla schoenfeldti* はトカラ列島以南沖縄島，久米島に分布する琉球列島の固有種である．体長は23～30 mm．頭胸部は濃褐色．雄の触角は茶褐色で強大である．成虫は3月から7月にかけて出現し，灯火にも飛来する．

（執筆者　東　清二／図の出典　湊　和雄撮影）

■学名解：属名は（ギ）polys多くの＋（ギ）phyllon葉．触角の形状より．種小名は人名由来．

日　本（南西諸島・琉球列島）

与那国島固有のノブオオオアオコメツキ

　この美麗な藍色の金属光沢を持つノブオオオアオコメツキムシ *Camposternus nobuoi* は与那国島の特産で，固有種である。体長は35 mm前後。体には特別な斑紋を持たない。カラスザンショウの枝でよく見つかる。　　　　　　　　（執筆者　湊　和雄・屋富祖昌子／図の出典　湊　和雄撮影）

　■学名解：属名は（ギ）kampē屈曲＋（ギ）sternon胸．種小名は人名由来．

日 本（南西諸島・琉球列島）

▲ クワズイモの花と訪花しているクワズイモショウジョウバエ

▼ 中性花上で交尾をしているペア

沖縄の珍虫クワズイモショウジョウバエ

　学名を *Colocasiomyia alocasiae* という。このクワズイモショウジョウバエは日本では琉球列島特産で，国外では台湾，中国，ベトナムに産する。本種はクワズイモ（*Alocasia odora* C. Koch）の花序の中性花と雄花に生息する。体長は約1.5 mm。通常のショウジョウバエ属のイメージと異なって，触覚刺毛は分枝せず細かい毛が並ぶ。前翅前縁部の剛毛列に大小の剛毛が混ざることや前脚第2跗節の鋸歯が5本あること，雄の第6腹板中央に三角に尖った突起を持つこと，雌産卵管は細く2本に分かれており，これを寄主花の雄花や中性花の隙間に挿入して産卵すること，などの特徴を持つ。卵の呼吸管は卵殻先端部に短く1本のみ。幼虫の尾部呼吸管の先端は互いに癒着して分叉しないことや体表の棘は細かいこと，これらの形態的特徴はそのまま蛹にも維持されることから，本種はすべての生長段階で他種と区別できる。

（執筆者　屋富祖昌子／図の出典　湊　和雄撮影）

▰**学名解**：属名 *Colocasiomyia* はサトイモ *Colocasia* ＋（ギ）myia ハエ．この属名は（ギ）kolokasion　レンコン，ハス，に由来．種小名 *alocasiae* はクワズイモ *Alocasia* の属格で，クワズイモの，の意．この属名は（ギ）a- 否定＋サトイモ *Colocasia* のCo- をカットした造語．サトイモに似て非なるもの，の意．

日　本（南西諸島・琉球列島）

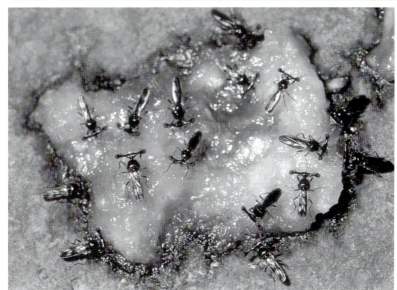

奇妙な頭を持つヒメシュモクバエ

　我が国では石垣島と西表島の特産であるヒメシュモクバエ *Sphyracephala detrahens* は，東南アジアにも広く分布する奇妙な頭を持つハエである．体長約5 mm．体は黒色だが，脚の脚節基部半分は黄色．複眼は赤く目立つ．雌雄とも複眼は離れるが，雄で著しい．川沿いの湿った林床の落ち葉の上にいることが多い．集団で飛ぶことも観察されている．雄は顔を突き合わせて左右に動きながら複眼の離れ具合を確かめ合う行動をとる．これを「雄間闘争」と呼ぶ人もいる．
　下の写真は大原賢二が石垣島で撮影（1955年）したもので，バナナを潰した餌に集まったヒメシュモクバエである．　　　　（執筆者　湊　和雄・屋富祖昌子・大原賢二／図の出典　湊　和雄撮影）

　■学名解：属名は（ギ）sphyra ハンマー＋（ギ）kephalē 頭．種小名は（ラ）detraho の現在分詞で，引き離された．引き離された複眼を表現．

日 本（南西諸島・琉球列島）

沖縄の固有種のハナアブ2種

　ハナアブ科の沖縄の固有種2種を紹介する。上はオキナワナガハナアブ *Milesia fissipennis* で，体長は20〜27 mm。山地性のハナアブで，成虫は5月から9月にかけて出現し，ハチのように飛翔する。

　下はミナミキゴシハナアブ *Eristalinus arvorum* で体長は10〜11 mm。平地の林周辺や草地に見られ，成虫は3月から12月にかけて見られる。　　　（執筆者　東　清二／図の出典　湊　和雄撮影）

■**学名解**：属名 *Milesia* は（ラ）Milesius の女性形で，ミーレートゥスの，の意．Miletus はギリシャ伝説の人物で，同名の市ミーレートゥス（小アジア西岸）の建設者．種小名 *fissipennis* は（ラ）裂けた翅の．属名 *Eristalinus* は「ハナアブ Eristalis に似たもの」の意で，その語源は「博物誌」の著者プリニウス Plinius によって創作された語で，宝石の一種をいう．種小名 *arvorum* は（ラ）広野の，の意で，arvum（野原）の複数属格．

沖縄の珍虫メスアカオオムシヒキアブ

　ムシヒキアブ科のメスアカオオムシヒキアブ*Micrastylum dimorphum*は奄美大島以南の琉球列島に生息し，国外では台湾，中国に分布する。体長は33〜41 mmである。雌は赤褐色で翅はやや淡褐色である。腹部は基部4節を除き光沢がある。顔面は黄白粉を密布する。雄は黒色で，翅は淡黒色である。雌の色彩によって和名が付けられている。強力な飛翔力と脚力を保持しており，セミ，トンボ，コガネムシやハチなどを狩り，体液を吸汁する。口器が発達していて，攻撃的で強力なコガタスズメバチさえも捕えて吸汁しているのがよく観察される。幼虫もコガネムシ類の幼虫の天敵である。成虫は5月から10月にかけて出現する。下図は交尾中のペア。

（執筆者　東　清二／図の出典　湊　和雄撮影）

■学名解：属名は（ギ）mikros小さい＋（ギ）a-強意または否定＋（ギ）stylos柱．種小名は（ギ）二型の．

日 本（南西諸島・琉球列島）

泥製のつぼ型の巣を作るクロスジスズバチ

　クロスジスズバチ *Delta esuriens* は沖縄以南の東南アジアに広く分布するが，内地ではお目にかかれない。特異なつぼ型の泥の巣を作るのも珍虫に値する性質である。泥壁を壊してみた巣の内部には，自分の幼虫のための獲物（イモムシ）が麻酔されて詰め込まれている。虫室の真ん中に天井から吊り下げられた卵が見える。

（執筆者　栗林　慧・平嶋義宏／図の出典　栗林　慧，1973）

■**学名解**：属名 *Delta* はギリシア語のアルファベットの第4字母，普通三角形の，の意．種小名は(ラ) esurio の現在分詞，空腹である，熱望している．

日　本（南西諸島・琉球列島）

雨にぬれて巣に溜まった水をすてるチビアシナガバチ

　筆者の一人栗林は5月の西表島で面白い発見をした．アダンの茂みの中で雨上がりの巣の手入れに忙しいチビアシナガバチ *Ropalidia fasciata* の動作を観察したのである．巣についた水滴を飲みこみ，巣の外に身を乗り出しては，それを吐きだす動作を繰り返していたのである．ここに示した写真はその会心のショットである．

（執筆者　栗林　慧・平嶋義宏／図の出典　栗林　慧, 1973）

　■**学名解**：属名 *Ropalidia* は（ギ）小さな棍棒，という意味で，rhopalon の縮小形．種小名は（ラ）帯のある．なお，学名（種小名）と和名の用い方は不統一である．

日 本 （南西諸島・琉球列島）

切り取った葉（巣の材料にする）を運ぶ ヤエヤマキバラハキリバチ

　この美麗なハキリバチは宮古島以南に産するかなり大型のハナバチである。この飛行中の写真は見事なショットという外はない。高速回転をする飛行中のハチの翅がかすかに写っている。右下はアフリカタヌキマメの花粉を集めているところ。腹下の花粉採集毛（スコーパ）に集められた花粉が覗かれる。いずれも与那国島で撮影したものである。

（執筆者　栗林　慧・平嶋義宏／図の出典　栗林　慧, 1973）

■**学名解**：*Megachile yaeyamaensis* の属名は（ギ）大きな口唇，ハキリバチの上唇は非常に大きい．種小名は近代（ラ）八重山諸島の．

日　本（南西諸島・琉球列島）

ナスの雌しべを探るアオスジコシブトハナバチ

　ずんぐりとしたこのハナバチは胸背の赤褐色の毛と黒い腹部の青みがかった毛帯との対比が面白い。この写真では，触角でナスの花の雌しべを挟んで調べている。実に面白い瞬間を捉えた写真である。このハナバチは奄美大島以南にいて，2亜種に分けられている。

(執筆者　栗林　慧・平嶋義宏／図の出典　栗林　慧, 1973)

■学名解：*Amegilla senahai* の属名は（ギ）a-強意＋（ギ）megas 大きい＋女性名詞をつくる縮小辞 -illa. 種小名は沖縄の篤志家せなは氏に因む（推定）.

日　本（南西諸島・琉球列島）

全身美麗なミドリシッポウハナバチ

全身美麗な金属光沢に輝くハナバチで，我が国では南西諸島の特産。この類は東南アジアに多い。体長9 mm未満。雄はやや小さい。　　　　　　　　（執筆者　平嶋義宏／図の出典　平嶋義宏撮影）

■学名解：*Pithitis smaragdula*. 属名は(ギ)pithitisから．原意は植物のヒナゲシ．蜂の美しさをヒナゲシの美しさに例えたもの．種小名もこのハチの美しさを表現したもので，(ラ)smaragdus(エメラルド)＋縮小辞-ulaという構成．

　（注）世界の碩学Michener博士は*Pithitis*を*Ceratina*の亜属に格下げした（2000）．これに従う邦人研究者もいるが，筆者は同意できない．

日　本（南西諸島・琉球列島）

奇抜なオキナワアギトアリ

　沖縄本島のオキナワアギトアリ *Odontomachus* sp. は体の前半が赤い色をしているので，屋久島産のアギトアリ *Odontomachus monticola* とは一見して区別される。職アリの体長は12〜13 mm。強大な鎌状の顎（大鰓）を持っている。里山にいる。地表や落葉上で見られる。

（執筆者　湊　和雄・屋富祖昌子／図の出典　湊　和雄撮影）

■**学名解**：属名は(ギ)歯で戦うもの．種小名は(ラ)山地の住人．

日　本（南西諸島・琉球列島）

沖縄にもいるグンタイアリ

　ヒメサスライアリ亜科も広義のグンタイアリの仲間である。図示した沖縄本島と西表島にいるヒメサスライアリ*Aenictus lifuiae*もその一種。これは体長3 mm位の小さなアリで，他のアリの巣を襲う。落ち葉の下を隠れながら進むので，発見は困難である。

（執筆者　小松　貴・平嶋義宏／図の出典　小松　貴，2016）

■学名解：属名は（ギ）ainiktos謎めいた．種小名は多分人名由来．

日　本（南西諸島・琉球列島）

美しい緑色のクロイワゼミ

　雌雄とも鮮やかな緑色をしたクロイワゼミ *Muda kuroiwae* はチッチゼミの仲間で，和名と種小名は沖縄で教師をつとめた黒岩　恒氏（1930年没）に因む．体長18〜23 mm．前翅開張46〜55 mm．樹木の幹や枝にはとまらず，緑色の葉や茎にとまる習性がある．5月末から7月中旬に局所的に出現する．午後7〜8時に大合唱をする．

（執筆者　湊　和雄・林　正美／図の出典　湊　和雄撮影）

■**学名解**：属名は(ギ)mudos湿っていること，または(ラ)muつぶやき＋(ラ)接尾辞-ida状態を示す．種小名は黒岩　恒氏に因む（上述）．各種の昆虫の観察で名高い．

日 本（南西諸島・琉球列島）

日本最小のイワサキクサゼミ

　イワサキクサゼミ *Mogannia minuta* は日本最小のセミで，体長は12〜17 mm，前翅開張は40 mm未満。琉球列島に産し，国外では台湾に分布。和名は石垣島測候所長を35年勤め，傍ら熱心に昆虫を採集した岩崎卓爾氏（1937年没）に因む。このセミの雌はサトウキビの中肋に卵を産み込む。孵化した淡橙色の1齢幼虫は落下して土中に潜り込み，サトウキビの根から吸汁し，平均2年で羽化する。本来はススキ，チガヤなどイネ科草本に生息する。

（執筆者　湊　和雄・林　正美／図の出典　湊　和雄撮影）

■**学名解**：属名 *Mogannia* の語源は，命名者Amyot & Serville（1843）によれば，アラビア語の「歌手」である．

日　本（南西諸島・琉球列島）

石垣島の固有種イシガキニイニイ

　石垣島の固有種イシガキニイニイ *Platypleura albivannata* は体長19〜23 mmの小型のセミで，環境省のレッドデータブックでは最も絶滅の危険性の高い絶滅危惧種IA類に指定されている。現在は数えるほどの個体しか確認されてなく，まったく鳴かない年もある。1974年の発見当初から分布域は東西2 km程度であったが，その後徐々に狭まっている。早朝と夕方から日没まで頻繁に鳴く。主生息地は「立入制限区域」として厳重に保護されている。

（執筆者　湊　和雄・林　正美／図の出典　湊　和雄撮影）

■学名解：属名は（ギ）platys幅広い，平たい＋（ギ）pleura体の側面．種小名は（ラ）albus白い＋vanno穀物を唐箕にかける，あおぎ分ける＋接尾辞-atus所有や類似を示す．

日 本（南西諸島・琉球列島）

沖縄の珍虫シロオビアゲハ

　アゲハチョウ科のシロオビアゲハ*Papilio polytes*は奄美大島が分布の北限で，沖縄諸島では普通種である。国外では台湾から東南アジアに広く分布する。前翅長は48 mm内外。雄の翅は黒色で，後翅前縁から後縁にかけて白色帯があるため，和名のシロオビはそれに由来する。雌には雄と同じ模様の型（Ⅰ型と呼ぶ）と前翅の後方半分が茶褐色で，後翅に赤色紋と白色紋の型（Ⅱ型）がいる。沖縄諸島では両方の型が生息しているが，八重山諸島ではⅡ型は稀である。幼虫はミカン類やサルカケミカンの葉を食する。　　（執筆者　東　清二／図の出典　湊　和雄撮影）

■**学名解**：属名は(ラ)papilio蝶，蛾．種小名は(ギ)polys多くの，大きな＋(ギ)itēs大胆不敵な．

日　本（南西諸島・琉球列島）

沖縄の珍虫ツマベニチョウ

　シロチョウ科のツマベニチョウ *Hebomeia glaucippe* は九州南端から琉球列島にかけて生息し，国外では台湾以南東洋熱帯に分布する。前翅長は雄で45 mm内外，雌で50 mm内外である。翅の地色は雄で白色，雌でクリーム色でわずかに暗紫色を呈する。翅の先端は赤色で周囲は太く黒色で縁どられ，後翅外縁には黒色斑点が2列並ぶ。雌では翅の全面に黒色の鱗粉が散布され，後翅外縁の斑点が大型である。幼虫はギョボク（フウチョウソウ科）の葉を食し，成虫は3月から12月まで見られ，ハイビスカス，シチヘンゲなどの花から吸蜜する。飛翔力が強い。威嚇時の幼虫の形態は特異。　　　　　　　　　　（執筆者　東　清二／図の出典　湊　和雄撮影）

■ **学名解**：属名は語源不詳．推定すれば，（ギ）hēbē 青年＋（ギ）homos 同一の，共通の．種小名も語源不詳．多分古代人の名＜（ギ）glaukos 輝いている＋（ギ）hippos 馬．

日　本（南西諸島・琉球列島）

沖縄の珍虫クロテンシロチョウ

　シロチョウ科のクロテンシロチョウ *Leptosia nina niobe* は，国内では西表島と与那国島に分布する。国外では台湾以南の東南アジアに広く分布する。可憐な蝶。前翅長は21 mm内外。翅表面は白色で，前翅基部半分は見る方向によって輝き，前縁基部に黒褐色の小斑点が並び，前翅外縁寄りに大型の黒色斑点があり，和名はそれに由来する。後翅裏面には緑褐色の縁状模様が走っている。食草はギョボクで，国外ではヒメフウチョウソウも記録されている。

（執筆者　東　清二／図の出典　東　清二撮影）

■学名解：属名は（ギ）leptos 細い，繊細な＋接尾辞-ia．種小名は（ギ）伝説のニノス Ninus に因む．アッシリアの初代の王．語尾を書き換えたもの．亜種小名は（ギ）伝説のニオベー Niobe に因む．Tantalus の娘で Amphion の妻．

日　本（南西諸島・琉球列島）

珍蝶リュウキュウウラボシシジミ

　このリュウキュウウラボシシジミ *Pithecops corvus* は発見当初は沖縄特産とされたが，最近では台湾ほか東南アジアに広く分布することが判明した。沖縄県産は固有亜種 *P. c. ryukyuensis* とされる。沖縄本島と八重山諸島の清流のある自然度の高い場所に生息し，分布は局所的である。食草はマメ科のトキワヤブハギほか。撮影者宮城秋乃氏の観察によれば，高温期には幼虫は巣を作らず，食草の茎部で蛹化する。低温期には食草の葉で巣を作り，その中で蛹化する。

（執筆者　屋富祖昌子／図の出典　宮城秋乃撮影）

■学名解：属名は（ギ）pithēkos 猿＋（ギ）ōps 顔，容貌．猿の顔のように見える別な蝶の蛹を本種のものと見誤ったもの（白水　隆）．種小名は（ラ）corvus カラス．

日 本（南西諸島・琉球列島）

沖縄の珍虫アオタテハモドキ

　タテハチョウ科のアオタテハモドキ *Junonia orithya* は奄美大島以南琉球列島に産する．乾燥した畑わきや海岸などにごく普通であるが，色彩斑紋がユニークなので取り上げた．国外での分布は広い．前翅長は24〜27 mmで，雌の方がやや大型である．雄の後翅は鮮やかな青色で，雌では褐色である．季節型も見られ，裏面の斑紋が明らかなのが夏型で，不明瞭なのが秋型である．しかし，両方の型の変異は連続的のようである．成虫は夏期に個体数が多く，農道ではハンミョウ（ミチオシエ）のように先へと飛んで行くのが珍しい習性である．幼虫の食草はイワダレソウ（クマツヅラ科）とキツネノマゴ（キツネノマゴ科）である．

（執筆者　東　清二／図の出典　湊　和雄撮影）

■学名解：属名はローマ神話のユーノー女神Juno（属格Junonis）に因む．種小名はローマの一般的な女性の名，またはアテナのErechtheus王の娘の名．

日　本（南西諸島・琉球列島）

沖縄の珍虫フタオチョウ

　タテハチョウ科のフタオチョウ *Polyura eudamippus* は我が国では沖縄島の北部のみに生息し，そこが分布の北限である。国外では台湾以南東南アジアに広く分布する。前翅長は雄で43 mm内外，雌で30 mm内外である。翅の地色は卵黄色で前翅の基部は黒色，前縁部，外縁部は黒色で，その中に淡黄色の斑点がある。後翅の基部は黒褐色，外縁部は黒色で，その中に淡黄色の斑点が並ぶ。裏面の地色は銀色で橙褐色があり，美しい。尾状突起は2対あり，和名はそれに由来する。我が国では沖縄島北部のみに生息し，そこは分布の北限であり，局地的に分布すること，沖縄のものは固有亜種 *weismanni* Fritzeであり，美麗種でもあることなどの理由で，沖縄県の天然記念物に指定されている。ヤエヤマネコノチチ（クロウメモドキ科）を食し，時にはリュウキュウエノキ（クワノハエノキと同種異名）（ニレ科）の葉も食する。リュウキュウエノキは沖縄島中南部地域でも自生しており，本種も中南部で目撃されることがある。

（執筆者　東　清二／図の出典　湊　和雄撮影）

■**学名解**：属名は（ギ）多くの尾の．種小名は語源不詳．強いて解釈すれば，（ギ）eu- 良い＋（ギ）damos 庶民，平民＋（ギ）ippos ウマ（馬）．

日 本（南西諸島・琉球列島）

沖縄の珍虫コノハチョウ

　タテハチョウ科のコノハチョウ *Kallima inachus* は沖永良部島，沖縄島，石垣島，西表島のみに生息し，国外では台湾以南東南アジアに広く分布する。前翅長は48 mm内外。翅表面は暗藍色で鈍い光沢があり，前翅には斜めに走る橙色の太い帯がある。裏面は褐色で枯れ葉様の模様がある。終齢幼虫の体長は60 mm内外，頭部は黒色で長い一対の刺状突起を有する。胸部はビロード様の黒色で，背部に橙褐色の小斑点列が2列並び，各節に刺状突起を多数発生する。蛹の体長は30 mm内外で褐色である。卵は球型で直径約1.7 mm。産下直後は緑色で，白色の縦紋が走っている。成虫は年中見られるが，7月から11月に個体数が多い。幼虫はオキナワスズムシソウとセイタカスズムシソウの葉を食する。　　　（執筆者　東　清二／図の出典　湊　和雄撮影）

■学名解：属名は（ギ）kallimos美しい．種小名はローマ神話のイーナコス（Argolisの川の河神）．

日　本（南西諸島・琉球列島）

沖縄の珍虫オオゴマダラ

　マダラチョウ科のオオゴマダラ *Idea leuconoe clara* は与論島以南の琉球列島に産する大型の蝶で，沖縄では普通種。白色を地とし，黒斑が多い。前翅長は75 mm内外の大型種である。翅の地色は白色で，多数の黒色紋を有し，翅脈も黒色である。飛翔行動はゆったりとしてひらりと飛ぶ。森林地域では梢上の高いところを飛ぶために台風時にはその被害を受けやすいようである。幼虫は黒色で，体の前方（胸部，腹部第1，3節）に計3対，腹部端に1対の肉質突起を有し，各節の前縁に白色でリング状の紋があり，前半の節間に3個，後半に2個の赤色紋を有する。蛹（右下）は黄金色で金属光沢があり特に美麗である。幼虫はホウライカガミ（キョウチクトウ科）の葉を食する。　　　　　　　　　　　　　　　（執筆者　東　清二／図の出典　湊　和雄撮影）

　■**学名解**：属名 *Idea* は（ギ）理念，原型．または（ラ）イーデ山 Idae の．種小名 *leuconoe* は（ギ）leukos 輝く，白い＋（ギ）noeō 見る，意図する．または神話・伝説上の人物名．亜種小名 *clara* は（ラ）明瞭な，高名な．

日　本（南西諸島・琉球列島）

沖縄の珍虫テツイロビロードセセリ

　セセリチョウ科のテツイロビロードセセリ *Hasora badra* は石垣島に生息し，国外では台湾からインドネシアにかけて分布する。前翅長は25 mm内外。雄の前翅表面は黒褐色，裏面は茶褐色，前翅後縁は黄褐色。後翅に2個の黄白色紋があり，後角は黒色を帯びる。雌の翅表面は黒褐色で，中央に3個，前縁角近くに2個，後角近くに1個の黄色紋がある。裏面は雄に似ている。幼虫の食草はマメ科のデリスである。　　　　　　（執筆者　東　清二／図の出典　東　清二撮影）

■**学名解**：属名は語源不詳．多分サンスクリット由来．種小名はサンスクリットのbhadra（幸福，幸福な）から．

沖縄の珍虫ネッタイアカセセリ

　セセリチョウ科のネッタイアカセセリ*Telicota colon stinga*は八重山諸島に産し，原名亜種は台湾以南の東南アジアからニューギニア，ソロモン群島，オーストラリアに分布する。前翅長は15 mm内外。翅の地色は黒褐色で大部分が濃黄色紋で占められている。後翅外縁近くの黄色紋は大型で，その基部寄りの紋は小型である。幼虫はススキ，チガヤなどのイネ科の野草を食する。八重山諸島では周年発生で，夏期には個体数が少ないが，11月から3月にかけて多い。

（執筆者　東　清二／図の出典　湊　和雄撮影）

■**学名解**：属名の語源は(ギ)telikos と(ギ)tēlikosの2様にとれる．前者は末端の，後者はそのような年齢の，偉大な．種小名も色々な意味にとれるが，ここでは(ギ)kōlon四肢，脚，としておく．亜種小名は(ラ)stinguo(消す)に由来と推定．

日 本（南西諸島・琉球列島）

沖縄の珍虫バナナセセリ

　セセリチョウ科のバナナセセリ *Erionota torus* は我が国では沖縄特産で，国外ではマレー半島ほか東南アジアに広く分布する。前翅長は37 mm内外で我が国最大のセセリチョウである。翅表面は黒褐色で前翅中央に大小3個の黄色紋がある。裏面はやや薄く前翅中央にある黄色紋の周辺は黒褐色。複眼は赤褐色である。幼虫はバナナ類の葉を食し，その重要害虫となっている。沖縄では1971年に初めて採集された。そこは沖縄島中部の嘉手納米軍空港の近くである。その頃ベトナム戦争中であったことから米軍物資に紛れて侵入したものと考えられている。

（執筆者　東　清二／図の出典　湊　和雄撮影）

■**学名解**:属名は(ギ)erion羊毛+(ギ)nōton背．胸背に毛が多いのを表現．種小名は(ラ)木のこぶ．

日　本（南西諸島・琉球列島）

沖縄の珍虫ユウレイセセリ

　セセリチョウ科のユウレイセセリ*Borbo cinnara*は我が国では八重山諸島のみに産し，国外では台湾以南の東南アジア，インド・オーストラリア区に広く分布する。前翅長は16 mm内外。翅の表面の地色は黒褐色で前翅には白色の斑点が多数あり，後翅には紋がない。前翅後縁中央にも白色紋がある。幼虫はススキ，オガサワラスズメノヒエ，イネ，サトウキビなどのイネ科植物の葉を食する。　　　　　　　　　　　　　　（執筆者　東　清二／図の出典　湊　和雄撮影）

■学名解：属名は地名由来．すなわち，模式種の産地Reunion島（マダガスカル島東方）の古名Bourbonのラテン名Borboに因む．種小名はサンスクリットのkinnara（神話上の生物）に因む．

日 本 (南西諸島・琉球列島)

沖縄の珍虫アサヒナキマダラセセリ

　セセリチョウ科のアサヒナキマダラセセリ Ochlodes asahinai は石垣島に産し，沖縄の固有種である。前翅長は雄で19～23 mmで，雌は大型である。翅の地色は褐色で，基部半分は濃橙色，雄には前翅中央に斜めに走る黒色の紋がある。雌では数個の濃橙色紋がある。成虫は5月から6月にかけて出現し，石垣島と西表島の山頂にあるリュウキュウチクの葉に産卵する。孵化した幼虫は柔らかい葉先の両端を糸で綴り合わせて巣を作り，日中はその中に潜伏し，夜間，摂食する。幼虫はゆっくりと成長し，翌年の4月頃に巣の中で蛹化する。すなわち年に1世代を繰り返す。この属の蝶は世界で13種知られており，そのうち年1回の世代を繰り返すのは本種とヨーロッパからアジア大陸の北部に分布するコキマダラセセリの2種である。コキマダラセセリは北海道と本州の中・北部に分布し，中部地方では山地に生息するという。それらのことから本種は北方系の種だと考えられている。琉球列島がアジア大陸と陸続きであった氷河期に渡来した遺存種と考えられる。沖縄県の天然記念物に指定（昭和53年4月1日）されている。

（執筆者　東　清二／図の出典　湊　和雄撮影）

■**学名解**：属名は（ギ）ochlōdēs 荒れ狂う，厄介な．種小名はトンボで有名な朝比奈正二郎博士(故人)に因む．

日　本（南西諸島・琉球列島）

日本最大の蛾ヨナグニサン

　ヨナグニサン（与那国蚕）*Attacus atlas* は日本最大の美麗な蛾であり，東南アジアに広く分布する。我が国では与那国島と西表島に局産する。前翅長は雄で130 mm内外，雌で140 mm内外。雌成虫は日中は羽化場所に静止し，夜間に尾端から円い乳白色の物質を出し，それからフェロモンを放出して雄を誘引し交尾する。卵は1～数個を食草のアカギの樹皮または葉上に産下する。2齢以後の幼虫はろう物質で体を覆う。終齢幼虫は2～5枚の葉を綴って繭を作り，その中で蛹化する。年3世代を繰り返す。天然記念物。

（執筆者　東　清二／図の出典　東　清二撮影）

■学名解：属名は(ギ)attakosバッタの一種．命名の由来は，サバクトビバッタが翅を広げて飛んでいる姿に似ているためであろう．種小名はギリシア神話のアトラース（天空を双肩に担う巨人神）に因む．

日　本（南西諸島・琉球列島）

沖縄の珍虫ハグルマヤママユ

　ヤママユガ科のハグルマヤママユ *Loepa sakaei* は奄美大島と沖縄島に生息し，国外では台湾からマレー半島，インドにかけて分布するようである。前翅長は45 mm内外。体，翅は黄色，各横線は黒褐色で波状である。眼状紋は赤褐色で，周縁は黒色で，その中にさらに紋がある。後翅の紋はやや薄い。前翅頂にも赤褐色紋があるが，個体により濃淡があり，その後方に黒色斑点がある。幼虫の食草はブドウ科の一種がインドで記録されている。

（執筆者　東　清二／図の出典　湊　和雄撮影）

■学名解：属名は(ギ)loipos残りの，残ったもの．種小名は人名由来．

第2章
外国の珍虫

外国とは言うまでもなく日本以外の世界の各国であるが，膨大すぎる。常識的には世界の動物地理的区分に従って適宜に解説すればよい。ここでは，任意に以下の区分によった。

　　　近隣諸国（シベリアから東南アジアまで）
　　　ニューギニア・ソロモン諸島
　　　オーストラリア・ニュージーランド
　　　ヨーロッパ
　　　ハワイ
　　　南北アメリカ
　　　アフリカ・マダガスカル
　　　離島と南極

である。

　すなわち，世界中の昆虫を対象とするわけであるが，そのような図説や図鑑は世界には存在しない。

　ただ一つの例外がある。それは阪口浩平博士の『図説　世界の昆虫』（保育社）全6巻である。1979年から1983年にかけて発行された膨大な内容の図説である。搭載された図も素晴らしいが，説明や解説も素晴らしい。阪口博士には碩学という表現がぴったりである。

　筆者は専攻分野は違ったが，阪口博士とはご生前に親交があった。この6巻はすべて阪口博士から頂戴した。最後に，記念として阪口博士の筆になる漫画を頂戴した。ご参考までにそれを「第3章　珍虫よもやま話」の一つとして示した。博士は絵もとても上手であった。阪口博士を偲ぶよすがの一つとしたい。

　また，地方誌的なまとまりを持つもので，筆者が特に参照したものに，次の2冊がある。

（1）Division of Entomology, CSIRO, 1991. The Insects of Australia. A textbook for students and research workers. 2 vols. Cornell Univ. Press.

　縦28 cm，横21 cmの大型の変形本で，上下巻42章，総頁1,137に及ぶ大著である。世界中の著名な学者が執筆している。内容も素晴らしいが特に付図が見事であり，引用したいものを，これも欲しい，あれも欲しい，と見て行くと忽ち凄い数になってしまう。値段も凄く，筆者は紀伊國屋書店から49,660円（本体）で購入した。

（2）Howarth, F. G. and W. P. Mull, 1992. Hawaiian Insects and Their Kin. Univ. of Hawaii Press. 160pp.

　ホワース博士はハワイの昆虫の進化と生態解明の研究の第一人者である。その彼と協力者のムル博士との共著になる本書はハワイの昆虫とクモ類の研究に欠かすことのできない図説である。

外　国（近隣諸国）

ボルネオ産で最大最美麗のチョウ

　ミランダキシタアゲハ*Troides miranda*はキシタアゲハの中の最大種で，また最美麗種である．後翅の黄金色の斑紋が素晴らしく，飛翔する姿は金一色に見える．ボルネオ・スマトラの特産種．

（執筆者　江田信豊／図の出典　江田信豊撮影）

■学名解：属名は(ギ)トロースの息子，あるいはトロースの娘という意味で，神話のトロースTrosはフルギュアPhrygiaの王．有名なトロイヤはこの王の名に因む．種小名は(ラ)不思議な，驚くべき．

外　国（近隣諸国）

インドのルリモンアゲハ

　台湾から東南アジアに広く分布するルリモンアゲハ*Papilio paris*の雄の写真を示す．ここに示したものはインド産で，後翅の瑠璃色の斑紋が大きく発達している．

(執筆者　江田信豊／図の出典　江田信豊撮影)

■**学名解**：属名はラテン語のpapilio蝶．種小名は（ギ）伝説のパリスから．パリスParisはPriamusとHecubaとの息子．有名なトロイヤ戦争の因を作った．蝶の属名にジャコウアゲハ*Parides*がある．

外　国（近隣諸国）

アンダマン島のホソバジャコウ

　ジャコウアゲハ（毒蝶）の仲間のルディフェールホソバジャコウ *Losaria rhodifer* の雄の写真を示した。マレー半島の東側のアンダマン島の特産。飛翔はゆっくりで，夕方活動する。

（執筆者　江田信豊／図の出典　江田信豊撮影）

■学名解：属名の語源不詳．人名由来かも．ロサリアは女性名に多い．種小名は(ギ)rhodo-バラの＋(ラ)fero運ぶ，もたらす．バラ色を帯びた，の意．

外　国（近隣諸国）

幻の怪蝶オウゴンテングアゲハ

　オウゴンテングアゲハ *Teinopalpus aureus* は1899年にイギリスの探検家によって中国から記載されたが，その後長い間未発見であった。その標本は大英自然史博物館に所蔵されており，研究者の間では垂涎の的であった。しかし，1988年に海南島で再発見され，その後，中国やベトナムなど東南アジアでも発見された。写真はベトナム産の標本である。上は雄，下は雌。

（執筆者　江田信豊／図の出典　江田信豊撮影）

■学名解：属名は（ギ）teinō引き延ばす＋（ラ）palpoなでる，おだてる．なお，（ラ）palpusにはてのひらという意味もある．種小名は（ラ）金色の，見事な，美しい．

外　国（近隣諸国）

黒いオオムラサキ

　オオムラサキといえば日本の国蝶で，その美麗な姿で有名である．しかし，世の中は広い．写真のように，黒いオオムラサキがいるのである．クロオオムラサキ *Sasakia funebris* という．中国産であるが，ベトナムからも発見された．山頂に集まる習性がある．図示した標本はベトナム産である．　　　　　　　　　　　　　　　　　（執筆者　江田信豊／図の出典　江田信豊撮影）

　■**学名解**：属名は佐々木忠次郎博士に因む．日本の近代昆虫学を支えた人．種小名は（ラ）葬式の，破壊的な．

外　国（近隣諸国）

台湾の珍蝶フトオアゲハ

　台湾の珍蝶と呼んで間違いはない。台湾特産種であるフトオアゲハ*Agehana maraho*の尾状突起は太く，翅脈が2本入っている。台湾の池端に採集に行った際，橋の上から川を眺めていた。その時川下から上流に向かって本種が次々に飛来した。中国には近縁種のシナフトオアゲハを産する。

（執筆者　江田信豊／図の出典　江田信豊撮影）

■**学名解**：属名は日本語由来で，アゲハチョウの意．種小名はタイヤル語で，頭目，またはボスという意味(中條道夫博士の教示).

台湾を代表する美麗種アケボノアゲハ

　雄の後翅裏面の前半が朱赤色なのでアケボノアゲハという。学名は*Atrophaneura horishana*である。写真（どちらも雄。下図は裏面）は台湾産。台湾では中部の比較的高地に産する。

（執筆者　江田信豊／図の出典　江田信豊撮影）

■**学名解**：属名は（ギ）atrophos栄養不良の＋（ギ）a-否定または強意＋（ギ）neuron血管, 翅脈. 種小名は産地由来で, 埔里社の.

外　国（近隣諸国）

イナズマチョウの中の最大の珍品

　バンカナオオイナズマ *Lexias bangkana* はイナズマチョウの仲間の最大種で，また最も美麗である。写真の上が雄，下が雌である。飛翔はゆっくりしている。東南アジアに分布する。標本はボルネオ産。　　　　　　　　　　　　　　　　（執筆者　江田信豊／図の出典　江田信豊撮影）

　■学名解：属名は(ラ)lex法，法律＋(ギ)接尾辞-ias. 種小名は産地の地名由来.

外　国 (近隣諸国)

ハチのように飛ぶ蝶

　アオスソビキアゲハ（アオオビスソビキアゲハ）*Lamproptera meges* の吸水集団を最初に見た時はハチが飛んでいると思った。尾状突起を高速振動させている様子はとても蝶とは思えなかった。写真はボルネオ産の雄。近縁種にシロスソビキアゲハがいて，東南アジアに広く分布する。

（執筆者　江田信豊／図の出典　江田信豊撮影）

■学名解:属名は(ギ)lampros 輝いた, 明るい＋(ギ)pteron 翅. 種小名は(ギ)伝説のメゲース Meges に因む. ヘレナの求婚者の一人で, Phyleus の息子.

外　国（近隣諸国）

大空を舞う怪蝶

　マネシアゲハ *Chilasa clytia* は東南アジアに広く分布するアゲハチョウの一種で，いくつか近縁種が知られる。このアゲハチョウの仲間は，その名のとおり他分類群のチョウに外見が多少とも似ている。殊に，有毒なマダラチョウの仲間に対する似せ方が神がかっている。模様ばかりか，マダラチョウ特有のゆったり風に乗るような飛び方までも精巧に似せているため，飛んでいる姿を見ただけではにわかに判別しがたい。モデルとなる小型のマダラチョウ類は，鬱蒼とした森林よりは開けた荒地に多い。それに合わせて，マネシアゲハの仲間も基本的には森林におらず，草原や都市部の公園で見かける。マレー半島にて撮影。

（執筆者　小松　貴／図の出典　小松　貴撮影）

　■学名解：属名 *Chilasa* は語源不詳．ギリシア語由来あるいはサンスクリット由来の可能性あり．種小名はギリシア神話の Oceanus の娘の一人クリュティエー Clytiē = Clytia に因む．ヘリオトロープに変身させられた．

外　国（近隣諸国）

ボルネオの珍蝶アカエリトリバネアゲハ

　進化論のウォーレス Alfred Russel Wallace がサラワクでこの豪華美麗蝶を採集して欣喜雀躍したという話がある。後年，彼はこの蝶の学名をサラワクの探検旅行中に世話になったサラワクの白人王として有名なサー・ジェイムス・ブルック Sir James Brooke に奉献した。このような謂れを知ると，この蝶に対する愛情も深まろう。

（執筆者　平嶋義宏／図の出典　Wild Malaysia, 1990）

■学名解：学名を *Trogonoptera brookiana* という。属名は北〜南米産の美麗鳥キヌバネドリ属 *Trogon* の翼，という意味．蝶の翅の美しさを美麗鳥の美しさになぞらえたもの．この鳥の属名は(ギ)齧るもの，の意で，trōgō の現在分詞．種小名はブルック王に因む(上述)．

外　国（近隣諸国）

ブータンの珍蝶シボリアゲハ

上は雄，下は雌。素晴らしい形と色模様を持つ珍奇な蝶。学名を *Bhutanitis lidderdalei* という。
（執筆者　平嶋義宏／図の出典　五十嵐　邁, 1989）

■**学名解**：属名は「ブータンの住人」の意で，Bhutan＋接尾辞-itis. 後者は-itesの女性形，所属や特徴を示す．種小名はこの蝶の最初の発見者リッデルデール Lidderdale 博士に因む．

（注）五十嵐　邁氏（故人）の蝶の研究に対する意欲と活動には敬服する。お陰様で我々は居ながらにして天下の珍蝶を眺めることができる。心からご冥福をお祈りいたします（平嶋記）。

外　国（近隣諸国）

北ボルネオのココア研究所の敷地内での蝶の収穫

　英領北ボルネオの東岸タワウTawauの郊外にあるココア研究所は広大な敷地を持っている。筆者は1962年の8月のある日，午前中に蝶の採集にでかけた。たった半日の活動であったが，写真に見るように，34匹の各種の蝶を採集した。中には豪華美麗蝶のトリバネアゲハも混じっている。熱帯にはいかに蝶が多いか，という一つの証拠になろう。

（執筆者　平嶋義宏／図の出典　平嶋義宏採集・撮影）

外　国（近隣諸国）

英領北ボルネオ産のカワトンボ類

　1962年のビショップ博物館探検隊の成果の一つで，筆者がタワウTawauのベースキャンプの近くの小川である日の午前中に採集したもの．残念ながら学名は不詳であるが，この中に6匹のハナダカトンボが写っている．腹部が翅よりも短く，頭の中央が尖っているので区別できる．

（執筆者　平嶋義宏／図の出典　平嶋義宏採集・撮影）

■学名解:ハナダカトンボ *Rhinocypha* sp.（ギ）rhino-は「鼻の」の意で，rhisの連結形．後節は（ギ）kuphos 腰の曲がった．

外　国（近隣諸国）

北ボルネオの珍奇なミノムシ

　筆者は1962年の夏に英領北ボルネオ（現マレーシアのサバー州）に滞在して昆虫採集を行ったが，当時珍虫と呼ばれるにふさわしい昆虫を沢山採集した。ここに示すミノムシもその一つ。植物の葉の変わりに小枝を切り取って体に巻きつける変わり者である。写真の左は最後の小枝を切り取る寸前，右は完成した糞である。　　　（執筆者　平嶋義宏／図の出典　平嶋義宏採集・撮影）

　■学名解：日本の専門家に同定をお願いしたが，学名不詳である．

外　国（近隣諸国）

豪快なミンダナオサン

　ミンダナオサン *Attacus caesar* は我が国のヨナグニサンと同属である。共に豪快な蛾でヤマユガ科に属する。
（執筆者　平嶋義宏／図の出典　ESI, 2003）

　■学名解：属名は別出．種小名はJulia氏族に属する家名．特に有名なのはローマの将軍・政治家Julius Caesar．

外　国（近隣諸国）

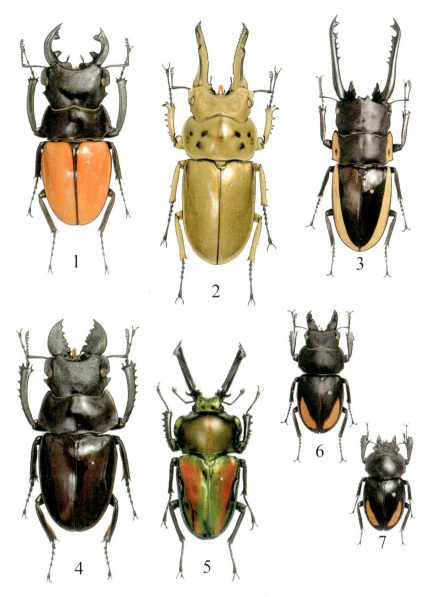

多種多様なクワガタムシ

　ここには旧世界産の珍奇なクワガタムシ6種を示した。東南アジア（1, 2, 4），ニューギニア（3, 5）と中国雲南省（6, 7）産である。

　1はガゼラツヤクワガタ *Odontolabis gazella*，2はモーレンカンプオウゴンオニクワガタ *Allotopus moellenkampi*，3はビソンノコギリクワガタ *Prosopocoilus bison*，4はラティペニスツヤクワガタ *Odontolabis latippenis*，5はニジイロクワガタ *Phalacrognathus muelleri*，6と7はチュウゴクマルバネクワガタ *Neolucanus sinicus* で，7のみが雌。

（執筆者　藤田　宏・平嶋義宏／図の出典　藤田　宏『世界のクワガタムシ大図鑑』，2010）

■**学名解**：*Odontolabis*は（ギ）歯のある把手．*Allotopus*は（ギ）多の（異様な）話題．*Prosopocoilus*は（ギ）窪んだ顔の．*Odontolabis*は（ギ）歯のある把手の．*Phalacrognathus*は（ギ）はげ頭の（毛のない）顎の．*Neolucanus*は近代（ラ）新しい*Lucanus*属＜（ラ）lucanusクワガタムシ．

外　国（近隣諸国）

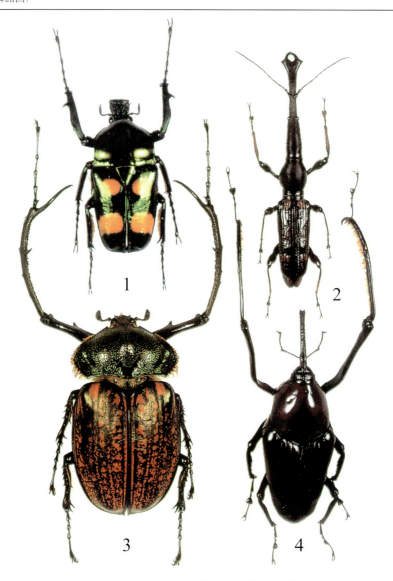

東南アジア産の凄い甲虫

凄いと表現されるであろう東南アジア産の甲虫4種を示す。
1：オオテナガカナブン *Jumnos ruckeri*，タイ産．
2：オウサマミツギリゾウムシ *Eutrachelus temmincki*，スマトラ産．
3：マレーテナガコガネ *Cheirotonus peracanus*，マレーシア産．
4：テナガオオゾウムシ *Cyrtotrachelus dux*，タイ産．

（執筆者　平嶋義宏／図の出典　ESI, 2003）

■学名解：1：属名は語源不詳．多分人名由来．種小名は人名由来．委細不詳．
2：属名は（ギ）eu- 良い，真の＋（ギ）trachēlos 頸，のど．種小名は人名由来．おそらくオランダの動物学者 C. J. Temminck（1858年没）に奉献．シーボルトの『日本動物誌』の脊椎動物を分担執筆．
3：属名は（ギ）cheir 手＋（ギ）tonos 引き張ること．種小名は（ギ）pera それ以上に＋（ギ）kanō 殺す．
4：属名は（ギ）kyrtos 曲った，盛り上がった＋（ギ）trachēlos 喉，首．種小名は（ラ）指導者．

外　国（近隣諸国）

東南アジア産の美麗なタマムシ（1）

どこの産でもタマムシは美麗なものが多い。ここには東南アジア産の6種を示す。
1：カタモンルリタマムシ *Chrysochroa* sp. タイ他産。
2：モンキルリタマムシ *Chrysochroa edwardsii*。ネパール産。
3：アカハビロタマムシ *Catoxantha purpurea*。フィリピン産。
4：フタモンニシキタマムシ *Demochroa ocellata*。セイロン他産。
5：キバネハネビロタマムシ *Catoxantha eburnea*。アンダマン島産。
6：キオビニシキタマムシ *Demochroa* sp.　　　（執筆者　平嶋義宏／図の出典　阪口浩平, 1979）

■学名解：1：属名は我が国のヤマトタマムシと同じ．（ギ）chrysos黄金＋（ギ）chroa外観，色，肌の色．
　　　　2：種小名は人名由来．
　　　　3：属名は（ギ）cata-下に＋（ギ）xanthos黄色い．種小名は（ラ）紫の．
　　　　4：属名は（ギ）demō形成する＋（ギ）chroa外観，色，肌の色．種小名は（ラ）小さな目のある．
　　　　5：属名は上述．種小名は（ラ）象牙の．
　　　　6：属名は上述．

外　国（近隣諸国）

東南アジア産の美麗なタマムシ（2）

　特徴的な色彩斑紋を持つタマムシたちを並べてみた。1はタイ産のオオルリタマムシ *Megaloxantha bicolor*，2はマレーシア産のムモンオオルリタマムシ *Megaloxantha concolor*，3はボルネオ産のキベリタマムシ *Chrysochroa limbata*，4はイラン産のツチイロオオフトタマムシ *Aaata* sp. である．後者だけが異な感じを受ける色彩である．

（執筆者　平嶋義宏／図の出典　ESI, 2003）

■学名解：属名 *Megaloxantha* は（ギ）大きくて黄色い，属名 *Chrysochroa* は（ギ）黄金色の体（または黄金色の皮膚の色），属名 *Aaata* は（ギ）aaatos 犯し難い，決定的な．種小名は bicolor（二色の），concolor（単一色の），limbata（縁取りのある）．

外　国（近隣諸国）

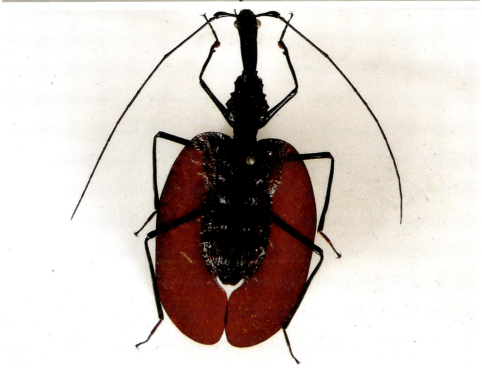

天下の奇虫バイオリンムシ

　大きな甲虫でありながら，まったく扁平である（写真の上）。前胸と首も長く，触角と脚も長い。一体どこでどういう生活をしているのだろうか。この虫の発見には一つの物語がある。オランダのライデン博物館の昆虫学者リーフティンク M. A. Lieftinck 博士がマレーシアの原生林の中で巨大な倒木を見つけ，それに生えているサルノコシカケの下にバイオリンムシが5匹へばりついているのを発見した。喜んで1匹を手で摘み上げた。途端に右眼に激痛が走った。尻から毒液をかけられたのである。

　筆者もマレーシアを2度訪れて網を振ったが，野外のバイオリンムシにはお目にかからなかった。当時，サルノコシカケの下にいるとは知らなかったからである。

（執筆者　平嶋義宏／図の出典　平嶋義宏撮影）

外　国（近隣諸国）

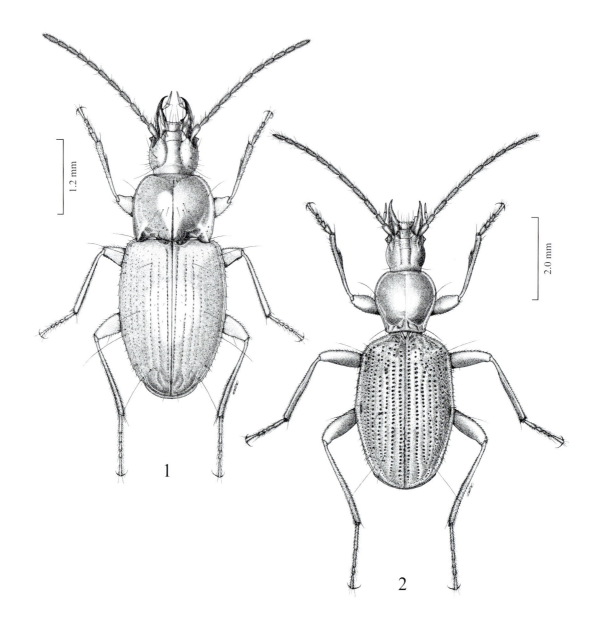

中国南部の石灰洞にいるメクラチビゴミムシ

　国立科学博物館の上野俊一博士は，甲虫の専門家であるが，特にチビゴミムシにかけては世界一の学者である。彼は日本だけでなく，中国でも洞窟に潜り込んで多くのメクラチビゴミムシを採集し命名された。ここには彼が，1998年に発表した中国南部の石灰洞（Libo Xian）に生息する2種のメクラチビゴミムシを紹介する。1のスケールは1.2 mm，2のスケールは2 mm。　　　　　　　　　　　　　　　　　　（執筆者　平嶋義宏／図の出典　上野俊一，1998）

■学名解：1は *Oodinotrechus kishimotoi*, 2は *Libotrechus nishikawai* である．1の属名は（ギ）ōon卵 +（ギ）deinos恐ろしい+チビゴミムシ属 *Trechus*．2の属名は（ギ）libos涙の雫 + *Trechus*属<（ギ）trechō走る．種小名は前者が岸本氏，後者が西川氏に奉献された．2人とも上野博士の研究協力者である．

外　国（近隣諸国）

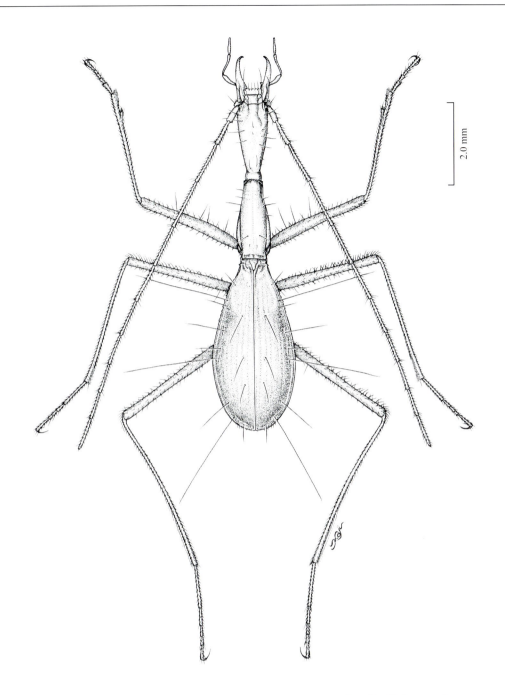

著しく特化したキリンメクラチビゴミムシ

　中国広西壮族自治区の北部の石灰洞から発見された特化したチビゴミムシである。頭部と胸部が著しく伸長していて，また，触角や脚も長い。これは上野俊一博士の発見である。このような珍種を中国や日本で数多く採集されている上野俊一博士に敬意を表したい。スケールは2 mm。

（執筆者　平嶋義宏／図の出典　上野俊一, 2005）

　■学名解：学名を Dongodytes giraffa という．属名は「Dongの潜水者」の意で，Dongとは南中国にある洞窟名Bahao Dongに因む．種小名はキリンのアラビア語giraffeに由来．

外　国（近隣諸国）

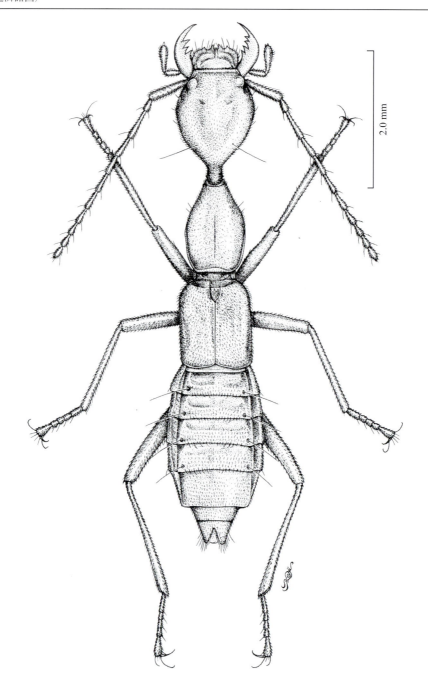

天下の奇虫，真洞窟性のハネカクシ

　ハネカクシ類は洞窟からよく見つかるが，真洞窟性となると数は少ない。ここに図示したオオクビボソハネカクシ *Stilicoderus globiceps* は中国の四川省中央部の石灰洞で発見されたもので，形も大いに特化している。スケールは2 mm。

（執筆者　平嶋義宏／図の出典　上野俊一・柴田泰利, 2007）

■**学名解**：属名は（ラ）stilus 杭状のもの，植物の茎＋（ラ）接尾辞-icus～に属する＋（ギ）derē 頸．細い頸を表現．種小名は（ラ）球状の頭．

インドシナ半島産の珍虫

　丸山宗利博士の論文（Esakia, (54) : 33-40, 2014）から珍虫ヒゲブトオサムシ *Ceratoderus* の 2 種を紹介する。図の 1 はインドからミャンマーに分布するフタスジヒゲブトオサムシ（新称）*Ceratiderus bifasciatus* で，太くて短い触角と扁平な脚の脛節に特徴がある。2 は触角の棍棒部。3 はラオス産のジェンデクヒゲブトオサムシ（新称）*Ceratoderus jendeki* で，前者より体は小さく，触角膨大部の基部3節が明瞭に黄赤色である。脚は細い。4 はその触角棍棒部。この珍奇な甲虫を発表された丸山宗利博士に感謝する。　　　（執筆者　平嶋義宏／図の出典　M. Maruyama, 2014）

　■学名解：属名は（ギ）kerato- 触角の＋（ギ）derē 喉，頸，または（ギ）deros 皮膚．種小名 *bifasciatus* は（ラ）二つの帯のある．種小名 *jendeki* は本種のホロタイプの採集者の一人 Dr. E. Jendek に因む．

外　国（近隣諸国）

世界最小のコガネムシとその近縁種

　図の左は和名をミジンメクラシロアリコガネ，学名を*Termitotrox cupido*という。体長は1.2 mmで世界最小のコガネムシである。好シロアリ性。本種はカンボジア産であるが，仲間はアフリカやインドに広く分布する。

　図の右は和名をヒョウタンシロアリコガネ，学名を*Eocorythoderus incredibilis*という。本種もカンボジア産で，好シロアリ性。仲間のコガネムシはアフリカやインドに分布する。2種ともに丸山宗利が命名した。後者は新属新種である。

（執筆者　丸山宗利・平嶋義宏／図の出典　丸山宗利撮影）

■学名解：属名*Termitotrox*は（ギ）シロアリ（白蟻）を齧るもの，の意＜Termito-シロアリ＋trōx齧るもの．種小名*cupido*は（ラ）熱望．また，ローマ神話の恋愛の神クピードー Cupido．属名*Eocorythoderus*は（ギ）eōs夜明け，原始的な＋*Corythoderus*属＜korys（連結形corytho-）兜，頭＋deros＝derma皮膚．種小名*incredibilis*は（ラ）信じられない．

外　国（近隣諸国）

妖怪のようなコガネムシ

　この甲虫をサイアミメケシコガネ*Rhinocerotopsis nakasei*という。丸山（2010）の命名。アミメケシコガネ族Stereomeriniはシロアリの巣にすむ2 mm程度の小さなコガネムシの一群で，東南アジアからオーストラリアに数属が知られている。本種は最近マレーシアで見つかったもので，前胸背板に2本の角を持ち，横から見るとまるでサイの角ように見える。非常にまれな種で，これまでに2頭しか見つかっていない。　　　　　（執筆者　丸山宗利／図の出典　丸山宗利撮影）

■学名解：属名*Rhinocerotopsis*は（ギ）サイ（犀）のような容貌の ＜ rhinokerōs（連結形rhinoceroto-）サイ（犀）＋（ギ）ōps顔，容貌．種小名*nakasei*は人名由来．

外　国（近隣諸国）

究極の好蟻性アリヅカムシ

　この甲虫をコンボウアリヅカムシ *Colilodion wuesti* という。Löbl（1994）の命名。多数の好蟻性種を含むアリヅカムシ亜科（ハネカクシ科）には，特に好蟻性が発達したヒゲブトアリヅカムシ上族 Clavigeritae という一群がある。本種を含む *Colilodion* 属は，そのなかでも特に異型で，触角が長く棍棒状あるいは扇状となっており，頭部が左右に平圧され，その後ろにアリが好む匂いを出すと推察される毛茸という器官が発達している。マレーシアの高地で飛翔中のものがよく得られるが，アリとの関係は不明である。　　　　（執筆者　丸山宗利／図の出典　丸山宗利撮影）

　■学名解：属名 *Colilodion* は意味不明の任意の造語．ただし語尾 -ion は縮小辞．種小名 *wuesti* は人名由来．委細不明．

外　国（近隣諸国）

奇怪な姿のヒゲブトオサムシ

　オサムシ科のヒゲブトオサムシ族 Paussini は全種が好蟻性で，その生活に適応した特化した姿をしている．特に変わっているのはその名のとおり太くて短い触角である．図の 1 はタマツノヒゲブトオサムシ *Paussus sphaerocerus*，図の 2 はモトヒゲブトオサムシ（新称）*Paussus drumonti* である．この太くて円い触角の末端節とアリとの関係は不明である．タイ国産．

（執筆者　丸山宗利・平嶋義宏／図の出典　丸山宗利, 2014）

■学名解：属名はギリシアの山の名 Pausos に由来する新造語．種小名 *sphaerocerus* は（ギ）球状の触角，の意．種小名 *drumonti* は東洋産の甲虫の研究に貢献したベルギーの A. Drumont 博士に因む．

外　国（近隣諸国）

珍奇な姿と習性のミツギリゾウムシの一種

　図示したものはタイ産のアシナガミツギリゾウムシの一種 *Calodromus* sp. である。後脚だけが異常に長く，また，不思議な形に変形している。ある人によると，後脚だけで歩いていたそうである。また，後脚だけで逆さまにぶら下がっていたのを見たという人もいる。ライトトラップにもくるそうである。筆者の一人平嶋は英領北ボルネオの密林のキャンプで，照明用のケロシンランプに多数のミツギリゾウムシが飛来したのを採集した。次頁を参照されたい。

　筆者の一人中村は，2001年5月2日，タイ北部のビエンパパオの森で，山道脇に枯れかかった衰弱木があったので，近づいて幹を見ると，キクイムシが作ったような孔がかなりの数みつかった。その中の一つから何か得体の知れないものが突き出していた（写真のA）。ピンセットでつまんで慎重に引き出してみた。これが何と写真のCに示すアシナガミツギリゾウムシであった。突き出ていたのは後脚の先端部だった。また，写真のBに示す別個体のアシナガミツギリゾウムシを見て写真に収めた。これが孔に入ろうとしていたのか，孔から出てきたところなのか，観察不十分なのが悔やまれる。　　　　（執筆者　中村裕之・平嶋義宏／図の出典　中村裕之，2016）

外　国（近隣諸国）

北ボルネオのフォレスト・キャンプの
小屋に飛んできたミツギリゾウムシ

　ビショップ博物館の英領北ボルネオ探検隊のフォレスト・キャンプでは夜はガス燈をたいて仕事をした。面白いことに，灯りめがけて多くの昆虫が飛来した。ランプに当たった虫はその熱気で死んで，下に敷いた白布に落ちた。翌朝はその死骸からめぼしい昆虫を選び出した。面白い採集法であった。カラバカン（タワウの対岸の村）のキャンプで，熱死した昆虫の中から選び出したミツギリゾウムシを紹介しよう。約1週間分の収穫である。大小28匹も採れた。種類数もかなり多いようである。　　　　　　　　　　（執筆者　平嶋義宏／図の出典　平嶋義宏採集・撮影）

外　国（近隣諸国）

ボルネオ産ヒゲブトアリヅカムシの珍種とその採集地

　本種はボルネオ島北岸のサラワク州Mt. MatangからBriant（1915）によって記載された，やや小型のヒゲブトアリヅカムシである。学名を*Disarthricerus moultoni*という。触角が短く，先端が丸まり，先端に剛毛が叢生している点が本種の特徴である。原記載以来，追加記録はまったく知られていなかったが，2009年，同じくボルネオ島北岸のサバ州から，ハエ目研究者である三枝豊平博士（日本昆虫学会元会長）によって再採集された。上図の写真も三枝博士によるものである。
　　　　　　　　　　　　　　　　　　　　　　　　（執筆者　野村周平／図の出典　三枝豊平博士撮影）

■学名解：属名は（ギ）di- 2つの＋（ギ）arthron 関節＋（ギ）keras 触角，角．種小名は命名者Briantのサラワク旅行をサポートしたMoulton氏に献名．

外　国 (近隣諸国)

 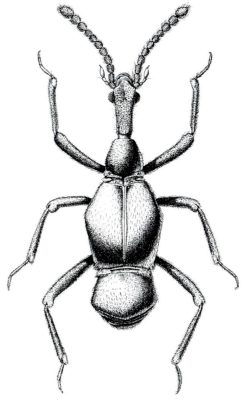

「キリン」と名付けられたアリヅカムシの珍種

　Löbl (1994) により, マレーシアのGenting Highlandから新属新種として記載された。学名を*Awas giraffa*という。アリヅカムシとしては大型で, オノヒゲアリヅカムシ上族のArnylliini族に属する。Arnylliini族は台湾以南の東〜東南アジアに普遍的なグループで, 灯火にもよく飛来する。日本からはまだ本族の記録はない。本属は本種をタイプに記載されたのち, 台湾から*A. shunichii* Nomura, 1995, マレーシアから*A. rajah* Nomura, 2004, 中国南部から*A. sinicus* Yin et Li, 2010, *A. kayan* Yin et Li, 2012, *A. loebli* Yin et Li, 2012が次々と記載された。台湾産の*A. shunichii*は好蟻性種とされている。図の左は*Awas giraffa*のホロタイプ標本（ジュネーヴ自然史博物館蔵）。右は*A. shunichii*原記載時の全形図（Nomura, 1995）。

（執筆者　野村周平／図の出典　野村周平撮影・作図）

　■学名解：属名はマレー語の「Awas（注意）」に由来する．種小名は近代（ラ）giraffaジラフ＝キリン（giraffe）．

外　国（近隣諸国）

奇怪なベニボタルの一種

　1962年の英領北ボルネオのビショップ博物館探検隊の成果の一つで，筆者が密林の山道で地上にいたものを発見，採集し，撮影した。写真はこの奇怪な三葉虫型のベニボタルの腹面を示す。このベニボタルは幼形成熟をする。　　　　　（執筆者　平嶋義宏／図の出典　平嶋義宏採集・撮影）

■**学名解**：*Duliticola* sp. 属名の後節 -cola はラテン語で「〜の住人」の意であるが，前節は（ギ）doulios（奴隷の）+（ギ）itys（輪縁）と推定.

　（注）ベニボタルについては阪口浩平著『図説　世界の昆虫』（1981）の第2巻（78〜81頁）に詳しい解説がある。

外　国（近隣諸国）

異様な姿の熱帯昆虫サンヨウベニボタルの仲間

　サンヨウベニボタル *Dulticola* sp. の仲間は，その巨大な体と異様な姿から，熱帯アジアの珍虫として注目されているが，生態や生活史についてはあまりに未知な部分が多く，分類も進んでいない。本種の雌は，図に示すように巨大で幼虫型をしており，赤と黒のおどろおどろしい姿をしている。一方雄の方は普通の小型のベニボタルの姿で，両翅が発達し，飛び回る生態を持っているという。

（執筆者　野村周平／図の出典　野村周平撮影）

外 国（近隣諸国）

ジャングルに潜む三葉虫の生き残りか

　ベニボタルの一種 *Dulticola* sp. は東南アジアの湿潤な森に行くと頻繁に見かける，古代の三葉虫に似た奇妙な虫である．体長は6〜7 cmほどあり，比較的大型．湿った倒木の上に複数匹で見かけることが多い．しばしば，倒木上に発生する粘菌に口を付けていることがあり，粘菌を専門に食べている虫らしい．こんな外見にも関わらず，これは甲虫の仲間であり，なおかつ雌である．雄は普通のホタルのような姿をしており，非常に小型だ．倒木上に群がる雌を丹念に裏返し，注意深く観察していくと，ごくまれに小さな雄が雌の腹側にへばりついているさまを見ることができるという．マレー半島にて撮影．（執筆者　小松　貴／図の出典　小松　貴撮影）

　■**学名解**：属名 *Dulticola* は（ラ）dulcis 甘い＋（ラ）colo 住む，居住する．Dulci- となるべきものが Dulti- となったミス．

外　国（近隣諸国）

縞模様で枝と一体化，自然のだまし絵

　カミキリの一種*Eucomatocera vittata*はタイの乾燥した季節林で発見された。体長15 mm前後の小型種。体長を超える長い触角を持ち，先端近くには黒い毛の束が花のように密生する。カミキリムシの中には，本種のように触角の表面に毛の束を装う種が多数知られている。餌となる植物や配偶相手を見定める器官かもしれないが，おそらく他にも役割があるのだろう。細いつる性植物の茎に止まって休んでいる。体の細い縞模様は，虫の体の輪郭をぼかし，天敵の目に触れにくくする役目を果たす。　　　　　　　　　　（執筆者　小松　貴／図の出典　小松　貴撮影）

■**学名解**：*Eucomatocera*は（ギ）eu- 良い＋（ギ）kōma, kōmatos 昏睡＋（ギ）keras 触角．種小名*vittata*は（ラ）vittatusの女性形，リボンで飾られた．

外　国（近隣諸国）

青く輝く姿は，敵を牽制する警戒色

　カミキリの一種*Astathes contentiosa*はマレーシアの南部に広がる，薄暗い熱帯雨林で見かけた種。体長15 mmほどの小さなカミキリムシだが，青く光り輝く上翅を持つため，遠くからでもその姿はよく目に映える。翅端の紅色も美しい。有毒なサトイモ科植物，クワズイモの葉裏に最初止まっていたが，同じ環境にこの種とそっくりな外見と大きさのハムシが生息している。双方ともに，クワズイモの葉を食べて毒成分を体内に蓄えている可能性が高い。毒のあるもの同士が互いに姿を似せる「ミュラー型擬態」の関係にあるのかもしれない。

（執筆者　小松　貴／図の出典　小松　貴撮影）

■学名解：属名*Astathes*は（ギ）astathēs 定まらない．種小名*contentiosa*は（ラ）contentiosus喧嘩ずきな，頑固な．

外　国（近隣諸国）

ハチのように舞うが，ハチのように刺さない

　コバネジョウカイの一種 *Ichthyurus* sp. は東南アジアでは比較的広い地域で見かける甲虫で，体長は2 cm程度。ホタルなどの親戚筋にあたる甲虫の仲間だが，その外見は標準的な甲虫とはあまりにも程遠い。本来ならば腹部全体を覆うはずの上翅が，非常に小さくなっているのだ。その小さな上翅の下側に，膜質の下翅が巧みに折りたたまれて隠されている。黄色と黒の色調をしているため，遠目にはハチの仲間のように見えてしまう。実際，ハチのようによく飛ぶため，飛翔中は正体を見定めがたい。おそらく他の昆虫を餌にすると思われるが，詳しい生態は不明。この個体はタイで見た。なお，これに姿の似た5 mm位の小型種は，日本の雑木林でも比較的普通に見られる。

（執筆者　小松　貴／図の出典　小松　貴撮影）

■**学名解**：属名 *Ichthyurus* は（ギ）ichthys 魚＋（ギ）oura 尾．命名の意図は不明．

外　国（近隣諸国）

巨大な糞虫オオサマダイコクコガネ

　筆者はかれこれ30年ばかり前に，シンガポールのホテルの売店でこの巨大な糞虫オオサマダイコクコガネ *Heliocopris dominus* の標本を見て，即座に1万円（だったと思う）で購入した。嬉しかった。この東南アジア産のダイコクコガネは象の糞を丸めてこれに産卵し，幼虫を育てるという習性がある。また，珍虫とよばれるのに相応しい堂々とした大きな姿をしている。かつて温暖な気候の時代にナウマンゾウ（？）について日本にもやってきた。日本からこの仲間の化石が発見されている。　　　　　　　　　　　（執筆者　平嶋義宏／図の出典　平嶋義宏撮影）

■学名解：属名 *Heliocopris* は（ギ）hēlios 太陽＋（ギ）kopros 糞，糞の山．種小名は（ラ）支配者．

外　国（近隣諸国）

ベトナム産ミナミヤンマの新種

　ミナミヤンマ類は大型で美しいトンボであるが，今回ベトナムより記載された新種ベトナムミナミヤンマ（仮称）*Chlorogomphus* (*Nubatamachlorus*) *aritai* の翅の模様は特に素晴しい．これを紹介された枝　重夫博士（2014）に感謝したい．

　　　　　　　　　　　　　　　　　　　　　　　（執筆者　平嶋義宏／図の出典　枝　重夫, 2014）

■学名解：属名は（ギ）chlōros黄緑色の＋ホンサナエ *Gomphus* ＜（ギ）gomphos木釘．味のない命名である．
　亜属名の前節は日本語のぬばたまの（黒い，夜，などにかかる枕詞）から．後節は（ギ）chlōros黄緑色の．
　種小名は日本の人名から．

外　国（近隣諸国）

統率者のいない帝国の木こり

　ノコギリハリアリの一種*Amblyopone reclinata*は体長1 cmくらいの，比較的大型のアリ．東南アジアに広く分布し，薄暗い森の中に転がる石や倒木下に営巣する．肉食性の獰猛なアリで，他の生きた土壌生物を襲う．その名のとおり，ノコギリの歯のようにギザギザした大顎で，自分よりもはるかに大きな獲物に食いつき，毒針で刺し殺すのだ．このアリには女王というカーストが存在せず，働きアリたちが少しずつ卵を産んでコロニーを維持しているようである．なお，日本にも体長わずか3〜4 mm程度ながら，ノコギリハリアリの仲間が分布する．これらには，ちゃんと1コロニーにつき1匹の女王が存在する．フィリピンにて撮影．

（執筆者　小松　貴／図の出典　小松　貴撮影）

■学名解：属名*Amblyopone*は我が国にも産する．（ギ）amblys鈍い，刃のとれた＋ヒメハリアリ属*Ponera*＜（ギ）ponēros労の多い，役に立たない．種小名は（ラ）reclinatusの女性形，傾斜した，もたれた．

外　国（近隣諸国）

集団で巣を防御するクロトゲアリ

　フィリピンはパラワン島での出来事である。灌木のかなり高い部分の枝に大きな丸い巣があった。アリの巣である。同様に木の上に営巣するエコフィラ（ツムギアリ）とは違う。アリを採る前に先ず写真を一枚（上図）。そしてもっと詳しく観察しようとして枝を引き寄せたら、巣も動いた。スワ大変と中にいた無数のアリが飛び出してきて、巣の表面をぎっしり埋めつくした（下図）。巣の防御態勢をとったわけである。　　　（執筆者　平嶋義宏／図の出典　平嶋義宏撮影）

　■**学名解**：このアリはクロトゲアリの一種で*Polyrachis* sp.である．属名は（ギ）polys多い＋（ギ）rhachis棘．時に*Polyrhachis*とも綴られる．

313

外 国（近隣諸国）

タイのコミツバチとその巣

　コミツバチ*Apis florea*はミツバチの仲間*Apis* spp.では一番小さく，カラフルなので花の上でもよく目立つ。東南アジアに広く分布する。コミツバチの大きな特徴の一つは，花の上で蜜を吸い，花粉を集めるときに，翅を背の上にたたむ，ということである。写真にもよく示されている。ニホンミツバチやセイヨウミツバチには見られない習性である。

　コミツバチの巣は丸くて小さい。可愛らしい巣である。チェンマイのマーケットで蜜の一杯たまった巣を売っていた。これを買って蜂蜜の味を試さなかったのは筆者の大きな失敗であった。

（執筆者　平嶋義宏／図の出典　平嶋義宏撮影）

■学名解：属名はラテン語でミツバチ，種小名はラテン語で花のという意味．

外　国 (近隣諸国)

北ボルネオのチビアシナガバチの巣

　葉の裏に膜をはって営巣していたチビアシナガバチの一種*Ropalidia* sp.の巣を採集した。英領北ボルネオ（現マレーシアのサバー州）の東岸タワウの町の民家の近くのことであった。試みに巣の膜を剥してみた（下図）。見事な円形の巣が現れた。同時にハチが四散した。

（執筆者　平嶋義宏／図の出典　平嶋義宏採集・撮影）

■**学名解**：属名は（ギ）rhopalon 棍棒，杖＋近代（ラ）oideus の女性形，〜の形の．

外　国 （近隣諸国）

集団で夜を過ごすのは楽しい

　1962年の夏，英領北ボルネオのカラバカンのフォレスト・キャンプでの出来事。ある夜ふと気がついたら，垂れた小包紐にハチが一杯止まっていた。同じ *Sphex* 属のジガバチが20匹あまり，集団で夜を過ごしていたのである。愛らしいことこの上なし。朝までこの姿であった。

（執筆者　平嶋義宏／図の出典　平嶋義宏撮影）

■学名解：属名はギリシア語でジガバチのこと．

外　国（近隣諸国）

オオミツバチの巣の1例

　オオミツバチはミツバチ類では最大の種類で，胸部に黒い毛が密生するので簡単に見分けがつく．我が国にはいないが，東南アジアには普通である．木の枝や建物の壁などにむき出しの大きな巣を作る．ハチの塊，といった感じである．

　この写真と次の写真（オオミツバチの巣の本体（育児巣板）の前面と側面）は筆者がバングラデシュのダッカに滞在（1989年）した時にバングラデシュ農業大学院（ダッカ）の構内で撮影したものである． (執筆者　平嶋義宏／図の出典　平嶋義宏撮影)

■学名解：*Apis dorsata*の属名はラテン語でミツバチの意．種小名は「背の，背に特徴のある」の意で，dorsatusの女性形．dorsum（背）由来の形容詞．

外　国（近隣諸国）

オオミツバチの巣の本体（育児巣板）とオオミツバチ

　1万匹近い働き蜂が共同で作りあげた巣の本体（育児巣板の前面と側面）と，これを作りあげたオオミツバチの働き蜂（玉川大学発行の絵葉書より）を示す。巣の本体にいた働き蜂はすべて払い除けてある。この本体には無数の育房（幼虫を育てる部屋）と蜜を貯め込む部屋と女王を育てる部屋がある。個々の育房と貯蜜房はすべて六角形で，その集合体をハニーカム構造という。巣の本体はすべて働き蜂が分泌した蜂蝋（beeswax）からできている。このロウにもいろいろな用途がある。ミツバチが生産するものに捨てるものはない。なお，ハニーカム構造を応用したものに自動車のラジエーターがある。　　（執筆者　平嶋義宏／図の出典　平嶋義宏撮影）

　■**学名解**：オオミツバチ *Apis dorsata* の属名は（ラ）ミツバチ．種小名は（ラ）背の，背に特徴のある．

外　国（近隣諸国）

世界最大と最小のクマバチ

　ここに示した世界最大のオオヒラアシクマバチ *Xylocopa latipes*（上図と下図）と最小のコビトクマバチ（新称・左図）*Xylocopa* sp. はすでに筆者が『月刊むし，467号』（2010）に紹介したものであるが，珍虫の類であるから，ここに再録する。写真のセイヨウミツバチ（右図）は大きさの比較のために挿入したものである。大きいクマバチはマレーシア産，小さいのはパプアニューギニア産で，筆者が捕獲したもの。　　　　（執筆者　平嶋義宏／図の出典　平嶋義宏, 2010）

　■学名解：属名は（ギ）木を切り刻むもの，種小名は（ラ）幅広い足の．

外　国（近隣諸国）

オオヒラアシクマバチの雄の変形された脚

　世界最大と最小のクマバチに示したオオヒラアシクマバチの雄の脚の附節（上は前脚，下は後脚）を示した．見事に変形されているが，これは交尾のときに雌をしっかり捉まえるためのものであろう．

（執筆者　平嶋義宏／図の出典　平嶋義宏, 2010）

外　国（近隣諸国）

ミツバチの飼育籠，東洋と西洋の違い

　野外でのミツバチの飼育籠は国によって大きな違いがある。東洋では円筒形に彫りぬいた大きな木の幹をつかう。これを縦にしたり（韓国），横にしたり（台湾）して，林の中や軒下などに置く。しかしポーランドではスゲなどの乾燥した茎を円筒形に織って使う。これにはかなりの技術がいる。右の写真2枚は日本であった国際養蜂学会大会でのスナップである。左2枚は韓国の大邱市近くの山林中で平嶋が撮影したもの。

（執筆者　平嶋義宏・阿部正喜／図の出典　平嶋義宏撮影）

外　国（近隣諸国）

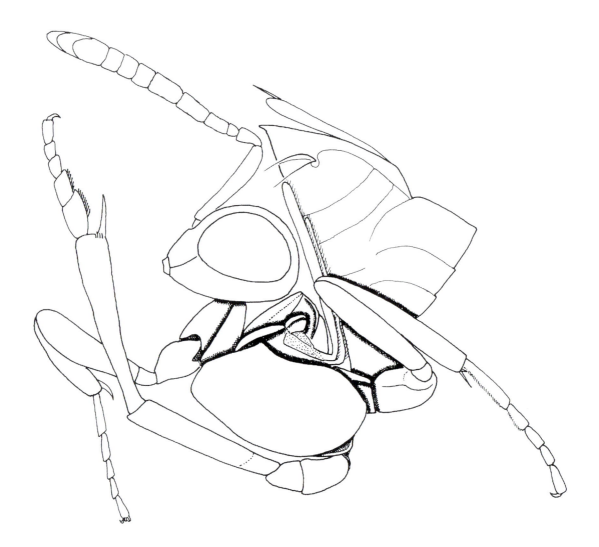

アジアのタマゴバチの珍種

　ここに図示したのは韓国産のタマゴバチの一種 *Anastatus* sp.（ナガコバチ科）である。
　雌は中脚を使ってジャンプするため中胸側板が大きく発達するが，雄の中胸は普通で特殊化しないため，一見するとまったく別の仲間に見える。全身淡い金属光沢を帯びるものが多く，美しい。カメムシ類やチョウ，蛾の仲間の卵に寄生する。本項執筆については山岸健三博士にいろいろ教示を受けました。記して謝意を表します。

(執筆者　三田敏治・平嶋義宏／図の出典　山岸健三原図)

■学名解：属名は（ギ）anastatos 追放された，破壊された．

外　国（近隣諸国）

奇抜な頭をしたハエの一種

　1962年にビショップ博物館の探検に参加し，英領北ボルネオの原生林の周辺で採集した珍奇なハエ．その頭の形に驚いた．左右に張り出した頭の先端に複眼があるが，複眼はふくらんでいない．　　　　　　　　　　　　　　　　　（執筆者　平嶋義宏／図の出典　平嶋義宏採集・撮影）

　■学名解：属名は *Achias* もしくはその近縁属と推定．属名 *Achias* は（ギ）achiastos の末尾の3字をカットした造語．対角線に配置されていない，の意．ヒロクチバエ科 Platystomatidae に所属する．科名の意味は次頁参照．

外　国（近隣諸国）

ヒロクチバエ科の一種

　頭が左右にのびたハエは天下の奇虫といえる。筆者は英領北ボルネオで自ら採集したり，博物館の所蔵標本を見たり，Séguy（1950）のモノグラフで図を見たりして，親しみを覚えている。写真はワウ生態学研究所（パプアニューギニア）の所蔵標本を写したもの。左が雌，右が雄である。
（執筆者　平嶋義宏／図の出典　平嶋義宏撮影）

■**学名解**：ヒロクチバエ科 Platystomatidae は *Platystoma*（ギリシア語で，広い口，の意）をタイプとする科名．

外　国（近隣諸国）

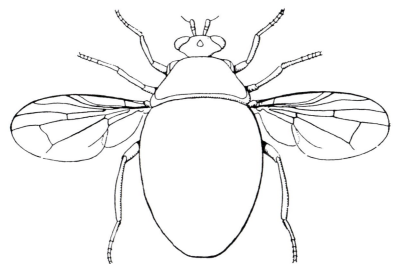

珍奇なヨロイバエ

　英領北ボルネオ（現サバー州）の探検（ビショップ博物館）に参加し，フォレスト・キャンプの近くの山道で，採集したもの．吸虫管に入れた時，テントウムシの一種と思った．しかし管の中をピョンピョンと跳ねまわるので，可笑しな虫だな，と思った．正体はヨロイバエであった．台湾にもいるとはGressitt博士の教え．

（執筆者　平嶋義宏／図の出典　平嶋義宏採集・撮影．下段の図はE. Séguy, 1950）

■**学名解**：インド・スマトラに分布するルリヨロイバエ *Spaniocelyphus scutatus* と同種もしくは近縁種．この属名はギリシア語原で「滅多にない鞘」の意＜spanis + kelyphos. 面白い表現と命名である．種小名は(ラ)盾を持った．

外　国（近隣諸国）

シロアリになったハエ

　シロアリの巣内には，多様な分類群の昆虫が勝手に居候している。面白いことに，それらの中にはシロアリとは縁もゆかりもない分類群にも関わらず，外見がシロアリじみたものがいくつもいるのだ。シロアリは視力を持たず，仲間の存在を認知する手がかりに「相手の体表の触感」を利用している。シロアリは，自分たちのものとは違う手触りのものを異物として巣から排除する性質を持つため，各種の居候昆虫たちは自身の肌の質感，はては体型までシロアリに似せるのだ。このシロアリノミバエ *Clitelloxenia formosana* もそうした手合いの一つで，ハエなのに翅はなく飛べない。そして腹部はふくらみ，その様はシロアリの幼虫そっくり。羽化直後はもっとしぼんでおり，周囲のシロアリが体から放つ化学成分に反応して膨らむらしい。なお，この姿になるのは雌のみで，雄は翅のある普通のハエというが，発見例はほぼない。台湾に産する。写真は日本の八重山諸島産の個体。　　　（執筆者　小松　貴／図の出典　小松　貴撮影）

■学名解：属名 *Clitelloxenia* は（ギ）kleitos 名だたる，立派な＋縮小辞 ella ＋（ギ）xenos よそ者，客人．面白い構成であるが，この属名の解読には熟練を要する．種小名 *formosana* は近代（ラ）台湾の．

外　国（近隣諸国）

珍希なバッタの一種

　英領北ボルネオ（現サバー州）の山道で落ち葉の上にいたものを採集し，撮影した。極めて扁平で，体色といい形といい，落ち葉そっくりである。これも見事な擬態である。

（執筆者　平嶋義宏／図の出典　平嶋義宏採集・撮影）

■学名解：学名不詳．

外　国（近隣諸国）

警戒色を持つカマキリ

　カマキリは擬態で身を隠すものもあれば，このような警戒色を持つものもある。図示したカマキリは変わり者的存在といってよい。英領北ボルネオの東部の町タワウの郊外で採集，撮影した。
（執筆者　平嶋義宏／図の出典　平嶋義宏採集・撮影）

■**学名解**：学名不詳．

外　国（近隣諸国）

珍希なカマキリ3種

　英領北ボルネオ（現サバー州）で1962年に採集し，撮影したもの。この3種のカマキリはそれぞれ見事な擬態をしている。　　　　　　　　　　（執筆者　平嶋義宏／図の出典　平嶋義宏採集・撮影）

　■学名解：学名不詳．ただし，右端のものはカレハカマキリ *Deroplatys* sp. 333頁の写真を参照されたい．

外　国（近隣諸国）

珍希なカマキリの一種

　英領北ボルネオ（現サバー州）の山道の落ち葉の上にいたもの（上図の中央）とその正体（下図）。1962年のビショップ博物館探検隊に参加したときの収穫。枯れ枝に見事に擬態している。あるいは棒状のナナフシに擬態しているのかもしれない。前脚の「鎌」が弱々しい。

（執筆者　平嶋義宏／図の出典　平嶋義宏採集・撮影）

■学名解：学名不詳.

外　国（近隣諸国）

宇宙からやってきたエイリアンの落とし子

　カマキリの一種 *Ceratocrania macra* は東南アジアで広く見られる。体長こそせいぜい5〜6 cm 程度と，日本のオオカマキリよりは遥かに小型の種であるが，その外見は我々の慣れ親しんだカマキリのそれとは大いに趣を異とする。細身の体から生える短めの脚には，枯れ葉のくずのような飾りがついている。そして，頭部の先端からはまるでユニコーンのような一本の角がそそり立っており，まるで宇宙の怪物にも似た風貌だ。この姿で枯れ草の多い茂みに静止していると，うまく周りの景色に溶け込んでしまい，発見は至難である。また，このような姿にも関わらず，活発に飛び回る。この個体はタイの季節林で見つけた。

（執筆者　小松　貴／図の出典　小松　貴撮影）

■**学名解**：属名 *Ceratocrania* の構成は（ギ）kerato- 角の＋（ギ）kranion 頭．種小名 *macra* は（ギ）makros の女性形，長い．

外　国（近隣諸国）

残忍なる麗しの一角獣

　ツノカマキリの一種 *Ceratomantis saussurii* をタイの季節林で見た．体長わずか2 cm程度の小型種ながら，なかなか奇怪な風貌をしたカマキリである．全身がまるでトゲだらけのような風貌をしており，なおかつ頭頂部には一本のツノが生えている．白い清楚な体色もあいまって，まるで伝説の動物ユニコーンを髣髴とさせる．しかし，その実態はあくまでも獰猛なカマキリであり，近づく他の小昆虫を容赦なく捕らえて食べてしまう．このカマキリは，雄ならば夜間灯火に数多く飛来するのだが，雌はほとんど飛来しない．写真のような雌に野外で出会うのは，ほぼ偶然によるほかない．タイにて撮影．　　　　　（執筆者　小松　貴／図の出典　小松　貴撮影）

■学名解：属名は（ギ）keras, 属格 keratos 角＋（ギ）mantis カマキリ, 予言者. 読んで字の如くツノカマキリ. 種小名は人名由来.

外　国（近隣諸国）

静かに踊る，ジャングルの歌舞伎役者

　カレハカマキリ *Deroplatys lobata* は東南アジアのジャングルに生息する，有名なカマキリ。全身が茶褐色のくすんだ枯葉色で，脚にも枯葉のくずらしき飾りを付けているため，落ち葉の上に止まっていると簡単には存在に気付けない。しかし，そんな巧みな隠ぺい擬態も，時には天敵にばれて見つかってしまうことがある。そんな時，カレハカマキリは最後の手段として，相手を脅す手段にうったえる。普段は隠している後翅を広げて，その大きな目玉模様を相手に見せつける。さらに，前脚のカマを振り上げて，悪鬼のような形相となる。一度この体勢をとると，数分間は解かない。マレー半島にて撮影。　　　（執筆者　小松　貴／図の出典　小松　貴撮影）

　■学名解：属名 *Deroplatys* は（ギ）derē 頸．後節は（ギ）platys 幅広い．種小名 *lobata* は（ギ）葉（よう）のあるもの．植物学では lobatus を浅裂した，と用いている．

外　国（近隣諸国）

北ボルネオの美しい珍虫

　1962年の英領北ボルネオでのフォレスト・キャンプは楽しかった。来る日も来る日も新顔の昆虫と出会えたからである。ここに示すのは大型のクツワムシ（？）の仲間である。多分，夜にはこの虫の鳴き声を聞いていたはずである。

（執筆者　平嶋義宏／図の出典　平嶋義宏採集・撮影）

■**学名解**：学名不詳．

外　国（近隣諸国）

北ボルネオの密林中を行進中の黒いシロアリ

　筆者は1962年の夏に英領北ボルネオでビショップ博物館の探検隊の一員として7ヶ月を過ごした．非常に貴重な体験をした．その中でここに示す黒いシロアリの行列には驚いた．延々と数時間（筆者の観察は2時間）続いた．一体筆者の目の前を何万匹のシロアリが移動したのであろうか．隊列の外側には兵蟻がいて，行列の乱れるのを防ぎ，また，外敵に備えていた．

　このシロアリはコウグンシロアリという．東南アジアには*Lacessitermes*，*Longipeditermes*と*Hospitalitermes*の3属がいる．すべてテングシロアリ亜科にいる．コウグンシロアリは日中に野外で採餌活動を行うので，紫外線から身を守るためにメラニンなどの色素を持つので，色が黒いという．

　熱帯降雨林での自然の落葉は膨大な量であるが，その約3分の1はシロアリによって食べられる，と推定されている．シロアリは世界中に約2,000種が知られ，東南アジアの熱帯にも多数の種類がいる．我が国でシロアリといえば害虫という観念が強いが（例えばイエシロアリ），世界的にみれば実は大益虫である．コウグンシロアリの採餌活動については三巻和晃・竹松葉子（2012）『シロアリの事典』（海青社）に詳しい．

（執筆者　平嶋義宏／図の出典　平嶋義宏撮影）

　■学名解：属名の後節の-termesはシロアリの意．前節*Lacessi-*は（ラ）lacesso挑発する，駆り立てる．前節*Longipedi-*は（ラ）長い足の．前節*Hospitali*は（ラ）hospitalis客の，もてなしのよい．

外　国（近隣諸国）

おしゃれな羽虫は騙しのプロ

　ミズタマヘビトンボ*Neurhermes selysi*をタイの川べりに広がる草原地帯で見た。ヘビトンボ類は日本でも見られるが，この種は黒地に丸い水玉模様の散らばった美しい翅を持っている。日本のヘビトンボ類はみな夜行性なのに対し，この水玉模様の黒いヘビトンボは日中に積極的に活動する。同じ地域に，翅の黒い有毒のマダラガが生息しており，このガも同じく日中に活動する。おそらく，ヘビトンボはマダラガに擬態するために日中活動しているのかもしれない。

（執筆者　小松　貴／図の出典　小松　貴撮影）

■学名解：属名の*Neurhermes*は（ギ）neuron 筋，繊維＋ギリシア神話の神ヘルメース Hermēs．（注）アミメカゲロウ目のヘビトンボ属を*Protohermes*という．（ギ）prōtos 最初の，第一の＋ hermes. 種小名 *selysii* は Selys 氏に因む．トンボ学者に男爵 E. de Selys-Longchamp がいる．

外　国（近隣諸国）

歩き，跳ねる緑の木の葉

　コノハバッタ *Systella* sp. は東南アジアのジャングルに生息するバッタの仲間で，似た種がいくつか知られている．薄暗い森林内の，比較的地表に近い茂みで見かけることが多い．日本のオンブバッタのように頭が三角形に尖っているが，翅は幅がずっと広い．形が樹木の葉に似ているだけでなく，多少虫が食ったり枯れたような模様もあるため，動かない限りはまず存在に気付くことはないであろう．しかし，人間が近寄るとすぐ跳ねて逃げようとするため，巧みな隠ぺい擬態の容姿をしている割には，意外と簡単に見つけられる虫である．タイにて撮影．

（執筆者　小松　貴／図の出典　小松　貴撮影）

■学名解：属名は（ギ）systellō 由来．縮める，また，しっかりと覆い包む．

外　国（近隣諸国）

驚いて泡を吹く，美しいバッタ

　バッタの一種 *Aularches miliaris* は東南アジアに分布する，日本のトノサマバッタほどの大型種である。草原というよりは，少し森が残っているようなエリアで見かけることが多い。このバッタは色彩がとても派手で，特に水玉模様を背負った翅がよく目に映える。バッタにおいて，こうした派手な色彩を持つ種というのは，多少とも体内に毒を持つことをアピールしているものである。試しにこのバッタを手づかみすると，突然胸部からブクブクと石鹸のような泡を吹きだす。匂いを嗅ぐと，何とも食欲をそそらない，苦々しい悪臭がする。このバッタは派手な色彩により，自分は味がよくないから食べるなと周囲に警告しているのだ。襲われる機会が少ないせいか，本種はバッタとしては動きが鈍い。カンボジアにて撮影。

（執筆者　小松　貴／図の出典　小松　貴撮影）

■学名解：属名は（ギ）aulos 笛，管楽器＋（ギ）archē 初め，最初．種小名は（ラ）miliarius（キビのような）の変形．

外　国（近隣諸国）

高速で駆け抜ける，ジャングルのテントウゴキブリ

　テントウゴキブリ *Sundablatta sexpunctata* はマレー半島の熱帯雨林に見られる，小型の愛らしいゴキブリ。成虫でも体長1 cmを超えない。湿った倒木の表面に生息しており，夜になると隠れ家である樹皮の隙間から出てくる。動きはとても俊敏で，脅かすとすぐにどこかへ走り去ってしまう。体にはテントウムシのように斑紋が散らばっており，ぱっと見た瞬間，甲虫のような印象を受ける。熱帯にすみ，体に赤い斑紋を持つ小型の甲虫は，たいてい何らかの忌避成分を体に持っている。そうした甲虫に似せることで，外敵に襲う気をなくさせているのかも知れない。

（執筆者　小松　貴／図の出典　小松　貴撮影）

　■学名解：属名 *Sundablatta* は近代（ラ）スンダ列島のゴキブリ，の意．種小名 *sexpunctata* は（ラ）六つの斑点のある．

外　国（近隣諸国）

マレーシアのセミ

　北ボルネオ（現サバー州）の密林では，夕方6時に日が沈むと，セミの大合唱が始まる。凄い迫力である。それは約30分続く。写真のセミ *Platylomia spinosa*（林　正美博士同定）もその一員であろう。筆者は1962年の夏に北ボルネオのジャングルでそれを体験した。実に貴重な経験であった。
　　　　　　　　　　　　　　　　　　　　　（執筆者　平嶋義宏／図の出典　Wild Malaysia, 1990）

　■学名解：属名は（ギ）platys 幅広い＋（ギ）lōma へり．種小名は（ラ）とげのある．

外　国（近隣諸国）

漆黒のマントを身にまとう歌い手

　キエリクマゼミ *Tacua speciosa* はボルネオのジャングルで見られた，大型で異様な雰囲気のセミ。全身ほぼ漆黒の姿で，前胸の後縁には目の覚めるような蛍光色の黄色ないし黄緑色の帯が入っている。東南アジアの熱帯雨林では，このように黒を基調として赤や黄色の派手なスポットの入ったセミが多数種知られている。これらは体内に毒成分を蓄えているらしく，鳥などの捕食動物には好んで食べられない。飛ぶ姿は，同じ場所に生息している大型のアカエリトリバネアゲハに似通っている。普段は高い樹冠部にいるため姿を見にくいが，夜間灯火に飛来した個体を間近に見られる場合がある。　　　　　　　（執筆者　小松　貴／図の出典　小松　貴撮影）

　■学名解：属名は「太鼓」という意味で，中国語由来（林　正美博士の教示）．種小名は（ラ）speciosus の女性形，美しい，立派な．

外　国（近隣諸国）

二種類の音を出すセミ

　セミの雄は腹部にある発音器で鳴くが，中胸背に副発音器を持ち，前翅基部と擦り合わせて短い断続音を発するものが知られる．副発音器は雌雄にあるので，雄では二通りの音を出し，雌もそれに応答して鳴く．南アメリカのチリを中心にこのようなセミが多く知られるが，中国の黄河流域の乾燥地に局所的に生息するセミ，*Subpsaltria yangi* も同じ発音行動をする．写真は中国産．　　　　　　　　　　　　　　　　　　　　（執筆者　林　正美／図の出典　林　正美撮影）

■**学名解**：属名 *Subpsaltria* は（ラ）sub- 下に，〜に近い＋（ギ）psaltria 女性のハープ奏者．種小名 *yangi* は人名由来．

外　国（近隣諸国）

ザリガニのようなハサミを持つカメムシ

　カニバサミサシガメ（新称）*Carcinocoris binghami*はサシガメ科のヒゲブトサシガメ亜科に属する。前脚がいろいろな形に発達し，多くはカマキリのような捕獲脚となる。しかし一部では，甲殻類のハサミと同じように変化したものが知られる。前脚はもはや歩行の機能は失っている。産地はインドシナと中国雲南省。　　　　　　（執筆者　林　正美／図の出典　林　正美撮影）

■学名解：属名 *Carcinocoris* は（ギ）karkinos カニ（蟹）+（ギ）koris カメムシ．種小名 *binghami* は Calonel Bingham 氏に因む（推定）．

外　国（近隣諸国）

チェンマイ（タイ）の路頭のタイワンタガメ売り

　タイではかなりの種類の昆虫を食べる。その中でタイワンタガメ *Lethocerus indicus* は最も評判がよい。路頭で茹でたタガメをざるに入れて売っている。このタガメの匂いをとってソースとして食物の味付けに使うのである。現地の人は，爪楊枝を尻から差し込み，引き抜いて匂いを嗅ぎ，品定めをする。非常に面白い光景であった。左上は瓶詰めのタガメソース。筆者はチェンマイの料理店で，カエルの皮をからからに干し上げた干物を，このタガメのソースで食べた。結構な味であった。日本ではさぞかしいかもの食いであろう。このタガメ（実はタイワンタガメ）は水田の灯火採集で大量に集める。　　　　　　　　　　（執筆者　平嶋義宏／図の出典　平嶋義宏撮影）

■**学名解**：属名は（ギ）lethō = lanthanō 気付かれない＋（ギ）keras 触角．種小名は（ラ）インドの．

外　国（ニューギニア・ソロモン諸島）

パプアニューギニアの豪華美麗蝶2題

　トリバネアゲハ類はニューギニアの大型の豪華美麗蝶であるが，特にその雄は美しい．上段の写真はゴライアストリバネアゲハ*Ornithoptera goliath*の雄である．下段の写真は花の蜜を吸いにきたプリアモストリバネアゲハ*Ornithoptera priamus*の雄である．共にワウ生態学研究所の標本（上）と構内での筆者の撮影． （執筆者　平嶋義宏／図の出典　平嶋義宏撮影）

■**学名解**：属名は（ギ）鳥の翼．種小名は前者が聖書のゴリアテGoliath．ダビデに殺されたペリシテ人の巨人．後者がギリシア神話のプリアモスPriamos．トロイア最後の王．

外　国（ニューギニア・ソロモン諸島）

奇妙な尾状突起を持ったトリバネアゲハ

　写真はニューギニア産のヒレオトリバネアゲハ*Ornithoptera meridionalis*の雄である。独特の翅形を持ち，かつ採集された個体も少ないので，トリバネアゲハの中では最珍種として知られている。この尾状突起が何の役に立っているのか不明であるが，シジミチョウの一部のもののように，これを振動させて天敵（鳥）に頭部の触角のように見せているのかも知れない。

（執筆者　江田信豊／図の出典　江田信豊撮影）

■学名解：種小名は（ラ）南の．

外　国（ニューギニア・ソロモン諸島）

見事なゴライアストリバネアゲハ

　豪華美麗蝶の名に恥じないゴライアストリバネアゲハ*Ornithoptera goliath*の雌雄の写真をお目にかけることは筆者の喜びである。雄の前翅は通常メタリックグリーンであるが，この雄（写真上）は全体が黄金色に輝く。前々頁の写真と比較されたい。ニューギニア産。

（執筆者　江田信豊／図の出典　江田信豊撮影）

▰学名解：属名は（ギ）ornis（連結形 ornitho-）鳥＋（ギ）pteron 翅．種小名は聖書にでてくるゴリアテ Goliath に因む．ペリシテ族の巨人．

外　国（ニューギニア・ソロモン諸島）

ソロモン諸島特産のトリバネアゲハ

　ソロモン諸島の特産ビクトリアトリバネアゲハ*Ornithoptera victoriae*はイギリスの女王Victoriaに奉献されたもので，写真はその雄である。7亜種に分けられている。このトリバネアゲハは赤いものに集まる習性があり，採集には赤いネットを使用するとよい，と言われている。

（執筆者　江田信豊／図の出典　江田信豊撮影）

外　国（ニューギニア・ソロモン諸島）

アオスジアゲハの仲間の最珍種ミークタイマイ

　ミークタイマイ *Graphium meeki* の分布はソロモン群島に限定されており，非常に稀な種類である。和名と種小名はアレクサンドラトリバネアゲハを発見した採集家ミーク氏に献名されたもの。

（執筆者　江田信豊／図の出典　江田信豊撮影）

■学名解：属名は（ギ）graphē 絵画＋（ギ）縮小辞 -ium. 愛らしい絵，の意.

外　国（ニューギニア・ソロモン諸島）

天下一品の奇妙な形の蝶の蛹

　ここに示すパプアニューギニアのタテハチョウ *Vindula arsinoe* の雄はありふれた蝶のように見えるが，実はその蛹（右下）は実に奇妙な形をしていて，世界に類をみない。これは枯れ葉に擬態したものと考えられている。天下一品である。

（執筆者　平嶋義宏／図の出典　Papua New Guinea Butterflies, 1983）

■ 学名解：属名は（ラ）vindex（保護する人）の縮小形（-ula は縮小辞）．種小名は（ギ）エジプトの Ptolemaeus 家に多い女性名．

外　国（ニューギニア・ソロモン諸島）

パプアニューギニアのアオスジアゲハ属4種

　アオスジアゲハ属は南太平洋に広く分布し，種分化も激しい．上図にはパプアニューギニア産の4種を示した．　　　　　　　　　　　　　　（執筆者　平嶋義宏／図の出典　平嶋義宏撮影）

■学名解：上段左：*Graphium* sp. 属名はギリシア語原で「愛らしい絵」の意で，graphēの縮小形．
　　　　　上段右：*Graphium aristeus* と推定．種小名は「最も優れた人」という意味で，ギリシア語のaristeus由来．
　　　　　下段左：ミイロタイマイ *Graphium weiskei* の種小名は人名由来．詳細不明．
　　　　　下段右：コモンタイマイ *Graphium agamemnon* の種小名はギリシア伝説のアガメムノーンに因む．Atleusの子で，Menelausの兄弟．トロイア戦争におけるギリシア軍の総帥．

外　国（ニューギニア・ソロモン諸島）

パプアニューギニアのアレクサンドラトリバネアゲハ

　雄（上）の翅型と模様は特徴的。世界最大の蝶とも言われる。パプアニューギニアの南東部に分布する。下図は雌。　　　　　　　　　　　　　　　（執筆者　平嶋義宏／図の出典　平嶋義宏撮影）

　■学名解：*Ornithoptera alexandrae* の属名は既述のように「鳥の翼」の意．種小名はギリシア伝説のカッサンドラ Cassandra（トロイアの王 Priamus の娘）の別名 Alexandra に因む．

外　国（ニューギニア・ソロモン諸島）

プリアモストリバネアゲハの老熟幼虫

　あの豪華美麗なプリアモストリバネアゲハとは似ても似つかぬ幼虫の姿である。ワウ生態学研究所にて飼育中のものを撮影。　　　　　　　　　　　（執筆者　平嶋義宏／図の出典　平嶋義宏撮影）

外　国（ニューギニア・ソロモン諸島）

南太平洋を代表するオオルリアゲハ

　南太平洋に広域分布するこのアゲハチョウは実に美しい。森を飛んでいると，キラッキラッと輝いて人目をひく。翅表の金属光沢の青藍色（左）と翅裏の黒（右）が交互に見える。すなわちフラッシュ効果を示す。　　　　　　　　　　（執筆者　平嶋義宏／図の出典　平嶋義宏採集・撮影）

■**学名解**：*Papilio ulysses* の属名は誰でも知っている「蝶」という意味で，ラテン語の papilio を用いたもの．言わずと知れたリンネの命名である．種小名は古代ギリシアの大叙事詩『オデュッセイア』(Odysseia) の主人公オデッセウスのまたの名ユリシーズ Ulysses を採用したもの．

外　国（ニューギニア・ソロモン諸島）

トリバネアゲハ *Ornithoptera* の雌雄型

　蝶の雌雄型gynandromorphは蝶のコレクターに珍重されるが，特にトリバネアゲハの雌雄型は雌雄の翅の色と形が顕著に違うので特に注目される。珍品の部類のこの写真を楽しんでいただきたい。　　　　　　　　　　　　　　　　　　　　（執筆者　平嶋義宏／図の出典　遠藤俊次氏撮影）

■**学名解**：ポセイドーンメガネトリバネアゲハ*O. priamus poseidon*. 種小名のプリアモスPriamosはトロイアの王ラーオメドーンの子．トロイア戦争の時のトロイア王．亜種小名のポセイドーンはゼウスに次ぐオリュンポスの神．クロノスとレアーの子．

外　国（ニューギニア・ソロモン諸島）

パプアニューギニアのカザリシロチョウ2種

　ニューギニアはカザリシロチョウの宝庫である。山間の渓流をのぞくと，たいていカザリシロチョウが吸水に訪れている。　　　　　　　　　　（執筆者　平嶋義宏／図の出典　平嶋義宏撮影）

■学名解：1と2：*Delias niepelti*. 属名は（ギ）デーロスの女，の意で，ディアーナ女神のこと．種小名は人名由来．委細不詳．1は裏面．
　　　　　3と4：*Delias isocharis*. 種小名は（ギ）等しく美麗な．3は裏面．
　　　　　共に矢田　脩教授同定．感謝します．

外　国（ニューギニア・ソロモン諸島）

パプアニューギニアのシジミチョウ2種

　非常に特徴的な色と模様を持つシジミチョウである。1は*Thysonotis danis*，2は*Thysonotis phroso*という。
（執筆者　平嶋義宏／図の出典　平嶋義宏撮影）

■**学名解**：属名は（ギ）thysonōtos縁飾りのある．種小名*danis*は（ギ）danos（贈り物）に由来．種小名*phroso*は語源不詳．

外　国（ニューギニア・ソロモン諸島）

蛾にもいろいろ

東南アジアとニューギニア産の蛾4種を示した。蛾の多様性の一端がわかる。
1：オオスカシバモドキ *Cocytia durvillii*，ニューギニア産。
2：フサオクチバ *Iontha acerces*，ボルネオ産。
3：キボシルリニシキ *Amesia sanguiflua*，ベトナム産。瑠璃色の美しい翅に斑点や血流がある。
4：オナシアゲハモドキ *Epicopeia battaka*，スマトラ産。一見して蝶のようである。

（執筆者　平嶋義宏／図の出典　ESI, 2003）

■学名解：1：属名は人名由来．詳細不明．種小名も人名由来．委細不明．
　　　　2：属名は（ギ）ionthas毛のもじゃもじゃした（野生の牝山羊の形容詞）．種小名は（ギ）a-強意の接頭辞＋（ギ）kerkos尾．図に見るように，尾端は長く伸びて膨らんでいる．
　　　　3：属名は（ギ）amēs乳菓子＋接尾辞-ia．種小名は（ラ）sanguis血＋（ラ）fluo（液体が）流れる．
　　　　4：属名は（ギ）epi-〜の上に＋（ギ）kopē切り刻むこと＋接尾辞-ia．種小名は多分この蛾の現地名．

外　国（ニューギニア・ソロモン諸島）

蝶に似た蛾の一種

　Mackay著のPapua New Guinea Flora & Faunaは60頁の小冊子であるが，かなり多数の珍鳥，珍獣や珍虫などが図示されていて，見応えのある本となっている。ここには蝶に似た蛾の一種 *Nyctalemon patroclus* を転用した。この蛾は明快な白の斑紋を持つ。パプアニューギニアの低地に普通で，灯火に飛来することが多い。　　　　　　　（執筆者　平嶋義宏／図の出典　R. Mackay, 1986）

　■学名解：属名は（ギ）夜の放浪者，の意＜nyx, nyktos夜＋alēmōn放浪者．種小名はギリシア伝説のパトロクルスに因む．アキッレースの親友で，ヘクトールに殺された．

外　国（ニューギニア・ソロモン諸島）

パプアニューギニアの白い蛾の一種

白い翅と黒い縁取りが対照的な蛾。ワウ生態学研究所の所蔵品。学名不詳なのが気になる。
（執筆者　平嶋義宏／図の出典　平嶋義宏撮影）

外　国（ニューギニア・ソロモン諸島）

泡をふくヒトリガの一種

　パプアニューギニアのワウのワウ生態学研究所の宿舎の蛍光灯には毎夜沢山の蛾が来集した。これらの蛾は一晩中そこの白布に止まっていて，翌朝，日が射すとボツボツ飛び去ってゆく。それを狙って小鳥がやってくる。小鳥に餌を与えるために，居残りの蛾をつまんで小鳥に投げてやると，小鳥はサッと飛んできて空中で蛾を捕えて食べる。図示したヒトリガは，写真に示すように，妨害されると毒性のある泡をふく。この蛾を食べた小鳥はパッと吐き出す。それが面白くてこの蛾をつかんで小鳥に投げてやる。小鳥はサッと飛んでくるが，1 m位のところから急に反転して飛び去ってしまう。この蛾を食べるとひどい目にあう，ということを学習したのである。小鳥は1 mあたりからこの蛾を識別できるらしい。学名を*Amerila nigropunctata*という（江田信豊教授の教示）。　　　　　　　　　　　　　　（執筆者　平嶋義宏／図の出典　平嶋義宏採集・撮影）

　■学名解：属名は（ギ）a-否定または強意＋（ギ）meros部分，運命＋縮小辞-ila．または（ギ）amelia（無頓着，怠慢）に由来．ただし誤植の学名となる．種小名は（ラ）黒い斑点のある．

外　国（ニューギニア・ソロモン諸島）

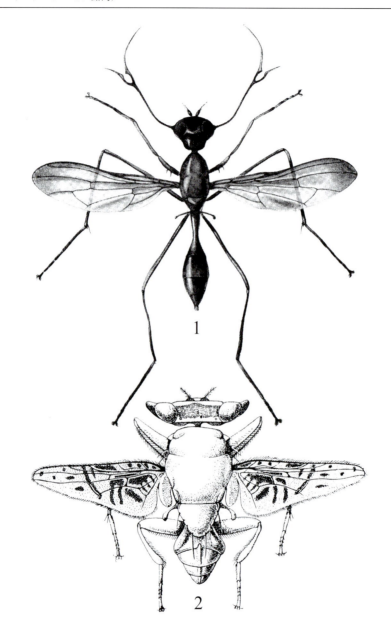

世界の珍奇なハエ2題

　世の中にこのような奇妙奇天烈なハエがいるとは正に驚きである．最初にこれを紹介されたフランスのSéguy博士に感謝したい．
　1：ニューギニア産の*Phytalmia cervicornis*である．Phytalmiidae科（和名なし）に属する．
　2：セレベス産のヒロクチバエ科の一種*Pterogenia singularis*である．

（執筆者　平嶋義宏／図の出典　E. Séguy, 1950）

■学名解：1：属名は（ギ）phytalmios生まれつきの．種小名は（ラ）cerva（鹿）＋（ラ）cornu角．頭の付属物の先端近くが鹿の角のように分岐しているため．
　　　　2：属名は（ギ）pteron翅＋（ギ）genos血統，由来＋接尾辞-ia．種小名は（ラ）特別の，たった一つの．

外　国（ニューギニア・ソロモン諸島）

パプアニューギニア産2種のヒロクチバエ

　上掲のヒロクチバエ科の2種は，E. Séguy（1950）が彼のモノグラフに図示した2種，すなわち頭の左右の飛び出しがずばぬけて長い*Achias rothschildi*（ニューギニア産）と，その半分に達しない*Achias oculatus*（アルー島産）と同種か近似種と推定される。すなわち本書の読者は，ハエ類の世界的な研究者Séguy博士の図と筆者の写真を同時に見比べることになる。しかし，写真の方が少しピントが甘いのが残念である。標本はワウ生態学研究所（パプアニューギニア）の所蔵品。　　　　　　　　　　　　　　　　　　　　（執筆者　平嶋義宏／図の出典　平嶋義宏撮影）

　■学名解：属名の*Achias*については，別載の図を見られたい。種小名はロスチャイルド博士に因む。ロスチャイルドにはイギリスの有名な銀行家がいるが，博物学者もいる。ニューギニアの極楽鳥の一種に*Astrapia rothschildi*がある。このロスチャイルド氏はかなりの有名人と思われる。果たしてヒロクチバエのロスチャイルドと極楽鳥のロスチャイルドが同一人物かどうか，今後の調査が必要である。この極楽鳥の属名はギリシア語で「輝いている（鳥）」の意で，astrapē＋接尾辞-iaという構成。

外　国（ニューギニア・ソロモン諸島）

ハチとハエ，驚くような擬態の例

　擬態にもいろいろな例があるが，ここに示すハチ（右）とハエ（左）の擬態には思わずうならされる。パプアニューギニアのワウWau郊外の林で，筆者は目の前の葉に止まった全身青藍色の金属光沢につつまれたドロバチの一種を採集した。美しい，と思わず声をだした。しばらくして，同じ色の虫がこれも目の前の葉に止まった。2匹目のドロバチだ，と思って網に入れた。ところが何とこれはハエであった。色も形もドロバチそっくりである。同じ場所で，ほぼ同じ時刻に，擬態者と被擬態者が採集されたのである。奇蹟的な幸運であった。

(執筆者　平嶋義宏／図の出典　平嶋義宏採集・撮影)

■**学名解**：どちらも推定であるが，ハエはメバエ科の一種で，我が国のオオマエグロメバエ *Physocephala*（ギリシア語の複合語で，成長した頭の，の意）に近縁と思われる．ハチはオオフタオビドロバチ *Anterhynchium* に近縁なドロバチと思われる．この属名は（ギ）ante-前に，以前に＋（ギ）*Rhynchium* 属（小さな嘴，の意）という構成．

珍奇で華麗なパレオリザ

　パレオリザ*Palaeorhiza*（太古の根, の意）というハナバチはニューギニアを中心に適応放散した昆虫である。筆者は1966年にハワイのビショップ博物館に留学し，初めてこのハチを見てその魅力にとりつかれ，以来，25年間をかけてこのハナバチの分類学的研究に没頭した。結果として100種以上の新種を命名発表し，13の新亜属を創設した。自分でいうのもおこがましいが，この業績には世界中の学者が九州大学に平嶋あり，と認めてくれている。

　図の 1 は *Palaeorhiza (Gressittapis) miranda* と命名したもの。非常に顕著で特異な黄色斑紋がある。中胸背板の点刻も他には見られない強さと密度を持つ。パプアニューギニア産で，筆者が採集したもの。図の 2 は本属のタイプ種 *Palaeorhiza perviridis* の雌である。オーストラリア産。全身が青藍色に輝く。　　　　　　　　　　　　　　　（執筆者　平嶋義宏・阿部正喜／図の出典　平嶋義宏撮影）

■学名解：1の亜属名は「グレシット博士Gressittのハチ」という意味で，グレシット博士 Dr. J. L. Gressitt に奉献したもの．（故）グレシット博士はビショップ博物館の昆虫学部長，筆者たちが敬愛する偉大な昆虫学者であった．種小名は（ラ）驚くべきもの，の意．2 の種小名は（ラ）深緑の, の意.

外　国（ニューギニア・ソロモン諸島）

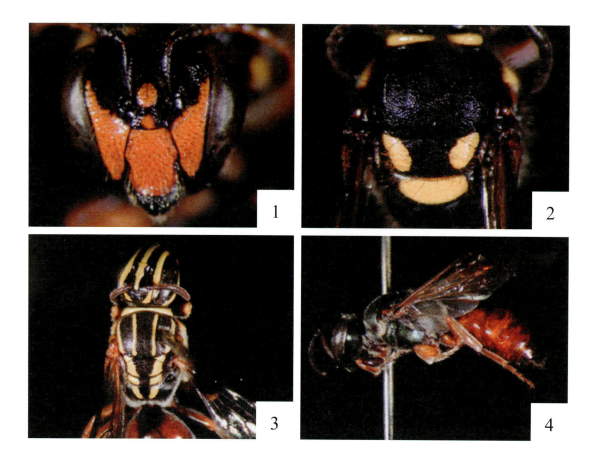

パプアニューギニアの珍奇なハナバチ

　アケボノハナバチ*Palaeorhiza*はニューギニアを中心に適応放散した美しい色彩のハナバチである。筆者（Hirashima）は約100種の新種と13の新亜属を発表した（1975～1989）。ここにそのうちのごく稀な3種を図示した。
　1：*P. pulawskii*の雌の顔面である。雌蜂の顔面にこのような斑紋がでるのは非常に珍しい。
　2：同じ種類の胸部の背面図で，独特な黄色斑を示す。
　3：*P. labergei*の雌の頭部と胸部を示す。独特な黄色斑紋がある。
　4：*P. demeter*の雌の側面図である。頭部は黒色，胸部は青の金属光沢を持つ。腹部は末端節を除いて赤色である。脚も同様に朱赤色。

　　　　　　　　　　　　（執筆者　平嶋義宏・阿部正喜／図の出典　Y. Hirashima & M. Abe, 2011）

■**学名解**：属名は（ギ）palaeo-太古の＋（ギ）rhiza根．古い系統のハチ，の意．種小名*pulawskii*はアメリカのハナバチ学者Pulawski博士に奉献．種小名*labergei*はアメリカのハナバチ学者LaBerge博士に奉献．2人とも筆者（平嶋）の友人．種小名*demeter*は（ギ）神話の穀物と大地の生産物の女神デーメーテールに因む．この3種はすべて筆者たち（平嶋，阿部）の命名．

外　国（ニューギニア・ソロモン諸島）

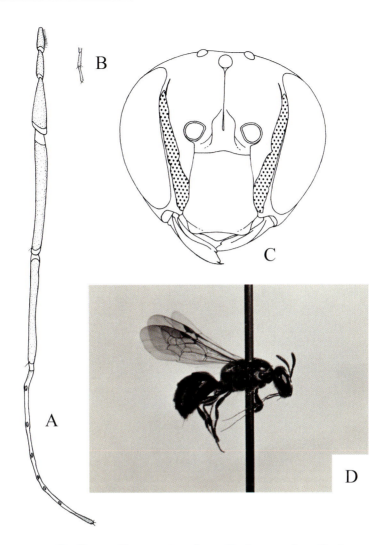

天下の奇虫お化けチビムカシハナバチ

　ビショップ博物館の所蔵品のなかに，図のDに示すハナバチの一種を発見した時には本当に吃驚した。このハナバチは筆者の得意とするグループであるが，maxillary palp（小腮鬚）が異常に長いのである（図のAとD）。今まで見たことも聞いたこともないハナバチである。属名は疑いもなく *Hylaeus* である。その後迷いに迷った。この状態は正常なのか，奇形なのか，と。徹底的に調べあげ，遂に正常なものと確信し，*Prosopisteroides* という新亜属を創設し，新種名を *heteroclitus* とし，Kontyû（昆虫）35巻2号（1967）の134〜138頁に発表した。それがここに示すもので，図のBは下唇鬚の先端2節で，これが正常の大きさ。Cは雌の頭の前面図（点の部分は白斑），Dは雌の全体図（側面の写真）である。1969年に筆者はパプアニューギニアで2番目の本亜属のハナバチを採集した。その時には天にも昇る嬉しい気持ちであった。

（執筆者　平嶋義宏／図の出典　平嶋義宏原図・撮影）

■**学名解**：属名 *Hylaeus* は（ギ）hylaios 森の．亜属名 *Prosopisteroides* はオーストラリアとニューギニア産の *Prosopisteron* に似たもの＜ *Prosopis* 属（仮面をかぶったもの）＋（ラ）hister 俳優．種小名 *heteroclitus* は（ギ）不規則に調子を変えた．

外　国（ニューギニア・ソロモン諸島）

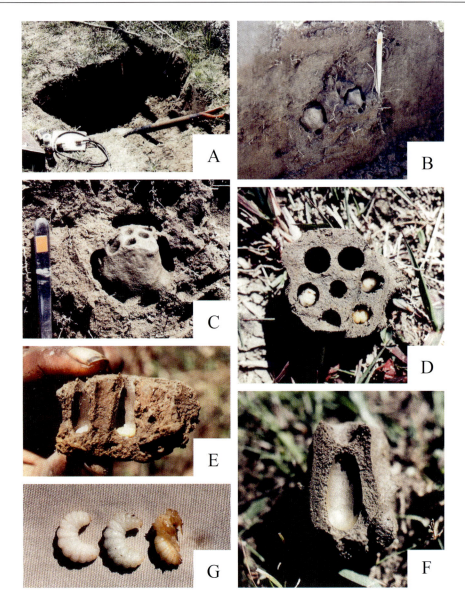

パプアニューギニアの高地産ハナバチの巣

　パプアニューギニアの高地にも沢山のハナバチがいる。その中のノミア*Nomia*は10数種ばかり知られていて，すべて地中に営巣する。その中の最も普通な種類の巣を発掘したので，それをお目にかける。この花蜂は地中約20 cmの深さのところに単独で営巣し，虫室の集合した塊をもうける。その塊の中の虫室は7〜8個である。垂直のその虫室の底に花粉団子を作り，それに産卵して部屋を閉じ，子供を育てる。写真の番号は巣の発掘の仕事順である。B，Cに示すのは幼虫室の集団で，まわりの空洞を示す。Dは幼虫団塊の輪切りで，Fは1個の虫室を示す。虫室の内部はぴかぴかに磨きあげられている。『新版　昆虫採集学』（2000）に搭載。

（執筆者　平嶋義宏／図の出典　平嶋義宏, 1997）

　■学名解：属名*Nomia*は(ギ)nomios 牧畜の，牧人の．アメリカではアルファルファの重要なポリネイターである．

外　国（ニューギニア・ソロモン諸島）

アリノスダマという植物とアリ

　アリノスダマという名前をご存知であろうか。その1種に *Myrmecodia tuberosa* がある。ニューギニアを中心に東南アジアに栄えている植物の一群である。大きな樹木の幹や枝の樹皮の表面に根をはって、からみついているのである。寄生ではなく着生である。アリノスダマは茎が肥大して丸い塊茎を形成する（図のA）。その内部は空洞になっていて、成長すると複雑な形になる（図のB）。これにアリが住み着くのである。アリとアリノスダマは共生関係にあるらしい。アリノスダマを割って中をのぞいたら、そこにいたアリ *Philidris* sp. はすぐ四散して、スダマには数匹しか残らなかった。その数匹を読者の皆さんはこの写真から拾い上げてみてください。

　　　　　　　　　　　　　　　　　　　　　　　　（執筆者　平嶋義宏／図の出典　平嶋義宏撮影）

■**学名解**：属名 *Myrmecodia* は（ギ）アリの歯の，と推定．種小名 *tuberosa* は（ラ）こぶの多い．属名 *Philidris* は（ギ）phileō 愛する＋（ギ）idris 知識のある．経験のある．比喩的にアリ．

外　国（ニューギニア・ソロモン諸島）

パプアニューギニアの珍虫（体表外共生）のゾウムシ

　ワウ生態学研究所の創立者のグレシット博士Dr. J. L. Gressittの大きな貢献の一つに体表外共生epizoic symbiosisの発見がある．大型のパプアゾウムシ *Gymnopholus* 属（種類は多い）の体表にコケが生えて育つ．それだけでも大発見であるが，その中にダニが生息して，生きているのである．天下の珍現象である．　　　　　　　　　　　（執筆者　平嶋義宏／図の出典　平嶋義宏撮影）

■**学名解**：属名は（ギ）gymnos 裸の＋-pholus（美麗ゾウムシの*Eupholus*の後節）．

ニューギニア産の美麗なゾウムシ

　ニューギニアを分布の中心とする大きくて美麗なゾウムシがいる。種類も多い。属名をエウフォールス *Eupholus* という。語源は（ギ）euphoros で，元気のよい，健康な，という意味。しかし，r を l と書き換えている。故意なのかミスなのか不明である。

　ここでハタと思い当たったことがある。それは背中一面にコケをはやしたパプアゾウムシ *Gymnopholus* という珍奇な虫の学名とその解釈である。筆者はその解釈に随分と頭を悩ませた。レキシコンでは適切な解釈ができないのである。しかし，この後節の -pholus は美麗ゾウムシ *Eupholus* の後節 -pholus を拝借したものではないか，と気がついた。これだとすんなり解釈できる。また，このような例は他にもある。筆者の頭痛の種が一つ減ったのは喜ばしい。

（執筆者　平嶋義宏／図の出典　平嶋義宏撮影）

外　国（ニューギニア・ソロモン諸島）

翅鞘に瘤を持つ奇妙なゾウムシ

　パプアニューギニアには思いもかけぬ昆虫が多い。このゾウムシもその中の一つで，体表は真っ黒で光沢があり，翅鞘にはピラミッド型の瘤がある。体長約20 mm。

（執筆者　平嶋義宏・阿部正喜／図の出典　平嶋義宏採集・撮影）

■学名解：学名不詳．多分 *Gymnopholus* sp.

外　国（ニューギニア・ソロモン諸島）

ニューギニアの美麗なタマムシ

ニューギニアにも美麗なタマムシがいる。ここに示すオオキオビムカシタマムシ *Callodema ribbei* もその一つ。青藍色の翅鞘に大きな黄色の横帯が目立つ。前胸部の色彩も特徴的である。

（執筆者　平嶋義宏・阿部正喜／図の出典　Insect Farming & Trading Agency 発行の絵葉書）

■学名解：属名は（ギ）kallos 美，美しさ＋（ギ）demas 体格，形．種小名は人名由来．

外　国（ニューギニア・ソロモン諸島）

美麗なツマグロニシキタマムシ

　タマムシといえば美麗な甲虫という認識があるが，本種のような派手な色彩斑紋を持つものは珍しい．学名を *Demochroa buquetii* という．パプアニューギニア産．

（執筆者　平嶋義宏・阿部正喜／図の出典　平嶋義宏撮影）

■学名解：属名は（ギ）demō 形成する＋（ギ）chroa 肌，肌の色，外観．形作られた美しいもの，という意味であろう．種小名は人名由来であるが，詳細不明．

外　国（ニューギニア・ソロモン諸島）

所変われば品変わる

　体が分厚くて丸っこい三本角のカブトムシである。頭部の色と翅鞘の色が顕著に違うことに目が奪われる。本種はパプアニューギニアの低山帯に多い。学名を *Eupatorus* sp. という。Mackayの本にはクワガタムシと誤って紹介されている。

(執筆者　平嶋義宏・阿部正喜／図の出典　R. Mackay, 1989)

■学名解：属名は(ギ)eupatōrの属格で,高貴な家系の.

外　国（ニューギニア・ソロモン諸島）

パプアニューギニアの珍奇カミキリ2種

　非常に対照的な2種のカミキリムシである。左はクビボソヤマカミキリ *Hoplocerambyx severus* で，翅鞘は平滑で光沢にとみ，黒一色で斑紋がない。これに比べて右のコモンシロスジカミキリ *Rosenbergia straussi* は翅鞘一面に黒い斑点を密布する。美しいといえば美しい，風変りといえば風変りなカミキリムシである。　　　　（執筆者　平嶋義宏／図の出典　平嶋義宏撮影）

■学名解：*Hoplocerambyx* はギリシア語原で「武器を持ったカミキリムシ」の意＜hoplon + kerambyx，種小名はラテン語の形容詞で「厳格な，きびしい」という意味．*Rosenbergia straussi* は属名も種小名も人名由来であるが，詳細不明．

　（注）図示したクビボソヤマカミキリは雄であり，その特徴の一つとして，触角先端の3節が基部のものよりはっきりと細い。ところが図示の標本の左の触角の先端3節は細くない。これは奇形なのであろうか。

外　国（ニューギニア・ソロモン諸島）

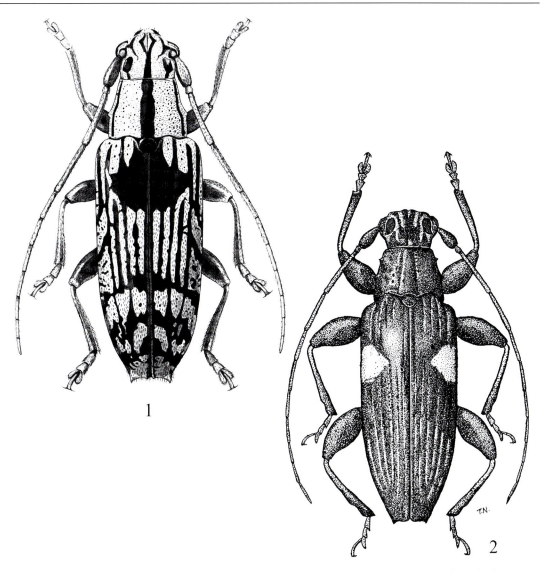

ニューギニアの珍虫コビトカミキリ族（新称）（1）

　グレシット博士Dr. J. L. Gressittといえばビショップ博物館Bishop Museum（昆虫学部長），ビショップ博物館といえば太平洋とニューギニアの昆虫研究である。そのグレシット博士は昆虫全般に該博な知識を持っておられたが，実はカミキリムシが専門で，ハワイのカミキリムシをはじめ，太平洋地域やニューギニアのカミキリムシの研究に大きな業績を残された。その一つがPacific Insects Monograph 41号（1984）に発表され，263頁に及ぶカミキリムシ科のTmesisternini族（コビトカミキリ族，新称）のモノグラフがある。15属422種を含むもので，そのうちからここに2属4種の図を拝借した。すべてニューギニア産である。1は体長10 mm，2は体長11〜22 mm。1は特に小さい。　　　　　（執筆者　平嶋義宏／図の出典　J. L. Gressitt, 1984）

■学名解：1の学名を *Tmesisternus virescens pteridii*, 2の学名を *Tmesisternus sulcatus* という。属名 *Tmesisternus* は（ギ）tmēsis 切ること，区分すること＋（ギ）sternon 胸。種小名は，前者の *virescens* は（ラ）緑色の，後者の *sulcatus* は（ラ）溝のある。亜種小名 *pteridii* は（ラ）ワラビの，の意で，ワラビ（蕨）の属名 *Pteridium* の属格．

377

外　国 (ニューギニア・ソロモン諸島)

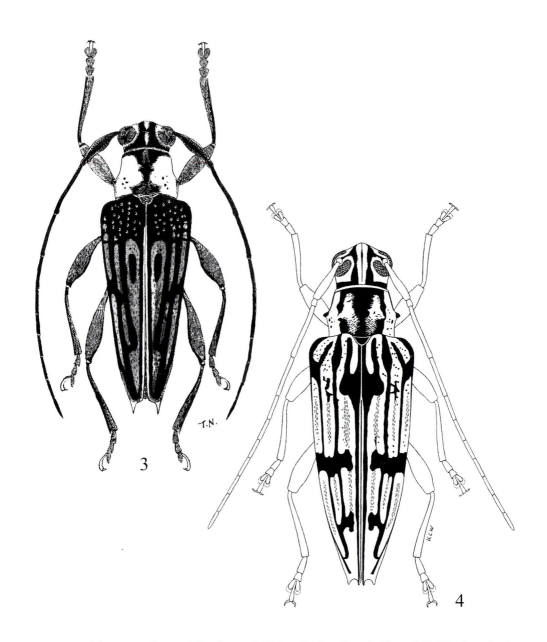

ニューギニア産の珍虫コビトカミキリ族（新称）(2)

　ここにはニューギニア産の*Trigonoptera*属の2種を示す。3の学名は*Trigonoptera monticorum*で，体長12 mm。4の学名は*Trigonoptera nigrofasciata*で，体長9.4 mm。どちらも小さいカミキリムシである。
(執筆者　平嶋義宏／図の出典　J. L. Gressitt, 1984)

■学名解：属名*Trigonoptera*は(ギ)三角形の翅の．種小名*monticorum*は(ラ)山地の住人，の意であるが，属名が女性なので，種小名もmonticolaが正しい造語．種小名*nigrofasciata*は(ラ)黒い帯のある．

外　国（ニューギニア・ソロモン諸島）

パプアニューギニアの魅力的なクワガタムシ

　我が国にはクワガタムシの愛好者は多いので，本種はすでに珍虫ではないかもしれない。しかし，魅力的な姿をしている。体も全体が金色である。和名をパプアキンイロクワガタ，学名を *Neolamprima adolphinas* という。

（執筆者　平嶋義宏・阿部正喜／図の出典　Insect Farming & Trading Agency発行の絵葉書）

■学名解：属名は（ギ）neo-新しい＋キンイロクワガタ *Lamprima* 属＜（ギ）lampros 輝く．種小名は人名由来．

外　国（ニューギニア・ソロモン諸島）

パプアニューギニアのクワガタムシ2種

1：マルガリータホソアカクワガタ *Cyclommatus margritae* の雄．
2：アカガネホソアカクワガタ（仮称）*Cyclommatus metallifer*．

（執筆者　平嶋義宏／図の出典　平嶋義宏撮影）

■学名解：1：属名は（ギ）円い眼のある．種小名はマルガリータ（女性名）の．
　　　　2：属名は前述．種小名は（ラ）金属光沢のある，の意＜metallum 金属＋fero 運ぶ，持つ．後者が複合語の後節になるときは，形容詞化されて，-fer（男性），-fera（女性），-ferum（中性）となる．また，（ラ）gero（運ぶ，持つ）も同様で，複合語の後節では，-ger, -gera, gerum と変化する．

外　国（ニューギニア・ソロモン諸島）

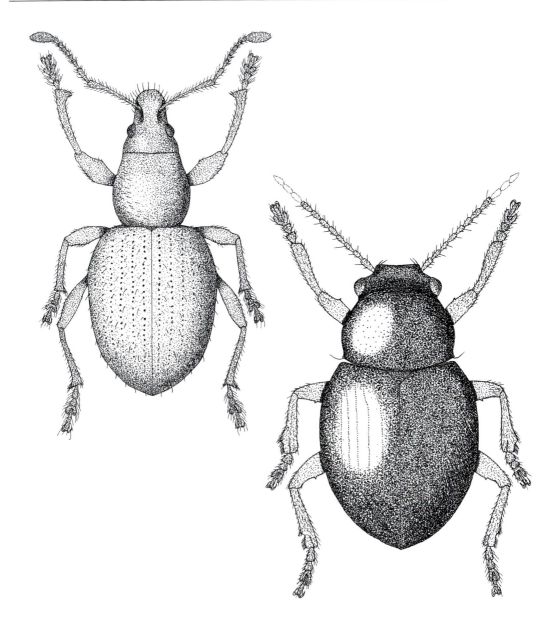

パプアニューギニアのウイルヘルム山頂の珍虫

　筆者は1969年8月5日，パプアニューギニアの最高峰ウイルヘルム山（標高4,509 m）に登頂した。ハワイのグレシット博士とハンガリーのバログ教授と同道した。残念ながら生憎の曇天で，眺望はきかなかった。山頂のサインブックに記入して，休む間もなく採集を始めた。ゴミムシ数種（多数個体）とトビムシ1種（数個体）を採集したのは予期のとおりであったが，上掲のゾウムシ（左図）とハムシ（右図）の3個体を採集したのには吃驚した。山頂には石に生えたコケしか生育していない。あるいは山の下から風で吹きあげられてきたのかも知れない。この記事を読んだ日本の昆虫研究者の挑戦を期待したい。今はウイルヘルム登山も昔よりは大分楽になったようである。ただし高山病にはご注意。この2つの絵は直海俊一郎博士（当時院生）の健筆になる。

（執筆者　平嶋義宏／図の出典　平嶋義宏原図）

外　国（ニューギニア・ソロモン諸島）

ウォーレスが瞠目した珍虫コノハギス

　ニューギニアのコノハギスは体の大きな直翅目の昆虫で，頭部から胸部にかけて大きな盾を持つのが特徴の一つである。これを採集して感動したウォーレスが彼の名著『マレー諸島』に見事な図（上図）を載せている。学名を *Megalodon ensifer* という。ウォーレスの図を補うために筆者が撮影した写真（下図）を添えた。

　（執筆者　平嶋義宏／図の出典　上図はウォーレス著『マレー諸島』（下巻）の挿絵。下図は平嶋義宏撮影）

■学名解：属名は（ギ）大きな歯，という意味．種小名は（ラ）剣を持っている．

外　国（ニューギニア・ソロモン諸島）

飛ぶ昆虫にもいろいろな翅

　昆虫は飛ぶ生き物であることは誰でも知っている。いわくトンボ，チョウ，ガ，ハチ，ハエ。これらの昆虫には立派な翅が備わっている。ハエは後翅が退化して平均根に変化し，飛ぶためには前翅の2枚だけを使うが，素晴らしい飛行家である。空中でのホバリングも得意である。ところが立派な翅を持っているが，飛ぶのは得意ではない，という昆虫もいる。図示したツノトンボ（上図）やキリギリスの一種（下図）がそうである。前者はチャバネツノトンボ *Ascalaphus* sp. で，ベトナム産。後者はパプアニューギニア産。美麗な種類である。

（執筆者　平嶋義宏／図の出典　ESI, 2003）

■学名解：前者の属名は(ギ)askalaphosフクロウ(梟)．多分このツノトンボはフクロウ同様に夜行性と思われたのかもしれない．後者は学名不詳．

外　国（ニューギニア・ソロモン諸島）

風変りなコノハムシ

そんじょそこらでは絶対に見られない風変りなコノハムシ。パプアニューギニア産。

（執筆者　平嶋義宏／図の出典　平嶋義宏撮影）

■**学名解**：学名不詳．

外　国（ニューギニア・ソロモン諸島）

コノハムシの一種

コノハムシにも種類が多い。本種はパプアニューギニア産。

（執筆者　平嶋義宏／図の出典　平嶋義宏撮影）

■**学名解**：*Phyllium* sp. 属名は（ギ）小さな葉，愛らしい葉，という意味で，phyllonの縮小形．

外　国（ニューギニア・ソロモン諸島）

枯葉に擬態して腐った部分までも演出するコノハムシ

　ナナフシ亜目のコノハムシ科の昆虫は植物の枝や葉に擬態するので著名である。筆者がパプアニューギニアのワウ生態学研究所で撮影したコノハムシ *Phyllium* sp. もその一例であるが，これは葉が腐った部分までまねている珍奇中の珍奇な虫である。

（執筆者　平嶋義宏／図の出典　平嶋義宏撮影）

■**学名解**：属名は（ギ）愛らしい葉の意で，phyllon（葉）の縮小形．

外　国（ニューギニア・ソロモン諸島）

奇抜なパプアオバケナナフシ

　南方には風変りなナナフシが多い。有名な擬態昆虫コノハムシもその一種である。ここに紹介するのはさらに奇怪なパプアニューギニアのパプアオバケナナフシ *Extatosoma tiaratum* である。これはオーストラリアにも産し，CSIRO（オーストラリア連邦科学産業研究機構）のテキストにも載っている。このオバケナナフシは筆者がカインディ山（ワウ生態学研究所の裏山，といっても車で1時間）で採集し，撮影したものである。普通の毒瓶には入りきらない大きさである。

（執筆者　平嶋義宏／図の出典　平嶋義宏採集・撮影）

学名解：属名は（ギ）ex-外へ，完全に＋（ギ）tatos 伸ばすことのできる＋（ギ）sōma 体．種小名 *tiaratum* は（ラ）王冠をかぶった．

外　国（オーストラリア・ニュージーランド）

亜南極諸島だけに知られる珍奇アリヅカムシ

　ニュージーランドの南方，南極大陸との間に存在する小さな島がキャンベル島である。亜南極諸島と呼ばれるこの島から1属2種のアリヅカムシの固有属，固有種が知られる．Park（1964）によって新属新種として記載されたのが本種 *Pselaphotheseus hippolytae* である．後翅が退化し，前翅基部が著しく狭く，頭部は巨大化し，大きな鎌状の大顎をそなえる．

（執筆者　野村周平／図の出典　野村周平撮影）

■学名解：属名は近似の属名 *Pselaphus*（ギリシア語で手探りでさがす，の意）＋（ギ）伝説上のアテナの王テーセウス Theseus．種小名はギリシア神話のヒッポリュテー Hippolytē に因む．アマゾーンの女王．

外　国（オーストラリア・ニュージーランド）

ニュージーランドを代表する好蟻性アリヅカムシ

　本種は大型で（約3 mm），きわめて特徴的な外見ながら，これまで長い間未記載のままであった。オークランドのNZAC（New Zealand Arthropod Collection）には多数の標本が所蔵されていたが，一部の種に"*Dalmodes myrmecophilus*"という未記載名のラベルがつけられていたのみだった。この未記載名をもとにして，Nomura and Leschen（2015）が新属新種として記載したのが本種*Zeadalmodes myrmecophilus*である。写真左は本種の全形，右は本種の採集地点（アリの巣）を指すLeschen博士。本種はニュージーランド在来のアリ，*Austroponera castanea*の巣に共生する好蟻性種である。　　　　　　　　　　　　（執筆者　野村周平／図の出典　野村周平撮影）

　■学名解：*Zeadalmodes*は「ニュージーランドの(Zea-) *Dalmodes*（語源不詳，但し-odesは〜に似たもの）」，
　　種小名は(ギ)アリを好む(もの).

外　国（オーストラリア・ニュージーランド）

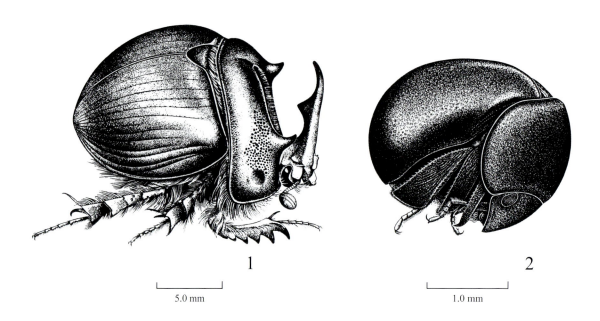

これも可笑しな甲虫2題

　この2つの甲虫を見て，たちどころにその所属する科名を言い当てる人は滅多にいないだろう．1はセンチコガネ科の一種で，*Blackburnium cavicolle*，2はコガネムシ上科のCerathocanthidae科（和名なし）の*Cyphopisthes descarpentriesi*である．前者は頭部と胸部が著しく変形され，後者は体を丸めて球状になることができる．珍奇というほかはない．

（執筆者　平嶋義宏／図の出典　The Insects of Australia, CSIRO, 1991）

■**学名解**：属名*Blackburnium*は昆虫学者Blackburn氏に因む．詳細不明．種小名*cavicolle*は（ラ）cavus穴，くぼんだ＋（ラ）collum首．属名*Cyphopisthes*は（ギ）kyphos腰の曲った＋（ギ）opisthe後方に，うしろで．種小名は人名由来，委細不詳．

外　国（オーストラリア・ニュージーランド）

腹部が風船のように膨らんだオーストラリアのセミ

　このオーストラリアのセミ（和名なし）*Cystosoma saundersii*の雄腹部は大きく膨らみ，前翅の先端あたりまで達する。これは，発音器の共鳴室が非常に発達したものであり，大きすぎる腹部にもかかわらず，飛ぶことができる。また，前翅は緑色でやや革質化し，一般のセミにないような網目状の脈を持っている。オーストラリア東部の低地に分布する。この写真は林所有の標本を撮影したものである。　　　　　　　　　　　　（執筆者　林　正美／図の出典　林　正美撮影）

■学名解：属名*Cystosoma*は（ギ）kystis膀胱＋（ギ）sōma体．種小名は人名由来．

外　　国（オーストラリア・ニュージーランド）

原始性を残すオーストラリアのセミ

　オーストラリア産の著名な昆虫の一つはムカシゼミの一種 *Tettigarcta crinita* であろう。原始的なセミで，雌雄ともに聴覚器（tympanum）が存在すること，共鳴室（air sac）が欠如していること，発音膜（tymbal）がないこと，前翅の翅脈が特異であること，頭が小さくて複眼の間隔が狭いこと，前胸が長く伸びて，その先端は中胸を越えていること，などの特徴がある。この写真は林所有の標本を撮影したものである。　　　　　　（執筆者　林　正美／図の出典　林 正美撮影）

■学名解：属名は（ギ）tettix（連結形 tettigo-）セミ＋（ギ）arktos クマ．語尾を女性形に変えたもの．クマのように毛深いセミ，の意．種小名は（ラ）crinitus の女性形で，毛深い．

外　国（オーストラリア・ニュージーランド）

オーストラリア南部の珍奇なヒトリガ

　オーストラリア南部の高山には1属2種というヒトリガがいる。その1種の*Phaos aglaophora*の雌はなかなか見つからない。執筆者の一人江田信豊（南山大学）は1992〜93年にオーストラリアに留学中に，いろいろ苦心した挙句，雌は無翅であると確信し，やっと石の下にいた繭を見つけ，飼育して雌を羽化させ，その雌であることを確認した。その雌雄をここに示した。

（執筆者　江田信豊・平嶋義宏／図の出典　江田信豊, 2012）

■学名解：属名は（ギ）phaos = phōs 光，昼の光．種小名は（ギ）aglaos 光輝く，美しい＋（ギ）-phora 〜を持つ．属名・種小名ともに美しさを表現したもの．

外　国（オーストラリア・ニュージーランド）

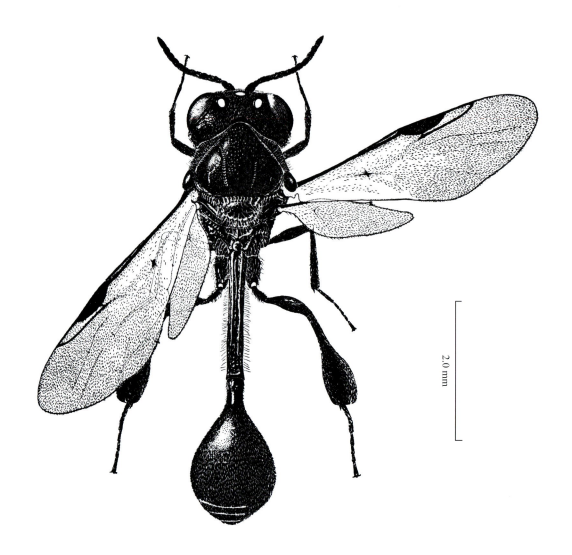

オーストラリア特産のシリボソクロバチ科の一種

　このシリボソクロバチ科の寄生蜂はオーストラリア特産の1属1種の新属新種として発表されたもの。形態が特異である。スケールは2 mm。

（執筆者　平嶋義宏／図の出典　I. Nauman & L. Masner, 1985）

■**学名解**：*Peradenia clavipes*. 属名は（ラ）接頭辞 per- 非常に＋（ギ）adēn, 属格 adenos 腺. 種小名は（ラ）棍棒の足＜clava + pes.

外　国（オーストラリア・ニュージーランド）

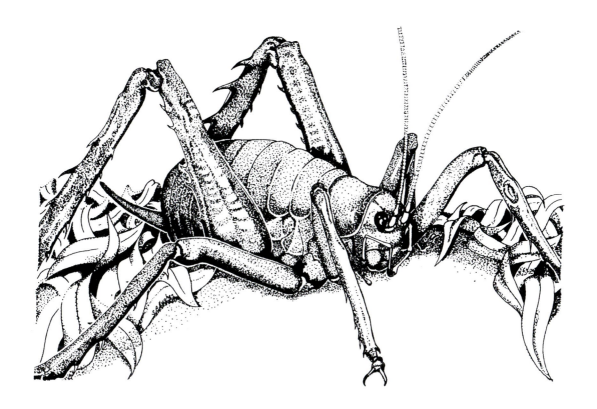

ウェイタ weta の一種 *Deinacrida rugosa*

　ウェイタはニュージーランドにすむカマドウマ科の大型（10 cm 前後）の荒々しい無翅（雌雄とも）の昆虫である。絶滅危惧種。この図は『新版　昆虫採集学』（2000）に搭載。

（執筆者　平嶋義宏／図の出典　The IUCN Invertebrate Red Data Book, 1983）

■学名解：属名は(ギ)恐ろしいバッタの，の意＜deinos 恐ろしい＋(ギ)akris バッタ．種小名は(ラ)しわの多い，しわだらけの．

外　国（オーストラリア・ニュージーランド）

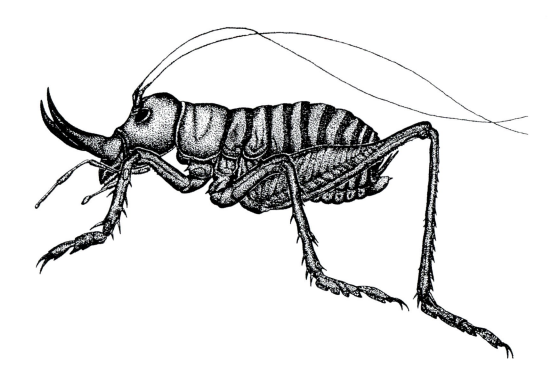

ニュージーランド産の珍虫ウェイタ

　ウェイタwetaはニュージーランド産の大きな無翅の直翅類である。種類も多い。ここに示すものは*Motuweta isolata*という種類である。頭も大きく，顔面の角が凄い。

（執筆者　平嶋義宏／図の出典　New Zealand Entomologist第21巻の表紙より）

■**学名解**：属名の前節Motu-はニューギニアにすむインドネシア系の民族Motuをいう．属名の後節-wetaはStenopelmatidae科の無翅の大型の直翅類をさす．一般にウェイタという．種小名は（ギ）isos等しい＋（ラ）latus幅の広い．

外　国（オーストラリア・ニュージーランド）

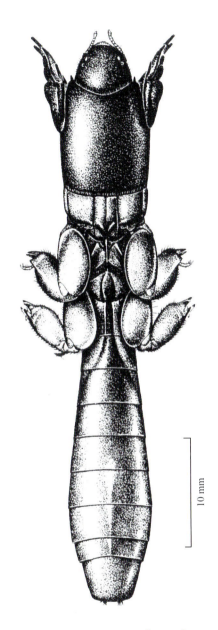

珍奇な虫サンドグロウパー

　この図を見て，これは何だと首をひねるのが普通であろう．直翅目の昆虫である．英名をSandgroperという．オーストラリアとニューギニアに産する珍虫で，砂の中で生活をする．常に無翅で，後脚は跳躍には適しない．学名を *Cylindracheta psammophila* という．

(執筆者　平嶋義宏／図の出典　The Insects of Australia, CSIRO, 1991)

■**学名解**：属名は(ギ)kylindros円筒＋コオロギの一種*Acheta*(ギリシア語で鳴くセミのこと)．種小名は(ギ)砂を好むもの．

外　国（オーストラリア・ニュージーランド）

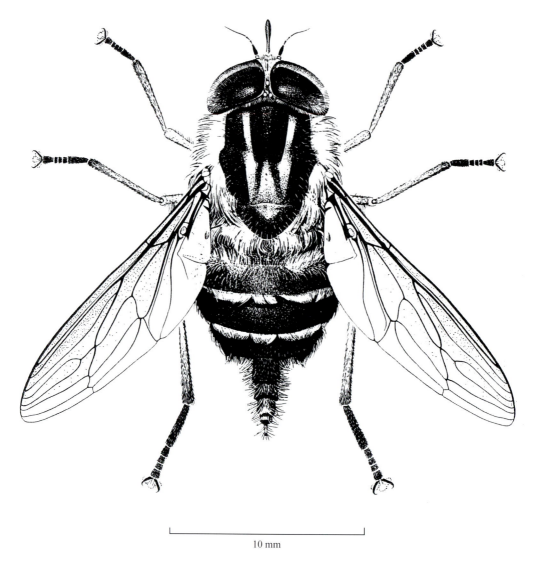

10 mm

珍奇なツリアブモドキ科の一種

　我が国にもツリアブモドキ科のアブは3種を産する。南方系である。ここに示すものは非常に特徴的である。学名を *Trichophthalma laetilinea* という。属名は（ギ）毛のある眼，の意で，図に見るように，複眼には短毛が密生する。

（執筆者　平嶋義宏／図の出典　The Insects of Australia, CSIRO, 1991）

■**学名解**：種小名は(ラ)喜ばしい線の．

外　国（オーストラリア・ニュージーランド）

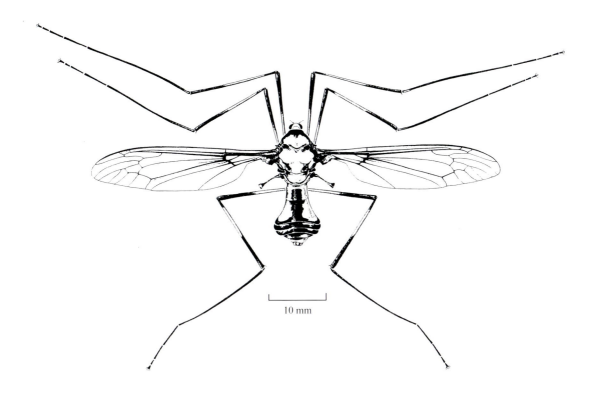

雄大なガガンボの一種

雄大なガガンボで，脚特に跗節が長いのが特徴的である。学名を *Leptotarsus imperatorius* という。
（執筆者　平嶋義宏／図の出典　The Insects of Australia, CSIRO, 1991）

▉学名解：属名は（ギ）細長い跗節，種小名は（ラ）皇帝の．

外　国（オーストラリア・ニュージーランド）

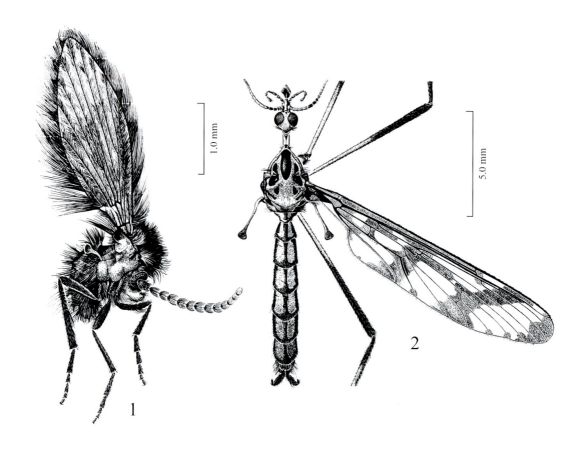

珍奇なハエ2題

　1はチョウバエ科の *Atrichobrunnettia alternata*，2はニセヒメガガンボ科の *Eutanyderus oreonympha* である．共にオーストラリア産で珍奇な形である．ニセヒメガガンボ科のハエは日本には産しない．　　　　　　　　　（執筆者　平嶋義宏／図の出典　The Insects of Australia, CSIRO, 1991）

■学名解：属名 *Atrichobrunnettia* は（ギ）a- 強意＋（ギ）tricho- 毛の＋ *Brunettia* 属（多分人名由来．n が一つなのに注意）．種小名 *alternata* は（ラ）交互の．属名 *Eutanyderus* は（ギ）eu- 良い＋（ギ）tany- 長い＋（ギ）derē 頸．図に見るように長い首を表現．種小名 *oreonympha* は（ギ）oreios 山の＋（ギ）nymphē ニンフ．

外　国（オーストラリア・ニュージーランド）

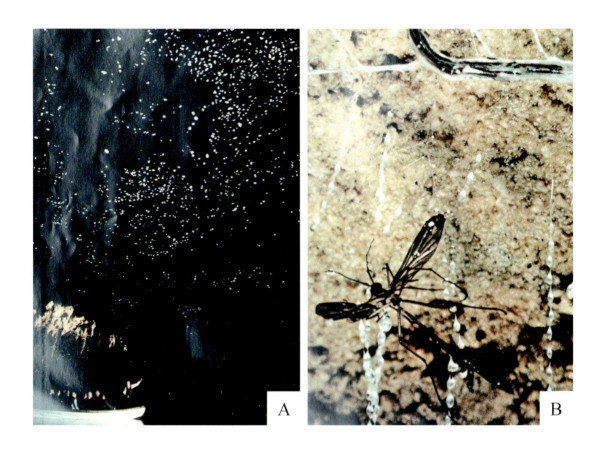

光る昆虫はニュージーランドの観光資源の一つ

　ニュージーランドの或る洞窟には，天井にハエの一種（付図B，多分キノコバエ科の *Arachnocampa luminosa*）が群生し，独立した幼虫室（Bの上段）の中を動きながら，垂らした粘球つきの糸で餌となる小さな昆虫を絡めとる．この幼虫は肉食性であり，しかも強く発光する．その光で獲物をおびき寄せる．粘球にひっかかったものは，自分たちの親でも食べてしまう（写真のB）．ニュージーランドの洞窟ではその天上の光の芸術を見るために，Aに見るように，観光船（左下の小船）が出る．

　なお，V. B. Wigglesworth（1964）の名著 The Life of Insects の付図11（104頁と105頁の間）には発光する洞窟の"glow-worm" *Bolitophila luminosa* の見事な写真がある．

（執筆者　平嶋義宏／図の出典　不明，紛失のため．お詫びします）

■学名解：属名は（ギ）クモの（arachno-）ようなイモムシ（kampē）．種小名は（ラ）明るい，光る．

外　国 (ヨーロッパ)

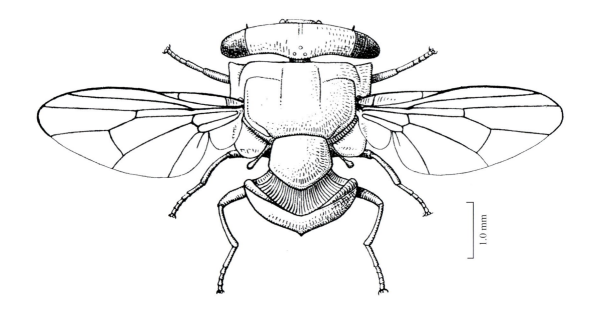

ゴルゴプシスという名の珍虫

　表現の仕様のない珍虫である．また，科名も不明．学名を *Gorgopsis bucephala* という．旧北区産．
（執筆者　平嶋義宏／図の出典　E. Séguy, 1950）

■**学名解**：属名は(ギ)ゴルゴーのような容貌の＜Gorgo + ōpsis．ゴルゴー(またはメドゥーサ)は，これをまともに見た人を石に化す力を持っていたという怪物の女．このハエは如何にも怪物らしい印象がある．種小名は(ギ)牛の頭の．

外　国（ヨーロッパ）

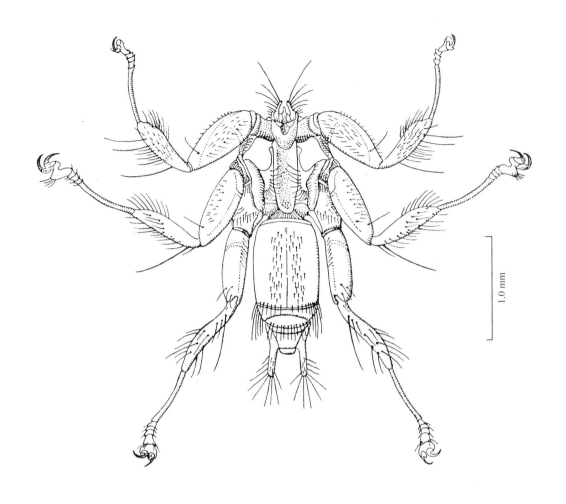

奇怪な寄生性のハエ

　この図を見て，これがコウモリに寄生するクモバエの一種である，と看破する人は類稀な昆虫学者である。まったく奇怪な形をしている。これはキクガシラコウモリに寄生する欧州産のクモバエの一種 *Nycteribia biarticulata* である。本属のクモバエは日本でも6種見つかっている。この図は『新版　昆虫採集学』（2000）に搭載した。

(執筆者　平嶋義宏／図の出典　E. Séguy, 1950)

■学名解：属名は「コウモリに住むもの」の意で，(ギ)nykteris コウモリと(ギ)bioō 生きるの複合語．種小名は(ラ)二つの関節のある，の意＜bi- ＋ articulus ＋接尾辞 -ata.

外　国 (ヨーロッパ)

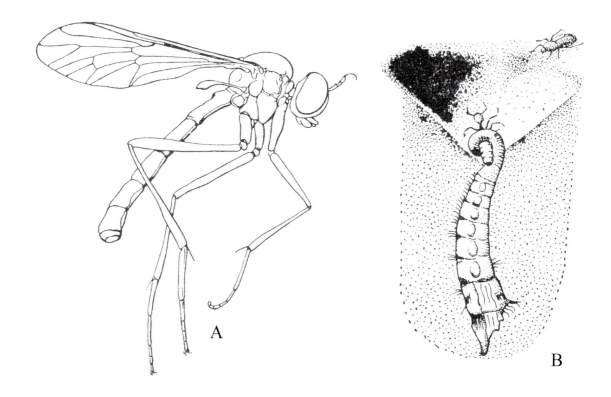

アント・ライオン型のわな仕掛けをするハエ

　幼虫が類縁の遠いウスバカゲロウ科と同じ待ち伏せ型の捕食をするハエである。雌は砂地に産卵し，幼虫はすり鉢型の巣を作る。習性は所謂ant-lionである。Aは成虫，Bは幼虫。

(執筆者　平嶋義宏／図の出典　E. Séguy, 1950)

■学名解:学名を *Vermileo degeeri* という．属名は(ラ)vermis うじ(蛆)虫＋(ラ)leo ライオン．種小名は人名由来．

外　国（ヨーロッパ）

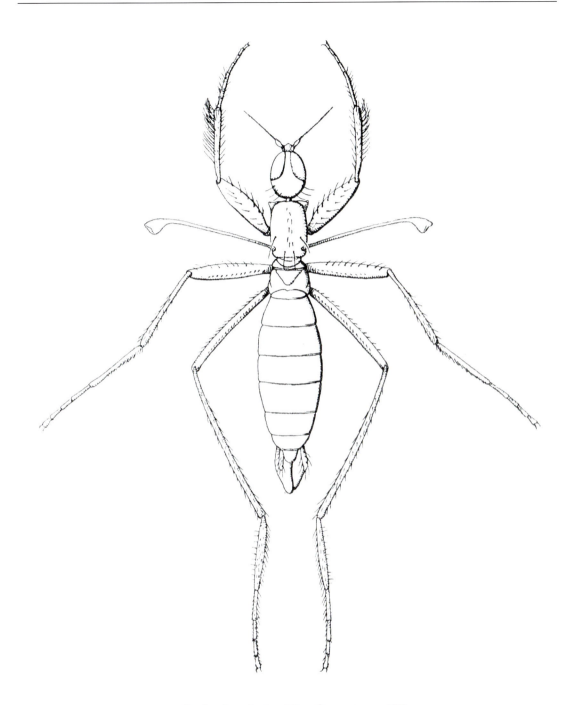

珍奇なオドリバエの一種

　オドリバエにも種類は多い．筆者の記憶では，小さくて敏捷なハエであり，翅も立派なものを持っている．しかし，ここに図示するオドリバエの1種 *Ariasella pandellei* の翅は変形して，無翅に近い．世の中（昆虫の世界）は広いのである．

（執筆者　平嶋義宏／図の出典　E. Séguy, 1950）

■学名解：属名は（ギ）areiasの縮小形で，高める，運ぶ，という意味．種小名は人名由来．

外　国（ヨーロッパ）

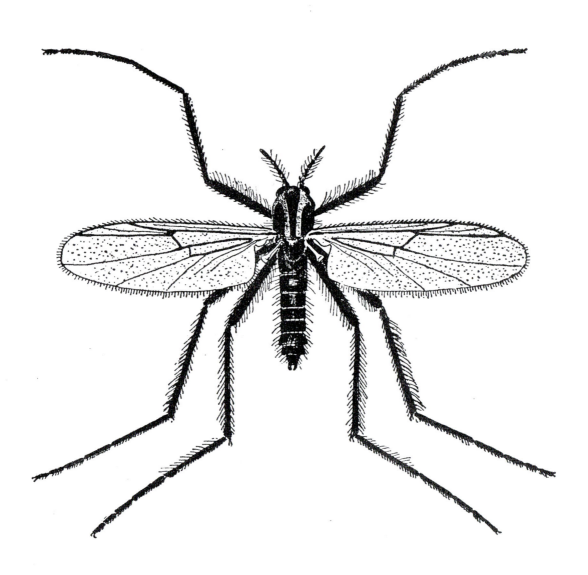

アルプス山中の特化したユスリカ

欧州のアルプス山にすむユスリカである。全身が黒く，毛が多いのも高山への適応であろう。
（執筆者　平嶋義宏／図の出典　E. Séguy, 1950）

■**学名解**：学名を *Syndiamesa nivosa* という．属名は（ギ）syn 一緒に ＋ *Diamesa* 属＜（ギ）dia 全体に，全面に ＋（ギ）mesos 中央の，中間的な．種小名は（ラ）雪の多い．

外　国（ヨーロッパ）

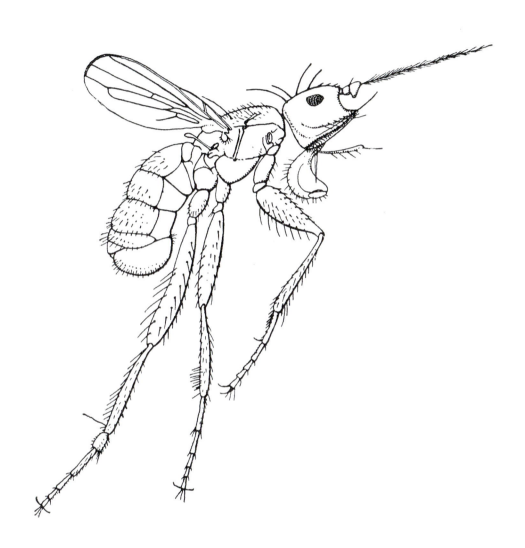

ヨーロッパ産の珍奇なハエ

　ハエのHelomyzidae科（和名なし）に属するヨーロッパ産の一種*Speomyia absoloni*を示す。かなり珍奇な姿をしている。

（執筆者　平嶋義宏／図の出典　E. Séguy, 1950）

■学名解：属名は（ギ）speos 洞窟＋（ギ）myia ハエ．種小名は人名由来．

外　国（ヨーロッパ）

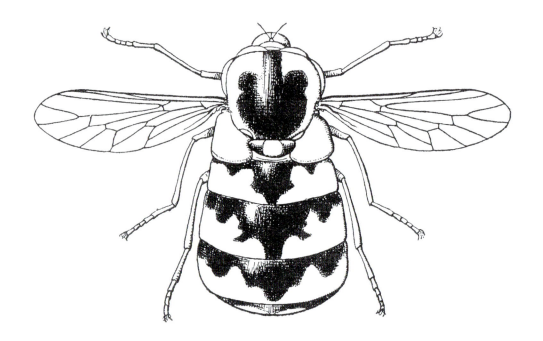

南部ヨーロッパ産の珍奇なコガシラアブ

成程，頭は名のとおり小さいが，胸部と腹部は膨れて見慣れぬ形をしている。欧州の南部産。

（執筆者　平嶋義宏／図の出典　E. Séguy, 1950）

■**学名解**：学名を *Cyrtus gibbus* という．属名 *Cyrtus* は（ギ）kyrtos 曲った，肩が盛り上がった．種小名は（ラ）gibbus こぶ，瘤のある．

外　国（ヨーロッパ）

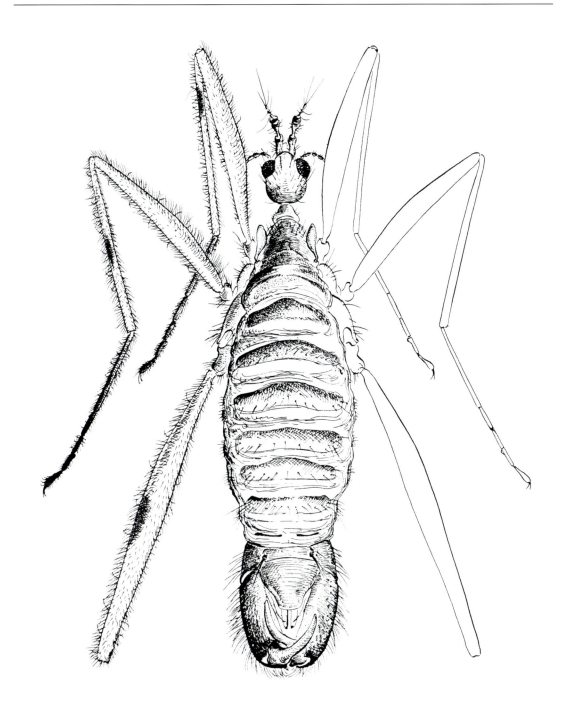

雪上に出現するクモガタガガンボの一種

　雪の上を虫が歩いている。それは世界中どこでも同じである。ここに図示した虫は一際奇怪な姿をしている。ベルギー産。　　　　　　　　　　　（執筆者　平嶋義宏／図の出典　T. Heijerman, 1987）

　■学名解：学名を *Niphadobata belgica* という．属名は（ギ）「雪の上を歩きうるもの」の意 ＜ niphas（属格 niphados）雪 + batos 通行しうる，近づきうる．種小名は（ラ）ベルギーの．

外　国（ヨーロッパ）

絵葉書のセイヨウオオマルハナバチ

　セイヨウオオマルハナバチ*Bombus terrestris*はイギリスをはじめヨーロッパ各国には普通種であり，英名をBuff Tailed Bumble Beeとして親しまれている．イギリスの郵政省では特別に絵葉書を発行している．我が国にはかなり以前からハウス栽培のトマトの受粉用に輸入され，利用されたが，いつの間にか野生化して，いまでは北海道全域に定着している．すでに我が国のファウナの一員である．　　　　　（執筆者　平嶋義宏／図の出典　イギリスの郵政省発行の絵葉書，1985）

■**学名解**：属名は（ギ）bombos由来で，ぶんぶんいう音をいう．翅音を表現したもの．種小名は（ラ）terrestris地上の，陸上の．

外　国（ヨーロッパ）

コナラタマバチの1種とそのゴール（虫えい）

　ヨーロッパ産のコナラタマバチの一種*Andricus kollari*とそのタマバチが作ったゴール。見事な球形をしている。　　　　　　　　　　　　（執筆者　平嶋義宏／図の出典　Bienen und Wespen, 1985）

■学名解：属名は（ギ）andrikos男の，男らしい．種小名は人名由来．

外　国（ハワイ）

ハワイ特産の蝶2種

　ハワイ群島の蝶相は貧弱で，固有種にはカメハメハアカタテハ *Vanessa tameamea*（写真の 1。平嶋義宏撮影）とハワイシジミ *Udara* (=*Vaga*) *blackburni*（写真の 2。Simons, 1984）の2種が知られるのみ。どちらも珍奇種である。

　カメハメハ大王は今でもハワイの人たちに敬愛されていて，大王の誕生日6月11日はカメハメハ・デイとして，ホノルルのイオラニ宮殿の前の銅像は美しいレイで飾られる。1966年のカメハメハ・デイで筆者が撮影したスナップを示した（写真の 3）。

（執筆者　平嶋義宏／図の出典　平嶋義宏撮影）

■**学名解**：属名 *Vanessa* は詩人スイフトの作品中の人物（彼の愛人の愛称と言われる）．種小名はハワイ王朝の始祖カメハメハ大王の現地名．属名 *Udara* は梵語由来で，高貴な，美麗な，の意（針貝, 1985）．古い属名 *Vaga* はラテン語由来で，放浪する（もの）の意．種小名はハワイの昆虫研究者ブラックバーン氏に因む．

外　国（ハワイ）

ハワイのイトトンボの集大成

　ビショップ博物館の特別出版第90号として1996年に発行されたこの図鑑は，Dan Polhemus博士とAdam Asquith博士の力作で，ハワイ産のイトトンボを知る上での必須の文献。ハワイでの昆虫の進化を知るための貴重な1冊である。　　　　（執筆者　平嶋義宏／図の出典　平嶋義宏撮影）

外 国（ハワイ）

幼虫が地上で生活する奇想天外なハワイのイトトンボ

　オアフカワリイトトンボ*Megalagrion oahuense*の幼虫は，正真正銘，地上のウラジロの植生の中で生活する（写真の下図）。この奇想天外な事実はウィリアムズ博士F. X. Williamsが観察し，1936年に発表された。博士の観察記録は筆者の解説（「ハワイの昆虫，その驚異的な進化，2：陸生のイトトンボの実態」『月刊むし，441号』）に詳しく再録した。

（執筆者　平嶋義宏／図の出典　Polhemus & Asquith, 1996）

■学名解：属名は（ギ）megalo-大きな＋イトトンボ属*Agrion*＜（ギ）agrios野生の．種小名は近代（ラ）オアフ島の．

外　国（ハワイ）

珍種カウアイベニイトトンボ

　カウアイベニイトトンボ*Megalagrion vagabundum*はカウアイ島の特産で，いうまでもなくハワイの固有種である。雌（上図）は紅色であるが，雄（下図）は黒っぽい。幼虫は流水の縁の水が浸みでる場所やコケの生えた濡れた岩面にいる。

（執筆者　平嶋義宏／図の出典　Polhemus & Asquith, 1996）

■学名解：種小名は(ラ)放浪する，さすらいの．

外　国（ハワイ）

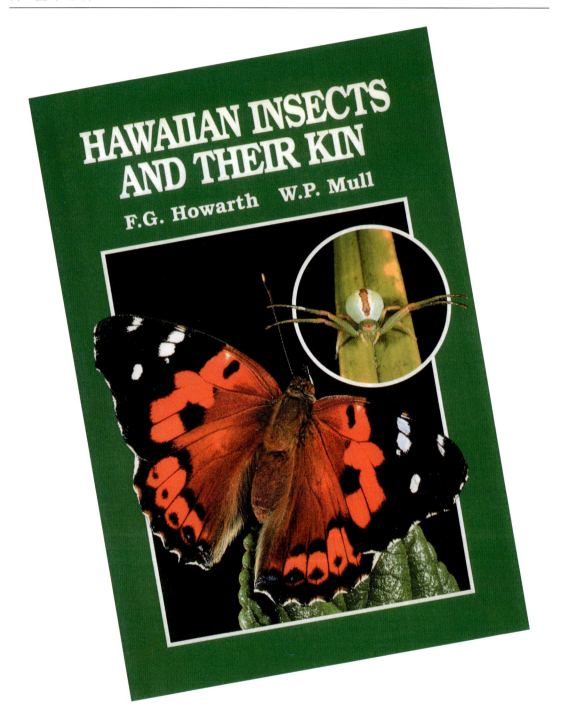

ハワイの昆虫を知るための図鑑

　ビショップ博物館の昆虫学者Francis HowarthとWilliam Mullの共著になるこの本（ハワイ大学出版，1992）は，疑いもなく世界一の昆虫図譜であり，どの頁にも素晴らしいハワイの虫の美しいカラー写真が満載されている。ハワイの昆虫研究者の必見の書である。筆者は本書からここに14の図版を引用させて頂いた。　　　　　　　　　　（執筆者　平嶋義宏／図の出典　平嶋義宏撮影）

外　国（ハワイ）

ハワイ固有のショウジョウバエと外来種のキイロショウジョウバエ

　ハワイのショウジョウバエは1属に約500種が知られていて，将来は1,000種に達するであろうと言われている。適応放散の最たるものである。体が大きく，翅に模様を持つものが106種知られていて，picture-winged（マダラバネあるいはハネマダラ）と呼ばれている。その1種オオマダラバネショウジョウバエ*Drosophila conspicua*を上に示した。同時に示された普遍種のキイロショウジョウバエ*Drosophila melanogaster*とその大きさを比較されたい。

（執筆者　平嶋義宏／図の出典　Howarth & Mull, 1992）

■**学名解**：属名はギリシア語原で，露を好むもの，の意．種小名は，conspicuusの女性形で，顕著な，の意．一方の*melanogaster*はギリシア語由来で，黒い腹，の意．

外　国（ハワイ）

ハワイのショウジョウバエのレッキング

　雄同士が，交尾相手を獲得するための示威行動をする場所とその行動をレック lek またはレッキング lekking という。ハワイのショウジョウバエのレッキングはつとに有名である。ここに示すホワース博士とムル博士の写真はそのレック行動を見事に捉えた傑作である。

（執筆者　平嶋義宏／図の出典　Howarth & Mull, 1992）

外　国（ハワイ）

ハワイの肉食性のカバナミシャクの一種

幼虫が肉食性のカバナミシャク *Eupithecia orichloris* の成虫（雌）の図を示す.
（執筆者　平嶋義宏／図の出典　Howarth & Mull, 1992）

■学名解：学名解は次頁に.

外 国（ハワイ）

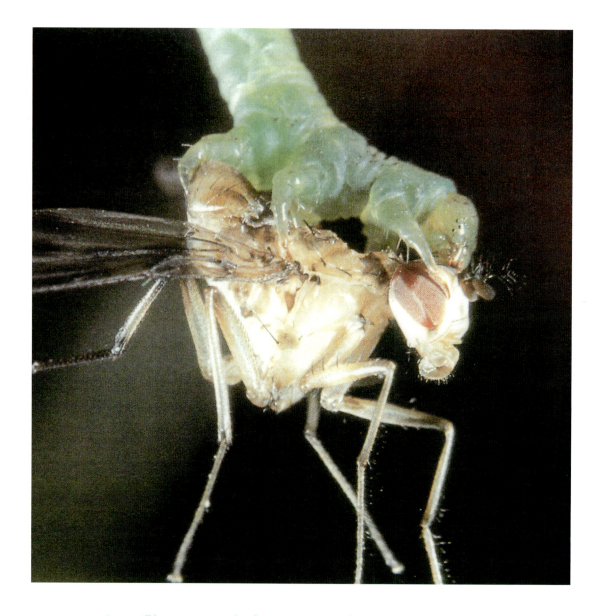

これは驚いた，肉食性のカバナミシャクの幼虫

　カバナミシャク属Eupitheciaは日本にもいて，約60種が知られているが，ハワイにも25種の固有種が知られている。驚いたことに，このうちの18種は幼虫が肉食性になっている。写真に示すとおり，獲物は主にショウジョウバエである。図示したものはEupithecia orichlorisである。また，ハワイのカザリバガの幼虫にも肉食性のものが見つかっている。

（執筆者　平嶋義宏／図の出典　Howarth & Mull, 1992）

■学名解：属名Eupitheciaは（ギ）由来で，美しい小人，の意．種小名orichlorisは（ギ）山の薄黄色の＜oros + chlōros.

外　国（ハワイ）

モロカイ島の固有のコオロギ

　モロカイ島特産のこの黒っぽいコオロギ*Anaxiphia atroferugineum*は何処にでもいるというものではない。黒と黄色と赤の配色も奇抜である。木の上にいて，昼夜を問わず鳴く。その鳴き声は「ハワイのカタツムリの鳴き声」と思われている。

(執筆者　平嶋義宏／図の出典　Howarth & Mull, 1992)

■**学名解**：属名*Anaxiphia*は（ギ）ana-上に＋（ギ）xiphos剣＋接尾辞-ia. 種小名は（ラ）atro-黒い＋（ラ）ferrugineus鉄さび色の，くすんだ色の．

外　国（ハワイ）

ハワイ島特産の美麗なコオロギ

この美麗なコオロギの一種*Prognathogryllus alatus*はオアフ島の特産で，雄は美しい声で鳴く．
（執筆者　平嶋義宏／図の出典　Howarth & Mull, 1992）

■学名解：属名は（ギ）pro-前に＋（ギ）gnathos顎＋（ラ）gryllusコオロギ．種小名は（ラ）翼のある．

外 国(ハワイ)

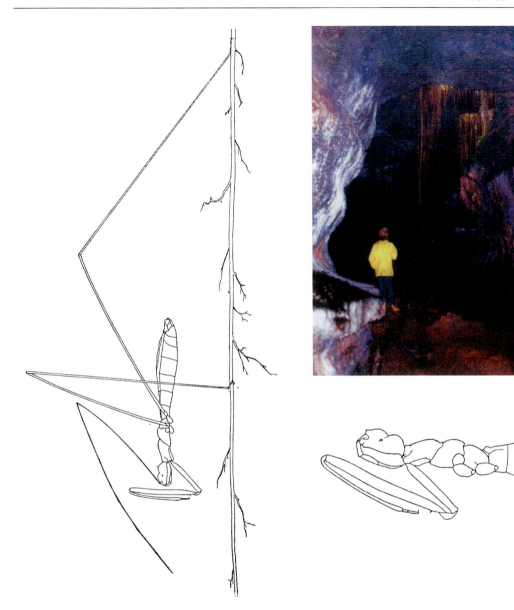

珍奇な洞窟性のサシガメ

　ハワイの溶岩洞には，上に生えている植物の根が溶岩を突き通して洞窟内に垂れ下がっていることが多い。その根を生息場所にして，飛んでくる小さな昆虫を獲物として生活している珍奇な昆虫がいる。それがサシガメの一種で，GagneとHowarth博士の論文を読んで吃驚し，その図を見てさらに驚いた。形態的にひどく特化した虫である。ハワイ島のEmesine洞とAlahaka洞のみに生息するハワイの固有種である。右上図は洞窟内の様子で，垂れ下がった植物（オヒア・レフア）の根が見える。この根がサシガメの住み家である。

（執筆者　平嶋義宏／図の出典　W. Gagne & F. Howarth, 1975）

■**学名解**：ハワイアナサシガメの学名を *Nesidiolestes ana* という．属名は(ギ)nēsidion 小島(nēsosの縮小形)＋(ギ)lēstēs 盗賊．種小名は日本語由来で，穴．

外　国（ハワイ）

スペオベリア・アアアの生きた姿

ハワイ島の高所の溶岩洞で撮影された珍虫の中の珍虫。

（執筆者　平嶋義宏／図の出典　Howarth & Mull, 1992）

■学名解：*Speovelia aaa* の属名は（ギ）speos 洞窟＋カタビロアメンボ属 *Velia*＜（ラ）velum 帆．水面を帆かけ舟のように軽快に動くため．種小名 *aaa* はハワイ語で溶岩，溶岩洞．

外　国（ハワイ）

ハワイ産のドウクツコオロギの一種

　ハワイはマウイ島の溶岩洞に生息するドウクツコオロギ *Caconemobius* sp. で，この時点では新種であり，固有種である。洞窟性のため，眼と翅が退化している。どんな新種名がつけられるのであろうか。楽しみである。　　　　　　　　　（執筆者　平嶋義宏／図の出典　Howarth & Mull, 1992）

■学名解：属名の前節は（ギ）kakos 悪い，禍の．後節は *Nemobius* 属から．（ギ）林間の牧草地に生きるもの＜ nemos ＋ bioō.

外　国（ハワイ）

▲　ハワイトラカミキリの一種（Howarth & Mull, 1992）

▲　ハワイトラカミキリの一種（平嶋義宏撮影）

▲　ハワイトラカミキリの一種（上図の側面。平嶋義宏撮影）

美麗で軽快なハワイトラカミキリ

　ハワイトラカミキリ属 *Plagithmysus* は1属に139種を含む大きなグループで，すべてハワイの固有種であり，固有属である．動きも活発である．筆者はオアフ島の林の中で軽快に飛んでいるのを見て網に入れた．昔は6属に分類されたが，現在は1属にまとめられている．

（執筆者　平嶋義宏／図の出典　Howarth & Mull, 1992及び平嶋義宏撮影）

■学名解：オアフトラカミキリ（仮称）*Plagithmysus varians*. 属名は（ギ）plagios 横向きの，曲った＋（ギ）ithma 歩み，動き＋-ysus＜（ギ）isos 等しい．難解な属名である．本種はオアフ島産．種小名は（ラ）さまざまの，種々の．右の2枚の写真の種小名は不詳．翅鞘に斑紋がなく，頭胸部と腿節のすべてが黒い．筆者がオアフ島の林で採集し撮影したもの．

外　国（ハワイ）

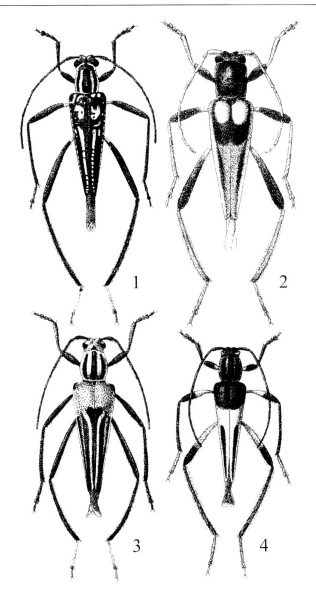

姿と斑紋の美しいハワイトラカミキリ

　ハワイ群島のハワイトラカミキリ属 *Plagithmysus* は別記のように139種の固有種を含む大きなグループである．日本産のカミキリムシでこの多さに匹敵するものはない．まさにハワイを代表する甲虫の一つといって過言ではない．ここにはその4種を示した．

（執筆者　平嶋義宏／図の出典　Fauna Hawaiiensis, 1913）

■学名解：1：*Plagithmysus permundus*. 属名は難解であるが，（ギ）plagios 横向きの，曲った＋（ギ）ithma 歩み，動き＋-ysus＜（ギ）isos 等しい，と推定（前出）．種小名は（ラ）非常に奇麗な，非常に優雅な．
　　　　2：*P. cuneatus*. 種小名は（ラ）くさび形の．
　　　　3：*P. diana*. 種小名はローマ神話のディアーナ．月と狩りの女神．ギリシア神話のアルテミス Arthemis 女神にあたる．
　　　　4：*P. sulphurescens*. 種小名は（ラ）硫黄色の．

外　国（ハワイ）

ハワイ特有のゾウムシの一種

　ハワイの固有のゾウムシの一種リュンコゴーヌス *Rhyncogonus* には褐色もあれば黒色もある。図示した虫は体全体が褐色で，翅鞘が粗面で，隆起物が多いのが特徴の一つである。

（執筆者　平嶋義宏／図の出典　Howarth & Mull, 1992）

■学名解：属名は(ギ)rhynchos嘴+(ギ)gonos生まれたもの，子供.

外　国（ハワイ）

ハワイの珍虫ケブカゾウムシ3種

　我が国ではまったく馴染みのないケブカゾウムシ*Proterhinus*はハワイ群島で適応放散し，現在174種が知られているが，最終的には250種になるであろうと言われている．びっくりするような数字である．これらの幼虫はハワイの固有の樹木やシダに寄生し，小枝，枝，幹などに潜り，稀に葉に潜ってリーフマイナーとなる．

　　　　（執筆者　平嶋義宏／図の出典　1 は Howarth & Mull, 1992．2 と 3 は Fauna Hawaiiensis, 1913）

■学名解：属名は（ギ）proteros 前方の，昔の＋（ギ）rhinos 皮膚，または（ギ）rhis, 属格 rhinos 鼻．1の種小名は種名不詳（未同定），2 は *sharpi*．甲虫学者Sharp氏に因む．3 は *mirabilis*．ラテン語で，驚くべき，奇妙な．

外　国（ハワイ）

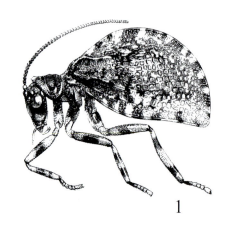
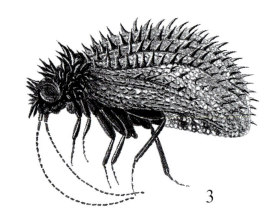

飛ばない珍奇な姿のハワイのヒメカゲロウ類

　島や高山には翅を失って飛ばない昆虫がいることが知られている．ハワイも例外ではない．その概説は拙著「ハワイの昆虫，その驚異的な進化，7」(『月刊むし，451号』) を見られたい．

　ここにはハワイ産のヒメカゲロウ類を紹介する．ハワイには22種の固有種が知られているが，そのうちの2属5種は前翅が硬化して珍奇な姿になり，後翅も退化して，飛べない．上掲の図にはそのうちの2属4種を示した．

　　（執筆者　平嶋義宏／図の出典　1はZimmerman, 1957．2はSimonら, 1984．3はCarquist, 1970．4はHowarth & Mull, 1992）

■学名解：1：ハレアカラトバズカゲロウ *Nesothauma haleakalae*．属名は（ギ）nesos島＋（ギ）thauma驚くべきもの．種小名はハレアカラ山の．

　　　　2：スウィージートバズカゲロウ *Pseudopsectra swezeyi*．属名は（ギ）pseudo-偽の＋ヒメカゲロウ属*Psectra*属＜（ギ）psēktra馬櫛．種小名はハワイの昆虫研究に功績のあったスウィージー博士に因む．

　　　　3：クックトバズカゲロウ *Pseudopsectra cookeorum*．種小名はイギリスの探検家・航海家James Cookに因む．通称キャプテン・クック．ハワイ群島で原住民に殺された．

　　　　4：マウイトバズカゲロウ *Pseudopsectra lobipennis*．種小名は（ラ）葉（よう，lobus）＋（ラ）penna翅．

外　国 (ハワイ)

珍奇な頭のウンカの一種

とんでもなく長い頭を持ったウンカである。ハワイの固有種で、オアフ島産。学名を *Dictyophorodelphax mirabilis* という。　　　　　(執筆者　平嶋義宏／図の出典　Howarth & Mull, 1992)

■**学名解**：属名は(ギ)diktyon 網＋(ギ)pherō 保持する＋ウンカ属 *Delphax* ＜(ギ)delphax 豚(良く太った). 種小名は(ラ)驚くべき, 異常な.

外　国（ハワイ）

ハワイのネソプロソピス各種と最近の侵入種

　ハワイのネソプロソピス *Nesoprosopis*（*Hylaeus* の1亜属）は1亜属に50余種を含む大きなグループである．比較的近年に種分化をとげたもののようで，雌は色のほかは形態的特徴に差がなく，未だに検索表ができていない．雄は生殖器とその周辺の腹節の構造で区別がつく．図の1〜5には体の大きさの違いとか色の違いなどの例を示した．1の中の赤で囲んだものは日本産のシマノムカシハナバチである．比較のために示した．6はある雄の顔面である．

　特筆すべきは，寄生性に転じたものもいる．同じネソプロソピスの巣に侵入するのである．ハナバチの世界では寄生性の種類はかなりいるが，決して同属のハチには寄生しない．

　最近米本土から別のプロソピス（=*Hylaeus*）がハワイに侵入した．筆者がワイキキ海岸で採集した雌の写真を7に示した．将来（数万年後！）の変化が楽しみである．

（執筆者　平嶋義宏／図の出典　平嶋義宏撮影）

　■**学名解**：ネソプロソピスは（ギ）島のプロソピス属 *Prosopis*＜（ギ）prosōpon 顔つき．属名 *Hylaeus* は（ギ）hylaios 森の．

外 国（ハワイ）

寄生性になったネソプロソピス

　ハナバチの仲間には，例えばノマダ *Nomada* のように，自分では営巣せずに，他のハチ（例えばアンドレナ *Andrena*）の巣を探してこれに産卵し，寄主を殺してしまういわゆる労働寄生蜂とよばれるものがある。これらは同じ仲間には決して寄生しない。ところがハワイのネソプロソピスの中には，数種であるが，同じネソプロソピスの巣に寄生するものがある。筆者はカウアイ島の山中でそれを観察し確認した。昆虫の世界では珍事中の珍事である。ここに掲げた写真もその寄生性のネソプロソピスの一種である。大顎が大きく，体の点刻も大きく，体もがっちりして，腹部の基部が赤い。何となく日本のヤドリコハナバチ *Sphecodes* に似ている。後者も典型的な労働寄生蜂である。　　　　　　　　　（執筆者　平嶋義宏／図の出典　平嶋義宏採集・撮影）

　■学名解：*Nomada* は（ギ）放浪するもの，*Andrena* は（ギ）スズメバチ anthrēnē の書き換え，*Sphecodes* は（ギ）spēx ジガバチに似たもの．

外　国（ハワイ）

種分化の激しいハワイのドロバチ

　ハワイのハチ類で固有種の多いものに，前出の花蜂のネソプロソピス*Nesoprosopis*があるが，その他に，寄生蜂類のナガコバチ科の*Eupelmus*（56種），有剣類のアリガタバチ科の*Sierola*（180種），スズメバチ科のドロバチ*Odynerus*（100種）をあげることができる。

　この中のドロバチの100種というのも驚異的な数字である。我が国には昔チビドロバチ1種のみが*Odynerus*とされていたが，現在は*Stenodynerus*に変更されている。

　筆者はハワイ滞在中（1966年4月から13ヶ月）に7頭のドロバチを採集した。そのうちの2頭（2種）を上に示した。右側の個体は全身真っ黒で，光沢が強く，非常に特徴的な種類である。

（執筆者　平嶋義宏／図の出典　平嶋義宏採集・撮影）

　■**学名解**：属名*Nesoprosopis*は（ギ）島のプロソピス（別記）．属名*Odynerus*は（ギ）odynēros痛い，痛みを感じさせる．このハチに刺されると痛い，という意味であろう．

外　国（ガラパゴス）

ガラパゴス諸島産の珍しい花蜂

　ダーウィンで有名なガラパゴス諸島といえば，丘と海のイグアナ，ゾウガメや小鳥のダーウィンフィンチが有名であるが，この島に固有のガラパゴスクマバチ *Xylocopa darwini* がいることを知る人は少ない．筆者は2010年に「太平洋島嶼と日本のクマバチ」と題して『月刊むし，467号』にガラパゴスクマバチを紹介したが，珍虫なのでここに再録しておきたい．写真の左は雄，右は雌である．なお，ガラパゴスにいる花蜂はこのクマバチ1種のみである，ということも知っておきたい．

(執筆者　平嶋義宏／図の出典　平嶋義宏，2010)

■学名解：属名は(ギ)xylon木，樹＋(ギ)kopē切り刻むこと．クマバチが木に穴をあけて営巣するため．種小名は近代(ラ)ダーウィンの．ダーウィンについては紹介するまでもなかろう．

外　国（南北アメリカ）

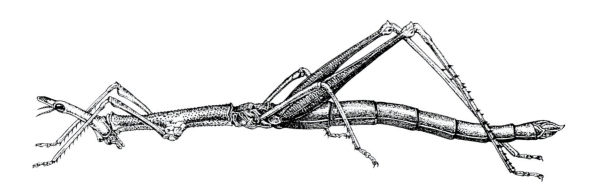

驚き顔の，驚くような棒切れ

　中南米に分布するこのナナフシバッタ *Proscopia* sp. は，体長10 cm内外。メスに比べてオスは少し体格が小柄だ。その名のとおり，彼らは体が棒のように著しく細長い。外見はナナフシにそっくりだが，れっきとしたバッタなので発達した後脚によりジャンプができる。植物の葉の上でじっとしていることが多く，必要にかられたときだけジャンプする。顔は三角形をしており，丸い大きな複眼がある。正面から見ると，まるで驚いたねずみ男のよう。

（執筆者　小松　貴／図の出典　小松　貴原図）

■学名解：属名 *Proscopia* は（ギ）proskopos 先を見る．もしくは（ギ）proskopē 見張り．

外　国（南北アメリカ）

南米産の巨大ゴキブリ

　ゴキブリは変わった習性を持っている。食性が広い。動物質，植物質，腐敗物など，好き嫌いがない。また，他の昆虫が卵を1つずつ産むのに，ゴキブリは10個ほどの卵を卵鞘の中に産み，しばらく尻の先にくっつけて，持ち運ぶ。筆者はこれは世界最初に母性愛を発揮した動物であると評している。付図の1はエクアドル他産のマンモスゴキブリ *Megaloblatta longipennis* である。2はブラジル産のオオメンガタブラベルスゴキブリ *Blaberus giganteus* である。大きな4枚の翅は迫力がある。　　　　　　　　　　　　　　　（執筆者　平嶋義宏／図の出典　阪口浩平, 1980）

　■**学名解**：属名 *Megaloblatta* は（ギ）巨大なゴキブリ，種小名 *longipennis* は（ラ）長い翅の．属名 *Blaberus* 　は（ギ）blaberos 有害な．種小名 *giganteus* は（ラ）巨大な．

外　国（南北アメリカ）

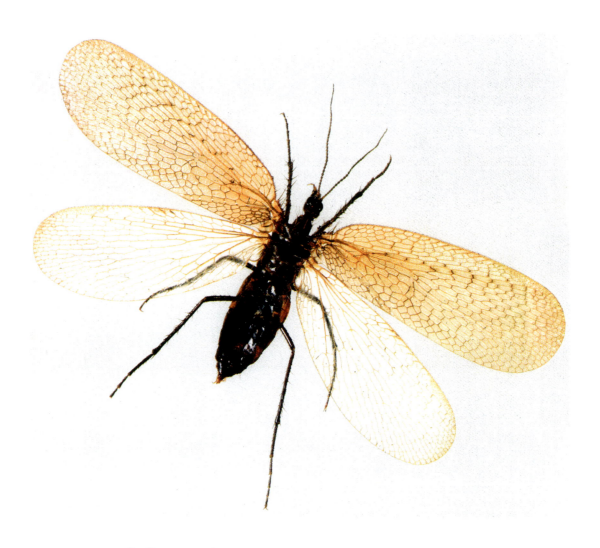

南米の生きている化石ノティオタウマ

　我が国のムカシトンボは生きている化石として珍重されている。生きた化石といえば現代では細々と生活しているように聞こえるが，ムカシトンボは日本全土に産し，発生期には個体数も多く，渓流の上を悠々と飛んでいる。トンボ好きに親しまれている。

　これに対し南米チリ産のノティオタウマ（ムカシシリアゲ）*Notiothauma* は同様に生きた化石と呼ばれているが，その実態はまだよく調べられていない。完全変態をするシリアゲムシの仲間である。この珍虫を紹介された阪口博士に敬意を表したい。

（執筆者　平嶋義宏／図の出典　阪口浩平，1980）

■**学名解**：属名 *Notiothauma* は（ギ）notios 南の＋（ギ）thauma 驚くべきもの，不思議なもの．

外　国（南北アメリカ）

幼虫生活17年というレコード保持者

　アメリカのジュウシチネンゼミ *Magicicada septendecim* は地中の幼虫生活が17年間という世界一の長寿の昆虫である。発生するときはそれこそ無数といってよいほどのセミが現れる。鳴き声は左程うるさくはないという。なお，13年周期のセミもいる。

（執筆者　平嶋義宏／図の出典　丸山宗利撮影）

　■学名解：属名の前節 Magi- は（ラ）magia（魔法）に由来し，魔法のセミという意味であろう．種小名は（ラ）septendecim をそのまま用いたもので，17の意．

外　国（南北アメリカ）

大人への試練，激痛の弾丸

　サシハリアリ *Paraponera clavata* は中南米に生息する大型のアリで，体長3 cm前後。大木の根元などに穴を掘って営巣し，地表から樹上まで広範囲にわたり餌を探す。このアリは極めて強力な毒針を持つことで知られており，刺されると人によっては激痛のあまり数日寝込むこともあると言われる。また，アマゾンの奥地にすむ部族の中には，成人の儀式としてこのアリを肌に押し当てられ，耐え抜いた者を成人と見なす風習を持つところがあるらしい。一般的に，アリは一度飲み込んだ液状餌を再び吐き戻せる「社会胃」を持ち，同巣の仲間同士で餌を分け合う。しかし，この種のアリは社会胃を持たないため，液状餌は大顎の間に滴として蓄えて運ぶ。写真はエクアドル産。　　　　　　　　　　　（執筆者　小松　貴／図の出典　小松　貴撮影）

■**学名解**：属名は近代(ラ)*Ponera* に近いもの，の意＜(ギ)para- 近くに＋ハリアリ属 *Ponera* ＜(ギ) ponēros 労の多い，悪い，役に立たない．種小名は(ラ)clavatus の女性形で，棍棒状の．

外　国（南北アメリカ）

殺戮の赤い大河

　グンタイアリ *Eciton quadriglume* は中南米のジャングルに生息する，恐るべき肉食昆虫。特定の巣を作らず，樹洞などに短期間滞在しながら広範囲を放浪し，行く手にいる様々な生物に襲いかかる。一つのコロニーの構成要員は最大で100万匹近くにも及ぶと言われる。大群で自分よりもはるかに大きな生物に取りつき，短時間でバラバラに解体してしまうため，「人食いアリ」などと呼ばれることもある。しかし，人間が食べられてしまうことなど滅多になく，獲物となる生物の大半は土壌性のクモやゴキブリ，そしてハチや他種のアリである。コロニー内には，外敵との戦闘に特化した兵隊カーストがおり，まるでマンモスの牙にも似た巨大な大顎を持つ。咬まれると，取り外すのが厄介である。写真はエクアドル産。

（執筆者　小松　貴／図の出典　小松　貴撮影）

■学名解：属名 *Eciton* は語源不詳とされている．類推すれば（ギ）echis 毒蛇＋（ギ）iton そこにある，存在する．種小名 *quadriglume* は（ラ）quadri 4の＋-gluma はかま，鱗片状の葉．

外　国（南北アメリカ）

空を滑空する，黒い鍋蓋

　ナベブタアリ *Cephalotes atratus* は中南米にすむ変わった姿かたちのアリの一種。近似の多くの種類が生息しているが，その最たるものがここに示すものであろう。図示したアリは体長1cm前後と，最大級のサイズを誇る。まるで上から押しつぶしたような，平べったい体型をしている。このアリは高い木の幹に空いた，小さな洞の中に営巣しており，枝先につくカイガラムシやツノゼミの出す甘露などを餌とする。このアリはしばしば脚を滑らせて，下に落ちる場合がある。しかし，落ちる過程でこのアリは巧みに体を傾けて軌道修正し，地面に到達する前に木にしがみつくことができるという。写真はエクアドルにて。

（執筆者　小松　貴／図の出典　小松　貴撮影）

■学名解：属名は（ギ）kephalōtēs頭を持っているもの．種小名は（ラ）黒ずんだ．

外　国（南北アメリカ）

グンタイアリの鎖と露営（ビバーク）

　グンタイアリは行進中に随意に鎖を作って橋となり，仲間を通して難所を乗り越える．その時のアリ同士の繋がり方を示したのが上図である．曲芸の一つ．この鎖は露営の時にも用いられる．下図は集団で露営しているカギグンタイアリ（改称）*Eciton hamatum* の様子．旅に出る時は次々に鎖を解く．写真の上はフレンチギアナ産．下はエクアドル産．

（執筆者　小松　貴・平嶋義宏／図の出典　小松　貴, 2016）

■学名解：属名 *Eciton* は（ギ）echis 毒蛇＋（ギ）iton そこにある，と推定．種小名は（ラ）hamatus の中性形で，鉤のついた．

外　国（南北アメリカ）

巨大な牙を持つグンタイアリ

　この巨大な牙（大顎）を持つオオキバグンタイアリ（改称）*Eciton burchellii*は中南米（エクアドル他）にいる軍隊アリ（数十種）の一種である。この牙を見ると誰でも凄いと思う。大集団で放浪しては行く先々で他の昆虫やアリなどを襲って食べる。肉食性であり，一定の巣を作らない。写真はエクアドル産。　　　　　（執筆者　小松　貴・平嶋義宏／図の出典　小松　貴，2016）

■**学名解**：属名*Eciton*の意味は前出．種小名は人名由来．

外　国（南北アメリカ）

農業をする中南米のハキリアリ

　中南米産のハキリアリ *Atta* spp. は地中に大きな巣を作るが，集団で付近の木に登って葉を切り落とし（図の1），それを巣に運んで（図の2），噛み砕いて菌を繁殖させ，それを餌として生きている。人間の生存基盤である農業を，人間よりもはるか大昔に発明した素晴らしい昆虫である。運んでいる葉の上にいる2匹の小型のアリは，産卵のために襲ってくるハエを撃退するため。コーヒーの木の葉が切り落とされた場合は農業害虫となる。

（執筆者　小松　貴・平嶋義宏／図の出典　小松　貴，2016）

■学名解：属名はおそらく（ギ）attaに由来．年長者への挨拶，または父，の意．

外　国（南北アメリカ）

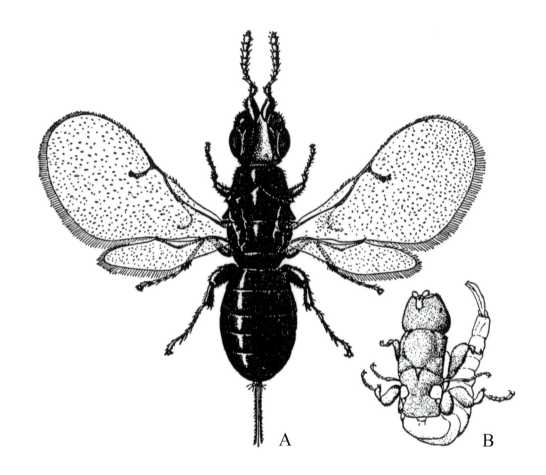

イチジクの受精に欠かせないイチジクコバチ

　イチジクに美味しい実がなるのは，イチジクコバチが中にいて，受精を司っているからである．面白いことに，雌（図のA）には翅があって自由に飛び回れるが，雄（図のB）は無翅であり，イチジクの実から外界にでることはできない．1976年のUSDA（アメリカ農務省）の統計によれば，主産地はカリフォルニア州で，約54,000トンの果実が収穫され，500万ドルの経済的効果があるという．約4分の1が缶詰にされ，4分の3はドライフルーツに，ごく少量が生食される．品種にはスミルナイチジク Smyrna fig が有名である．

（執筆者　平嶋義宏／図の出典　E. O. Essig, 1942）

■**学名解**：イチジクコバチの学名を *Blastophaga psenes* という．属名は（ギ）新芽を食べるもの＜blastē ＋ phaga. 種小名は（ギ）psēn, 属格 psēnos イチジクコバチ．

外　国（南北アメリカ）

中南米のツリハリナシバチ（ハチ目）

　ツリハリナシバチ *Trigona* (*Tetragonisca*) *angustula* の分布はメキシコからパラグアイの広域に及び，優先種である．営巣には建物などのさまざまな材の間隙空間を選択し，人為的な環境になじみやすい種である．高次真社会性種で，ほかのハリナシバチ類と同じように毒針が退化していて，防御には大顎が用いられる．小型種で，体は黒・黄・オレンジの三色刷りで，ほっそりとした腹部を水平に保ち，長い脚を垂らして飛ぶ姿は優美である．大きな特徴は見事なホバリング能力にある．外敵に備えて巣口周辺では多数の個体がホバリングを繰り返し，巣を干渉するとその数が一挙に増加する．襲来した外敵には大顎で噛みつき，そのまま頭部がもげて，外敵の体にくらいついたまま残されている．

　図のAは人工巣のビニール巣口上で入口向きでガードをしている個体，図のBは実験的に近づけたヤマトアシナガバチの右後翅にちぎれてもくらいついている頭部を示す．

（執筆者　前田泰生／図の出典　前田泰生撮影）

■**学名解**：属名は（ギ）trigōnos の女性形，三角形の．亜属名は（ギ）tetragōnos 由来で，正方形の．これに縮小辞 -isca（-iscus の女性形）を付した造語．種小名は（ラ）angustus の縮小形（-ula は縮小辞），やや狭い，やや短い．

外　国（南北アメリカ）

金属光沢に輝くシタバチ

　南米には金属光沢に輝くハナバチが多い。ここに図示する2種もそうである。1はペルー産のエメラルドシタバチ *Exaerete frontalis*，2もペルー産のミドリシタバチの一種 *Euglossa* sp. である。シタバチの名はその長大な舌から。深いところの花蜜を吸い上げるための変形。

（執筆者　平嶋義宏／図の出典　阪口浩平，1980）

■学名解：属名 *Exaerete* は（ギ）exairetos 選び出された，特別の．種小名 *frontalis* は（ラ）前頭の．属名 *Euglossa* は（ギ）eu- 良い，真の +（ギ）glōssa 舌．

外　国（南北アメリカ）

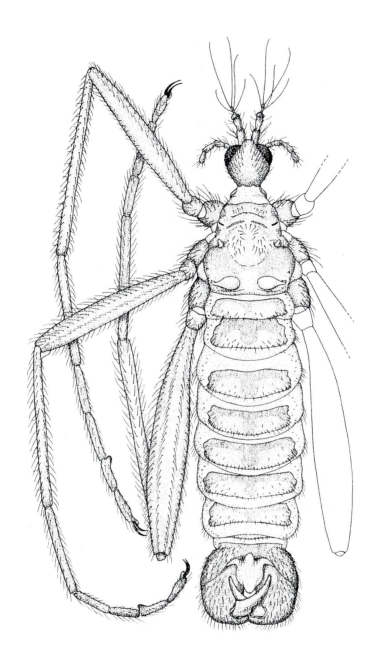

北米産のクモガタガガンボの一種

　クモガタガガンボはユキガガンボともいう。雪の上に出現するからである。学名 *Chionea alexandriana* にもその習性が示されている。筆者（平嶋）は命名者の Byers 博士とは面識がある。ハンサムで人柄の良い昆虫学者である。　　　　　　　（執筆者　平嶋義宏／図の出典　G. Byers, 1983）

　学名解：属名は（ギ）chioneos の女性形で，雪の．種小名は産地名由来．

外　国（南北アメリカ）

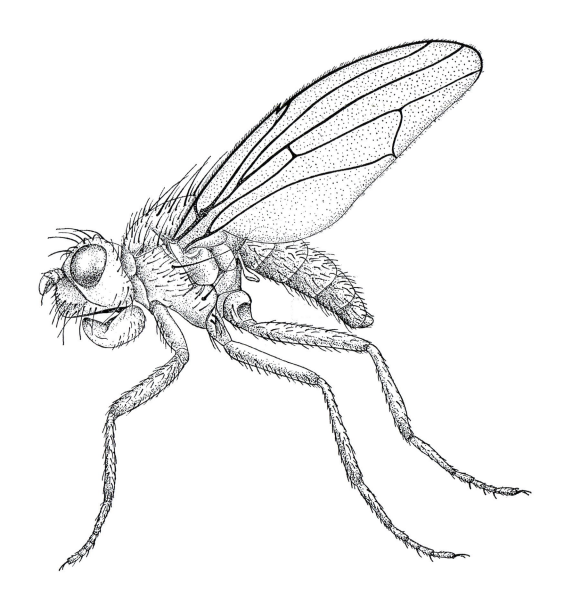

塩水湖に発生するミギワバエ

　カリフォルニア州の塩水湖に発生するミギワバエの一種 *Ephydra hians* である．面白いことに，このハエの蛹は原住民の食糧となる．現地ではクーツァベ koo-tsabe と呼ばれる．

（執筆者　平嶋義宏／図の出典　E. O. Essig, 1954）

■学名解：属名は（ギ）ephydros 湿った，雨の，水生の．種小名は（ラ）hio の現在分詞で，大きく開いた．

外　国 （南北アメリカ）

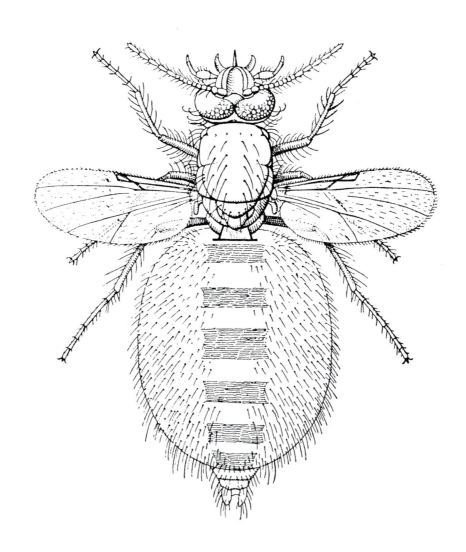

ナナフシに外部寄生するヌカカの一種

　ナナフシに外部寄生するという習性も特異であるが，このハエの成虫の姿も珍しい。ブラジル産。

（執筆者　平嶋義宏／図の出典　E. Séguy, 1950）

■学名解：学名を *Phasmidohelea wagneri* という．属名は（ギ）ナナフシ目 Phasmida（phasma 幻影，亡霊＋接尾辞-ida）＋（ギ）hēlos 釘の頭，瘤＋接尾辞-ea．種小名は人名由来．

外　国（南北アメリカ）

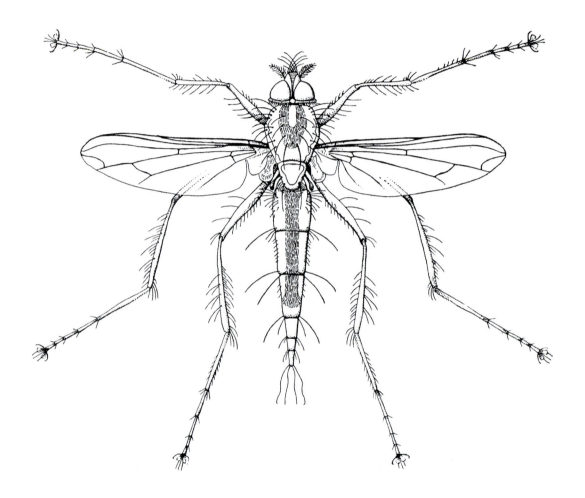

珍奇なヤドリバエの一種

　これは南米産のヤドリバエの一種 *Trichodura recta* で，如何にも軽快な動きをする，という感じを受ける。ヤドリバエにしては脚が長い。　　　　　　（執筆者　平嶋義宏／図の出典　E. Séguy, 1950）

■**学名解**：属名は（ギ）thrix（連結形 tricho-）＋（ギ）odouros 先導者．体や脚に生えた剛毛を表現．種小名は（ラ）rectus の女性形，まっすぐな．

外　国（南北アメリカ）

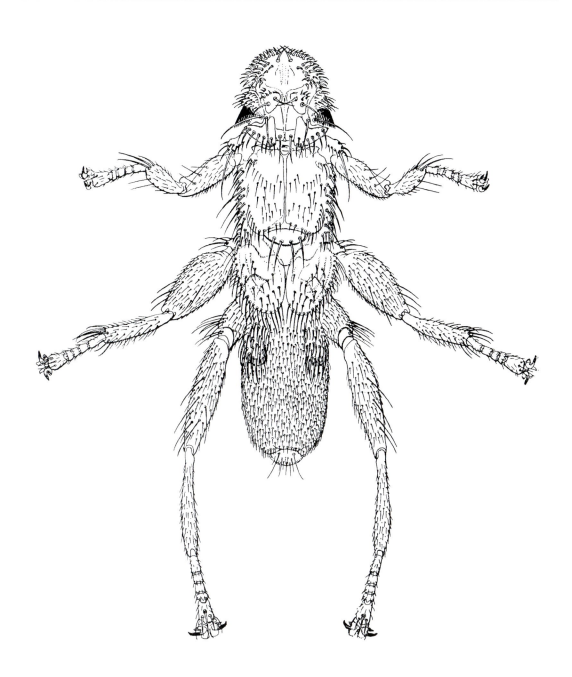

コウモリに寄生する珍虫

　コウモリにはコウモリバエという昆虫が寄生する．図示するように，一風変わった虫である．中央アメリカ産．学名を *Metelasmus pseudopterus* という．体長 2 mm の小さなハエである．体に生えた短い剛毛が凄い．　　　　　　　　　　　　　　（執筆者　平嶋義宏／図の出典　E. Séguy, 1950）

　■**学名解**：属名は（ギ）meta- 後の＋ハエの1属 *Elasma* ＜（ギ）elasma 薄くのばした金属板．種小名は（ギ）pseudo- 偽の＋（ギ）pteron 翅．

外　国（南北アメリカ）

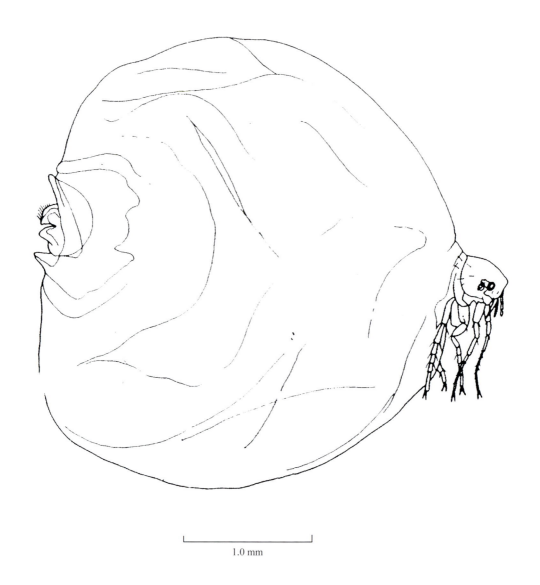

1.0 mm

スナノミまたはジガーという珍奇なノミ

　熱帯アメリカの西インド諸島には奇妙なノミ（蚤）がいる。人の皮膚（主に足）に寄生し，その下の肉に食いこんで一生の大半を過ごす。和名をスナノミ（砂蚤），英名をchigoeまたはjigger，学名を*Tunga penetrans*という。　　　　　　　　（執筆者　平嶋義宏／図の出典　R. R. Askew, 1971）

　■学名解：属名はこのノミのTupi語由来．種小名は(ラ)入り込んだ，つき通した．

外　国（南北アメリカ）

南米産の巨大なカブトムシ

　ペルー産のこのゾウカブトムシ（アクタエオンゾウカブトムシ）*Megasoma actaeon*は堂々とした体つきで，体においてはヘラクレスオオカブトムシに見劣りがしない。

（執筆者　平嶋義宏／図の出典　ESI, 2003）

■学名解：属名も（ギ）巨大な体(megas + sōma)である．種小名はギリシア伝説のアクタエオーンに因む．テーバイの創建者カドモスの孫で，猟師．

外　国（南北アメリカ）

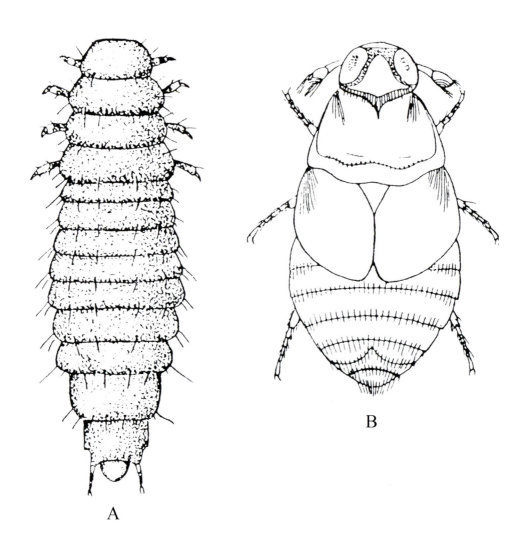

珍獣ビーバーに寄生する珍虫ビーバーヤドリムシ

　珍獣ビーバーの毛皮に寄生する虫がいる。学名を *Platypsyllus castoris*，和名をビーバーヤドリムシ（新称）という。Aは幼虫，Bは成虫である。ビーバーの巣の土中で蛹化する。そこで英名を mammal nest beetle という。なお，アメリカでは *Leptinus* 属として扱われている。

（執筆者　平嶋義宏／図の出典　R. Jeannel, 1949）

■学名解：属名 *Platypsyllus* は(ギ)platys 幅広い，ひらたい＋(ギ)psylla ノミ．種小名は(ラ)castor の属格で，ビーバーの．なお，属名 *Leptinus* は(ギ)細い．

外　国（南北アメリカ）

世界最大の甲虫ヘラクレスオオカブトムシ

　世界最大の甲虫として有名なヘラクレスオオカブトムシ *Dynastes hercules* は，中南米に広く分布し，地域によっていくつかの亜種に分けられる．アマゾンに産するものは，亜種 *ecuatorianus* である．この亜種では，最大のものは角を含めて体長150 mm以上に達する．図のすべては雄．右下のみ雌．　　　　　　　　　　　　　（執筆者　野村周平／図の出典　野村周平撮影）

■学名解:属名は(ギ)君主，支配者．種小名は(ギ)ギリシア神話中の最大の英雄ヘーラクレース．亜種名は(ラ)エクワドールの．

外 国（南北アメリカ）

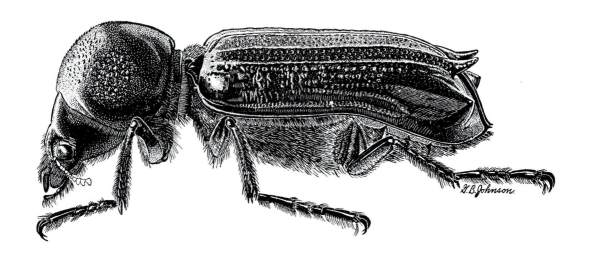

椰子の木に穿孔するナガシンクイムシ

　日本にもナガシンクイムシは14種ばかり知られているが，精密なその図を見たことがない．おそらくEssig先生の図は世界唯一のものであろう．その英名をCalifornia palm borer，学名を*Dinapate wrighti*という．英名からはこの虫が椰子に潜り込むことが知れる．

（執筆者　平嶋義宏／図の出典　E. O. Essig, College Entomology, 1942）

■**学名解**：属名の前節Din-は（ギ）deinos由来で，恐ろしい，不思議な，という意味．後節は（ギ）apatē詐欺，欺瞞．種小名は人名由来．

外　国 (南北アメリカ)

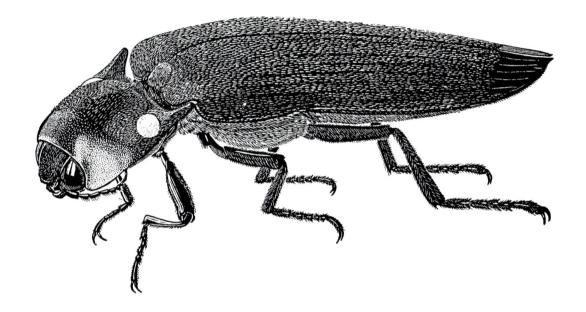

発光器を持つヒカリコメツキ

　南北熱帯アメリカ産のこの大きなヒカリコメツキは緑色の金属光沢に輝く美しい甲虫であるが，前胸に一対の発光器を持つ珍奇な昆虫である．

　Essig先生のテキストは付図が美しいという評判である．この図や前出のナガシンクイムシを見ると成程と合点させられる．

(執筆者　平嶋義宏／図の出典　E. O. Essig, College Entomology, 1942)

■学名解:英名をfire beetleという．*Pyrophorus pellucens*の属名は(ギ)pyr火+(ギ)pherō担う，保持する．種小名は(ラ)光を放つ．

外　国（南北アメリカ）

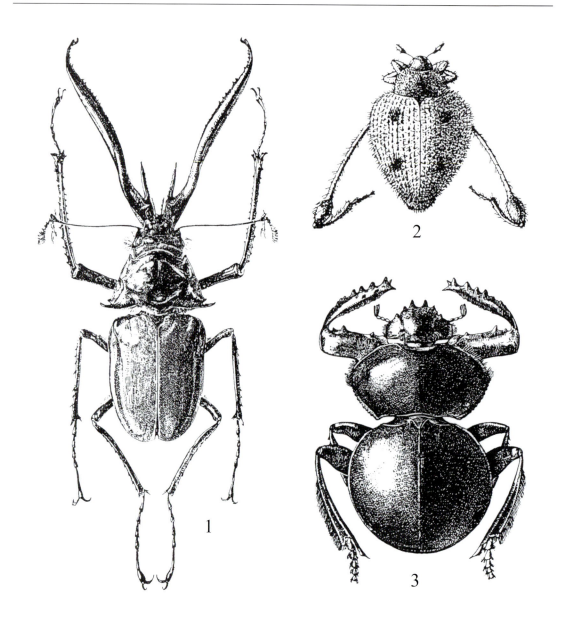

珍奇な形態の甲虫

『昆虫採集学』及び『新版　昆虫採集学』に搭載した「珍奇な形態の昆虫」の中から拾い出した甲虫3種を示す。そのもとはR. Jeannel（1949）である。ただし産地については1種のみ判明。
（執筆者　平嶋義宏／図の出典　R. Jeannel, 1949）

■学名解：1：コガシラクワガタ *Chiasognathus granti*. 属名は（ギ）chiasma 横木 +（ギ）gnathos 顎. 造語に難がある. 種小名は人名由来. チリ，アルゼンチン産.
2：ゾウムシの一種 *Tachygonus stellatus*. 属名は（ギ）速い，いそぎの +（ギ）gonos 生まれたもの，子供. 種小名は（ラ）星で飾った. 産地不明.
3：コガネムシの一種 *Mnematium cancer*. 属名は（ギ）mnēma（属格 mnēmatos）記憶に残るもの，記念物+縮小辞-ium. ここでは愛らしい，の意. 種小名はカニ（蟹）. 産地不明.

外　国（南北アメリカ）

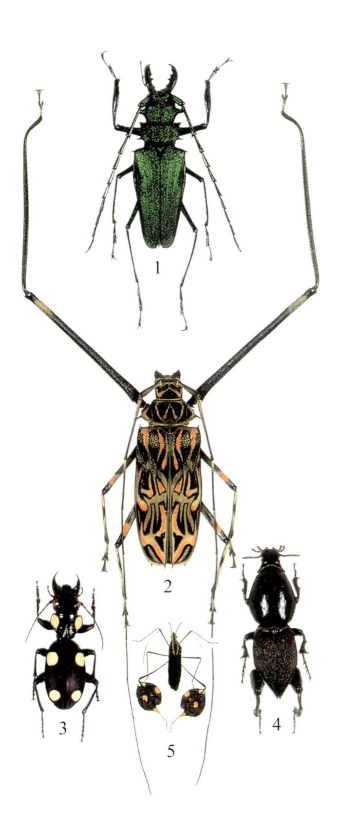

奇妙な甲虫4種とこれも奇妙なカメムシ

1：キンオニノコギリカミキリ *Psalidognathus friendi*，コロンビア産。

2：テナガカミキリ *Acrocinus longimanus*，ブラジル産。長大な前脚が目を引く。

3：ムツボシオサモドキゴミムシ *Anthia sexguttata*，インド産。6つの白斑が凄い。

4：ケラモドキカミキリ *Hypocephalus armatus*，ブラジル産。

5：グンバイカメムシ *Diactor bilineatus*，ペルー産。後脚の大きな葉状物が特異。

（執筆者　平嶋義宏／図の出典　ESI, 2003）

■ **学名解**：1の属名は（ギ）psalido- 鋏のような＋（ギ）gnathos 顎．種小名は人名由来．2の属名は（ギ）akros 最先端の，最高の＋（ギ）kineō 動かす，脅かす．種小名は（ラ）長い手の．3の属名は（ギ）anthia = anthē 花．種小名は（ラ）6つの斑点のある．4の属名は（ギ）hypo- 下に＋（ギ）kephalē 頭．頭の位置からの命名．種小名は（ラ）武装した．5の属名は（ギ）diaktōr = diaktoros 使者．種小名は（ラ）2つの線（斑）のある．

外　国（南北アメリカ）

ブラジル産の好蟻性のハネカクシ

　アメリカの Dr. Kistner はアリやシロアリの巣にいる昆虫特にハネカクシの世界的権威者といって過言ではない。珍奇なハネカクシを多数発表しておられる。ここに示す *Tetradonia brasiliensis* もその一つ。短い翅鞘の左右先端が尖っているのに注目されたい。また，後脚の先が弱々しいのも注目される。　　　　　　　　（執筆者　平嶋義宏／図の出典　Jacobson & Kistner, 1998）

　■学名解：属名は（ギ）tetra- 四つの＋（ギ）odon- 歯の＋接尾辞 -ia. 種小名は（ラ）ブラジルの．

外　国（南北アメリカ）

グンタイアリの行列に紛れ込む居候のハネカクシ

　中南米のグンタイアリの集団の中にはいろいろな好蟻性昆虫が居候を決め込んでいる。その中の一つが図示したハネカクシの一種 *Vatesus* sp. である。体がすべすべしているのはアリに噛みつかれないためであろう。写真はエクアドルにて。

（執筆者　小松　貴・平嶋義宏／図の出典　小松　貴，2016）

■学名解：属名は(ラ)vates由来．予言者，の意．

外　国（南北アメリカ）

アメリカの珍重すべき蛾

セクロピアサン *Hyalophora cecropia* はアメリカを代表するガの一種（ヤママユガ科）である。
（執筆者　平嶋義宏／図の出典　ESI, 2003）

■**学名解**：属名は（ギ）hyalos 水晶，ガラス＋（ギ）phoreō 運ぶ，身に付ける．種小名はケクロプス（Attica 初代の王）が建設したアテナの城砦 Cecropia のこと．

外　国（南北アメリカ）

翅の裏面の模様で文字が読めるタテハチョウ

ウラモジタテハ*Diaethria astala*の後翅裏面の模様は傑作で，文字に読めることからウラモジの名がある。上は翅表，下は翅裏。その特徴から80とも86とも読めるものがある。本種の場合は68とも98とも読める。メキシコ産。　　　　　　　　（執筆者　江田信豊／図の出典　江田信豊撮影）

■**学名解**：属名は（ギ）diaithros晴れわたった＋接尾辞-ia. 種小名は（ギ）a-強意の接頭辞＋（ギ）stala＝stēlē記録を刻んだ石碑，その碑文．

外　国（南北アメリカ）

モルフォに劣らない豪華美麗なシジミチョウ

　ここに示すメキシコ産のオオクジャクシジミ Evenus coronatus はその絢爛さでモルフォチョウに劣らない。写真の上は雄の表面，下はその裏面である。

（執筆者　江田信豊／図の出典　江田信豊撮影）

■学名解：属名は（ギ）神話のエウエーノス Euenos（Evenus）に因む．アイトーリア Aitolia の王．種小名は（ラ）花冠で飾られた．

外　国（南北アメリカ）

白いモルフォと半透明のモルフォ

　モルフォチョウといえば南米産の豪華美麗蝶の1種で，雄の翅は金属光沢の青藍色に輝くので有名である．しかし，モルフォチョウでもその青藍色を失ったスルコウスキーモルフォ *Morpho sulkowskyi* もいる．雄の翅は薄い紫色の半透明である（図の2）．眼状紋が珍しい．南米のアンデス山系の高地にいる．さらに不思議なことに青藍色を失い白色になったシロモルフォ *Morpho polyphemus* もいる（図の1）．図示したものは枝　重夫博士がメキシコを旅行中に採集され，撮影されたものである．珍中の珍といえよう．

(執筆者　平嶋義宏／図の出典　枝　重夫撮影及び阪口浩平, 1980)

■**学名解**：属名 *Morpho* はギリシア神話の恋愛と美の女神 Aphroditē の別名．原意は美しい．種小名 *sulkowskyi* は人名由来．もう一つの種小名 *polyphemus* はギリシア神話の海神 Neptunus の息子の名ポリュペームス．

外　国（南北アメリカ）

3,000キロの旅をするオオカバマダラとその越冬状態

　アメリカのオオカバマダラ *Danaus plexippus* は越冬地のメキシコから旅立ってカナダとの国境近くまで，世代を重ねながら3,000〜4,000キロの旅をするので有名である．越冬地として，カリフォルニア州のモントレーの「蝶の木公園」やメキシコの森が著名である．メキシコでは写真に見るように，1本の松の木に数万の蝶が群がって越冬する．

（執筆者　平嶋義宏／図の出典　平嶋義宏撮影・阪口浩平, 1980）

　■学名解：属名はギリシア伝説のダナオスDanausに因む．エジプトからギリシアへ来て，Argosの王となった．旅に関連した命名である．種小名はテスティオスの息子のプレークシッポスに因む．

外　国（アフリカ・マダガスカル）

世界の珍虫カカトアルキ

　久しぶりに昆虫の世界に新しい目（オーダー）が登場した。それはアフリカ南部産のカカトアルキ目 Mantophasmatodea で，2002年に発表された。一見して無翅のナナフシを変形したような形である。捕食性である。和名のカカトアルキとは聞きなれない名前であるが，実はこの虫が歩くときには爪先をあげて動くからである。奇習である。種類はかなり多い。

　　　（執筆者　平嶋義宏／図の出典　内舩俊樹原図，『教養のための昆虫学』（東海大学出版部）より転写）

■学名解：目名はウスバカミキリ属 *Mantis*（予言者，の意）＋（ギ）phasma（属格 phasmatos）幻影，亡霊＋目名の接尾辞 -odea 〜に類するもの．

外　国（アフリカ・マダガスカル）

シロアリを愛撫するシロアリハネカクシ

　甲虫のハネカクシは膨大なグループであるが，その習性も面白い。ここにはシロアリ *Macrotermes* を愛撫するシロアリハネカクシ *Termozyras* sp. を示した。一見してハネカクシとは思えない。アンゴラ（アフリカ）産。　　　　　　（執筆者　平嶋義宏／図の出典　D. H. Kistner, 2001）

　■学名解：属名 *Macrotermes* は（ギ）大きなシロアリ，の意．属名 *Termozyras* は（ギ）termo-シロアリ＋（ギ）ozō～の匂いがする，と推定．

外　国（アフリカ・マダガスカル）

三葉虫のようなサンヨウハネカクシ

　この甲虫をサンヨウハネカクシ *Trilobitideus* sp. という。アフリカには陸上生態系の捕食者として重要な役割を果たす大型のサスライアリが数多く生息している。サスライアリの巣にはさまざまな昆虫が共生しており，珍奇な姿をしたものも少なくない。本種はハネカクシの一種で，体長は3 mm程度と小さいが，三葉虫のような姿をしており，一見して昆虫とも思えない異形である。この仲間はアフリカに知られていて1属11種からなり，すべての種がサスライアリの行列から得られている。　　　　　　　　　　（執筆者　丸山宗利／図の出典　丸山宗利撮影）

　■学名解：属名 *Trilobitideus* は近代（ラ）三葉虫に似たもの，の意＜三葉虫類 Trilobita ＋接尾辞 -oideus ～に似たもの．

外　国（アフリカ・マダガスカル）

謎の甲虫ワレカラハネカクシ

　この甲虫をワレカラハネカクシ *Mimanomma spectrum* という。Wasmann（1912）の命名である。本種もサスライアリの巣に寄宿するハネカクシの一種で，とても甲虫とは思えない。あまりにも珍妙なその姿から，最初は本種に対して独立の科が設立されたほどである。アフリカ西部の湿潤な森で見つかっている。1属1種で，ほかに似たものはいない。

（執筆者　丸山宗利／図の出典　丸山宗利撮影）

■学名解：属名 *Mimanomma* は（ギ）mimos 俳優，模倣者＋（ギ）omma 眼．種小名 *spectrum* は（ラ）影像．

外　国（アフリカ・マダガスカル）

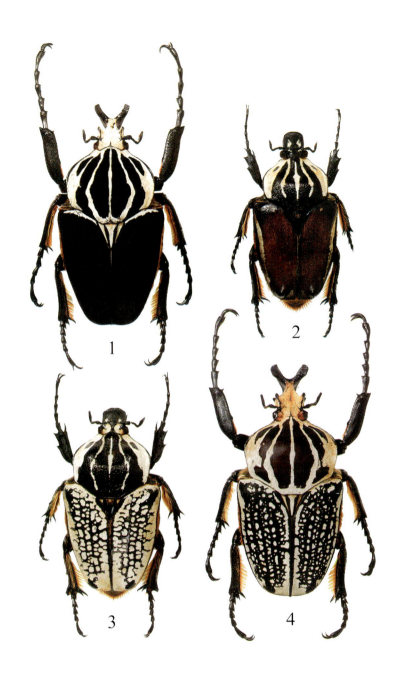

アフリカの巨大甲虫（1）

　1はオオゴライアスツノコガネ Goliathus goliatus で，アフリカが誇る世界最大のハナムグリである。2はその雌。学名にも巨人とついている。ゴリアテ Goliath は聖書に登場するペリシテ人の巨人で，David に殺された。東部を除く熱帯アフリカに広く分布する。
　3（雌）と4（雄）はシラフゴライアスツノコガネ Goliathus orientalis で，ザイール南部産。種小名は（ラ）東方の。

（執筆者　平嶋義宏／図の出典　平嶋義宏作図）

外　国（アフリカ・マダガスカル）

アフリカの巨大甲虫（2）

続いてアフリカ産の巨大甲虫ゴライアスツノコガネ2種を紹介する。
1（雌）と2（雄）はカタモンゴライアスツノコガネ *Goliathus cacius* で，ガーナ産。
3（雌）と4（雄）はオオサマゴライアスツノコガネ *Goliathus regius* で，こちらもガーナ産。

（執筆者　平嶋義宏／図の出典　平嶋義宏作図）

■学名解：属名の解釈は前出．種小名 *casius* は（ギ）kasios 兄（弟）の．種小名 *regius* は（ラ）王の．

外　国（アフリカ・マダガスカル）

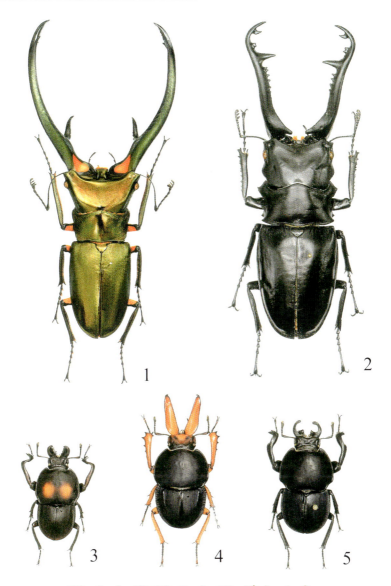

珍奇な世界のクワガタムシ

　クワガタムシといえば藤田である。その藤田氏の『世界のクワガタムシ大図鑑』から計11種類を選んで本図鑑に搭載した。筆者（平嶋）には珍品と思われるものばかりである。ここには5種を示す。東南アジア（1，2）とアフリカ産（3，4，5）である。

　1はエラフスホソアカクワガタ *Cyclommatus elaphus*，2はギラファノコギリクワガタ *Prosopocoilus giraffa*，3はイザルドマルガタクワガタ *Colophon izardi*，4はプリモスマルガタクワガタ *Colophon primosi*，5はモンテサトリスマルガタクワガタ *Colophon montisatris* である。図示したものはすべて雄である。

（執筆者　藤田　宏・平嶋義宏／図の出典　藤田　宏『世界のクワガタムシ大図鑑』，2010）

■学名解：*Cyclommatus* は（ギ）丸い眼のある．*Prosopocoilus* は（ギ）顔が窪んでいる．*Colophon* は（ギ）絶頂，仕上げ．種小名は *elaphus* が（ギ）シカ（鹿），*giraffa* が英語のジラフ（キリン），*izardi* は英語のシャモアの，*primosi* は英語のサクラソウの，*montisatris* は（ラ）山の始祖．

外　国（アフリカ・マダガスカル）

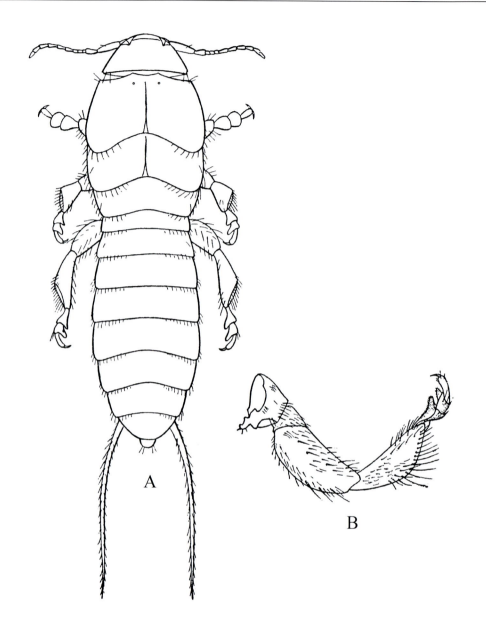

ネズミに寄生する奇妙なハサミムシモドキ

　アフリカにはGambian banana ratという大きなネズミが生息しているが，これに寄生するネズミヤドリムシ（ハサミムシモドキ）*Hemimerus talpoides*という珍虫がいる．Essig博士はこれをDiploglossataという目（Order）に含めていて，これは世界最小の目（2種を含むのみ）である，としている．このネズミヤドリムシは図（Aは雌の全形，Bは雌の後脚）に見るように無眼，無翅で，手強い（？）尾鋏はなく，節のない糸状になっている．脚も変形している．

（執筆者　平嶋義宏／図の出典　E. O. Essig, 1942）

■**学名解**：属名*Hemimerus*は（ギ）hēmi- 半分＋（ギ）mēros 腿．種小名*talpoides*は（ラ）モグラ（talpa）に似たもの．目名は（ギ）2倍の舌のあるもの．

外　国（アフリカ・マダガスカル）

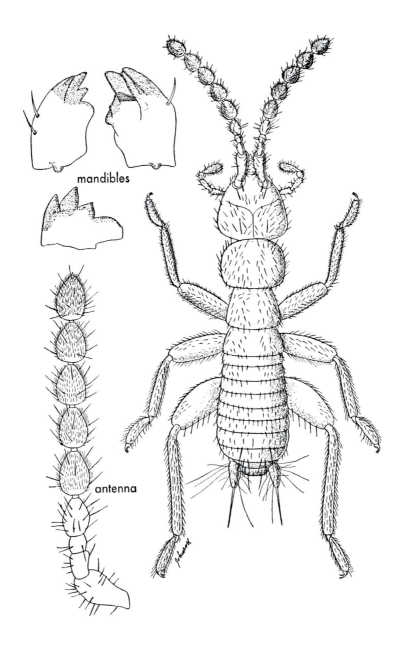

珍奇な姿のジュズヒゲムシ

　最初に発見されたものが無翅であったから，目名がZorapteraとなった。（ギ）zōros純粋に＋（ギ）apteros翅のない，がその語源。1目，1科，1属，約12種の小さなグループである。普通無翅であるが，稀に有翅型もある。最初に西アフリカで発見され，*Zorotypus guineensis*と命名された。Silvestriの命名（1913）である。その後世界各地でみつかったが，我が国にはいない唯一の昆虫（目）である。
　　　　　　　　　　　　　　　　　　　　　　　　（執筆者　平嶋義宏／図の出典　E. O. Essig, 1943）

　■学名解：属名*Zorotypus*は（ギ）zōros純粋な＋（ギ）typos原型，モデル．種小名はギネアの．

外　国（アフリカ・マダガスカル）

マダガスカルの珍虫

　ここに図示したマダガスカルオオトビナナフシ *Achrioptera madagascariensis* は棒状の体が26 cmを超える。おそらく世界で1，2を争う大きさである。前翅は退化して小さな突起物状となっている。

（執筆者　平嶋義宏／図の出典　ESI, 2003）

■**学名解**：属名は（ギ）achreios 無益な，役に立たない＋（ギ）pteron 翅．種小名は近代（ラ）マダガスカル島の．

外　国（アフリカ・マダガスカル）

アフリカの巨蝶 ドルーリーオオアゲハ

　翅をひろげると20〜23 cmに及ぶ世界最大のドルーリーオオアゲハ（別名アンティマクスオオアゲハ）*Papilio antimachus*の1匹の雄がアフリカのシエラ・レオネから採集され記録されたのが1782年のことで，Drury氏の功績である。2匹目の雄は実にその80年後に採集されている。高い森林の上を猛烈なスピードで飛ぶので，吸水のため湿った地上に降りるとき以外は採集の機会がないと言われる。写真は雄である。雌はかなり小型で，その数は非常に少ない。アメリカでの販売価格は雌1匹が2,000ドル（1982年当時）であった。

（執筆者　江田信豊・平嶋義宏／図の出典　江田信豊撮影）

■学名解：属名は(ラ)papilio蝶．種小名は(ギ)伝説のアンティマクスAntimachosに因む．オデッセウスとメネラーオスがヘレネーの返還を要求にトロイアに来た時，パリスが買収して，反対させた男．

外　国（アフリカ・マダガスカル）

世界最美麗な蛾

　この写真を見て，これが蛾の一種であると見破る人は，世界の昆虫に相当に詳しい人である。間違いなくツバメガ科 Uraniidae の一種で，世界の最美麗な蛾とされるニシキオオツバメガ *Chrysiridia madagascariensis* である。マダガスカルに本種が，アフリカ東部（地域限定）に別の1種が知られるのみ。昼飛性である。なお，昔はウラニア *Urania* とされていたが，現在，この属名は南米産のツバメガに限られる。この属名は（ギ）ouranios 天に住む，に由来。天からの贈り物，の意。虫好きな人にはウラニアで通用している。

（執筆者　平嶋義宏／図の出典　平嶋義宏撮影）

■学名解：属名は（ギ）chrysos 黄金＋（ギ）iris（連結形 irido-）虹＋接尾辞 -ia. 種小名は近代（ラ）マダガスカルの.

外　国（アフリカ・マダガスカル）

マダガスカルの尾長の蛾とタイの変なカマキリ

　マダガスカルオナガヤママユ *Argema mittrei* の雄の長い尾を見て驚かぬ人はいないだろう。なぜこのような長い尾が必要なのか，その生活の様子は不明である。また，タイ産のムナボソカレハカマキリ *Gongylus* sp. も前胸が棒状に延びている。まさに珍奇な虫である。

(執筆者　平嶋義宏／図の出典　ESI, 2003)

■学名解：属名 *Argema* は（ギ）argemon に由来．後者は西洋産のヒナゲシの一種 *Papaver argemone* のこと．種小名は人名由来．属名 *Gongylus* は（ギ）gongylos 円い，球形の．

外　国（アフリカ・マダガスカル）

マヤヤママユの眼状紋

　マヤヤママユ *Gynanisa maja* はサハラ以南のアフリカ全土に分布し，幼虫はときに大発生して貴重な蛋白源となる．分類学的には1属1種の貴重な種類である．後翅の大きな眼状紋はヤママユガ科に特有である．この紋はこの蛾の捕食者であるマングースやジャコウネコたちには血走った動物の目のように見えるらしい．なお，中南米のフクロウチョウ *Caligo* sp. の後翅裏面にも大きな眼状紋がある．　　　　　　　　　　（執筆者　平嶋義宏／図の出典　平嶋義宏, 1982）

　■学名解：属名は（ギ）gynē 女，雌＋接尾辞 -anus＋（ギ）isos 等しい．種小名はスペイン語で美女をいう．

外　国（アフリカ・マダガスカル）

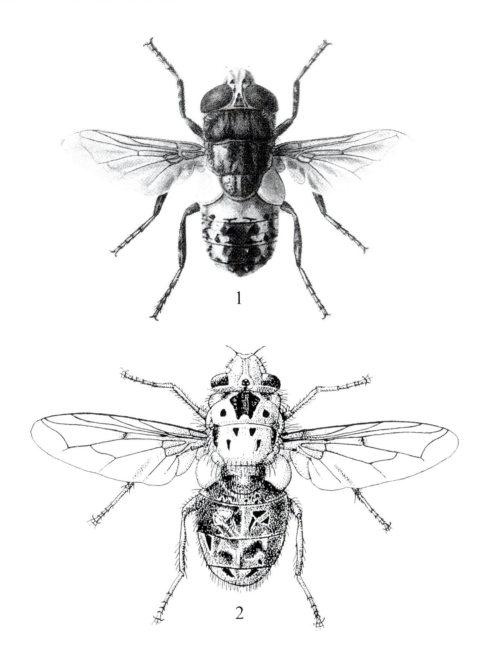

幼虫がシカ（鹿）に寄生するハエ2種

野生のシカ（鹿）にも寄生するハエがいることを紹介するのは嬉しいことである．
1：ヒツジバエ科の一種 *Gaedelstia cristata*．野生のシカに寄生．欧州産．
2：クロバエ科の一種 *Pharyngomyia picta*．野生のシカに寄生．アフリカ中部産．

（執筆者　平嶋義宏／図の出典　E. Séguy, 1950）

■学名解：属名 *Gaedelstia* は多分人名由来．種小名 *cristata* は（ラ）とさかのある．属名 *Pharyngomyia* は（ギ）pharynx (pharyngo-) 咽頭＋（ギ）myia ハエ．種小名 *picta* は（ラ）彩色された．

外　国（アフリカ・マダガスカル）

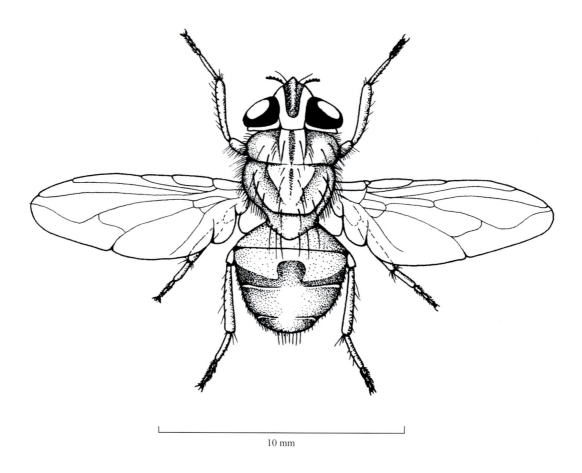

10 mm

人体に寄生するハエ

　アフリカには人に寄生して皮膚炎をおこすハエがいる．英名をtumbu fly，学名を*Cordylobia anthropophaga*という．日本にいてはこのハエの実物を見ることも叶わない．英名のtumbuはアフリカの土語より．
（執筆者　平嶋義宏／図の出典　R. R. Askew, 1971）

■学名解：属名は（ギ）kordylē突きあたる，膨張＋（ギ）bioō生きる．種小名はギリシア語由来で「人を食べる」という意味で，空恐ろしい名前である．

外　国（アフリカ・マダガスカル）

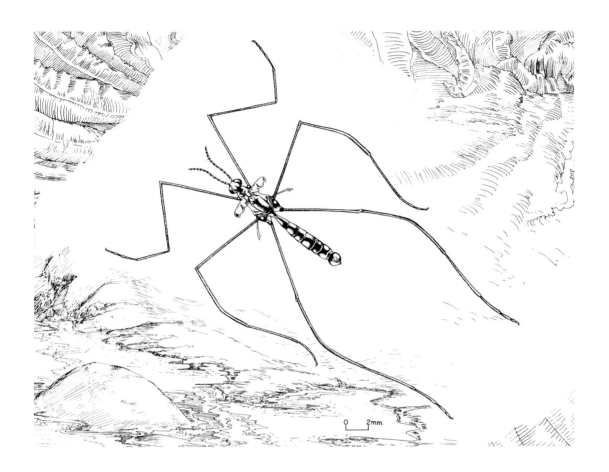

飛べないガガンボの一種

　アフリカの赤道直下の高山キリマンジャロ（タンザニア）の荒地には奇妙なガガンボがすんでいる。ここに図示する *Tipula subaptera* がそれである。前翅は退化して申し訳ない程度についている。後翅すなわち平均棍は正常のようである。

（執筆者　平嶋義宏／図の出典　S. Carlquist, 1974）

■学名解：属名は水上をすばやく走る虫，すなわち（ラ）tipula より．種小名は（ラ）やや無翅の．

外　国 (アフリカ・マダガスカル)

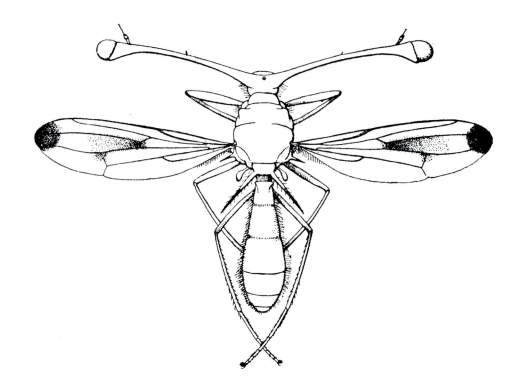

珍奇な姿のシュモクバエの一種

　目玉が左右に飛び出しているところはニューギニアの *Achias* に似ているが，実はまったく違うハエである．こちらはアフリカ中部産で，学名を *Diopsis tennuipes* という．体長は 6〜8 mm．
（執筆者　平嶋義宏／図の出典　E. Séguy, 1950）

■**学名解**：属名 *Achias* は別出．属名 *Diopsis* は (ギ) 二つの眼 (顔，容貌) という意味＜di- + ōps．種小名 *tenuipes* は (ラ) tenuis 細い，やせた + (ラ) pes 足．

外　国（アフリカ・マダガスカル）

南アフリカ産の珍奇なハエ

　アフリカは日本とは遠隔の地であるが，そこにいる昆虫も変わり者がいる．ここに示した2種のハエは，1がヒロクチバエ科の*Bromophila caffra*，2がハナアブ科の*Protylocera elliotti*である．頭が赤いハエはとても珍しい．また，このハナアブは日本のハナアブとはかなり印象が違う．

（執筆者　平嶋義宏／図の出典　E. Séguy, 1950）

■**学名解**：属名*Bromophila*は（ギ）bromos 轟音，どよめき＋（ギ）phileō 愛する．種小名は近代（ラ）南アフリカのある種族の名．属名*Protylocera*は（ギ）pro- 前の＋（ギ）tylos 膨らみ＋（ギ）keras 触角．種小名はElliott氏の．

外　国（アフリカ・マダガスカル）

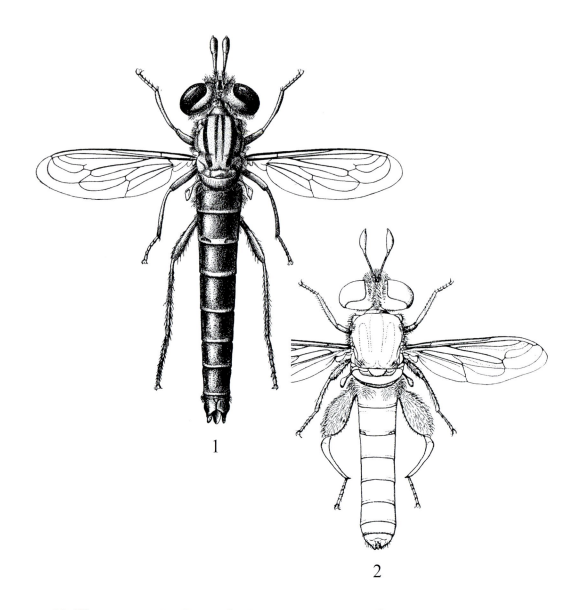

熱帯アフリカ産の珍虫ムシヒキアブモドキ（仮称）

　熱帯アフリカにはムシヒキアブモドキ科（仮称）Mydaidae (=Mydidae)を多産する．ここに図示した2種もその仲間である．1は *Syllegomydas algiricus*，2は *Heleomydas lesneri* である．後者の後脚腿節のみが膨らんで多毛なのはその意味が不明である．

（執筆者　平嶋義宏／図の出典　E. Séguy, 1950）

■学名解：属名 *Syllegomydas* は（ギ）syllēgō と共に最後を遂げる＋*Mydas* 属＜（ギ）mydaō 濡れている，腐っている．種小名は語源不詳．おそらく（ラ）algificus（寒がらせる）の誤植であろう．属名 *Heleomydas* の前節は（ギ）hēlos 由来．沼地の，の意．種小名 *lesneri* は人名由来．

外　国（アフリカ・マダガスカル）

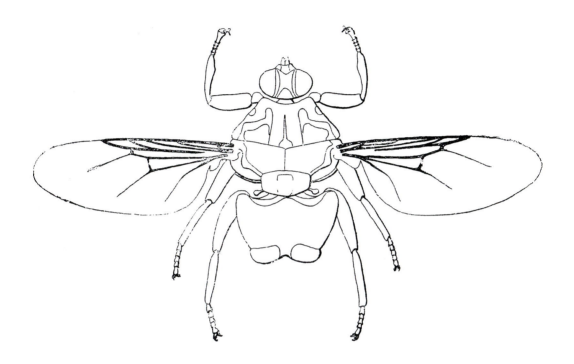

珍奇な姿のシラミバエの一種

　ラクダの体表に寄生するシラミバエの一種 *Hippobosca camelina* で，アフリカ産．ラクダを寄主とするとは驚きである．確かにラクダにも体毛がある．

（執筆者　平嶋義宏／図の出典　E. Séguy, 1950）

■**学名解**：属名は（ギ）hippos ウマ（馬）＋（ギ）boskē 餌，飼料．ウマの餌となるのではなく，馬を餌とする，の意．種小名は（ラ）ラクダの＜camelus＋接尾辞 -ina．

外　国（アフリカ・マダガスカル）

メバエ科の珍虫

　メバエにもいろいろな変わり者がいる。飛翔中のハナバチを捕まえてこれに産卵するための適応をみることができる。図示したマダガスカル産の一種 *Stylogaster seyrigi* では脚が長く，複眼も大きく，口吻も長く，産卵管も長い。　　　　　　（執筆者　平嶋義宏／図の出典　E. Séguy, 1950）

■学名解：属名は（ギ）stylos 柱＋（ギ）gastēr 腹．種小名は人名由来．

外　国（アフリカ・マダガスカル）

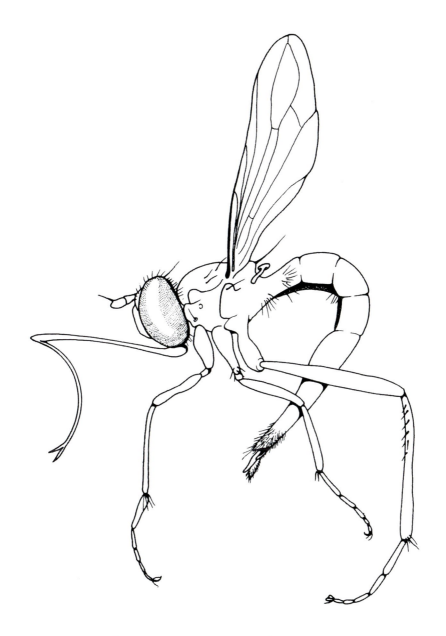

珍奇な習性のメバエの一種

　昆虫には本当に奇想天外な習性を持つものがいる。ここに紹介するメバエ科の一種もその仲間である。このハエは軍隊アリの行進についてまわり，アリに狩りだされたいろいろな昆虫に飛びかかって産卵する。その卵の先端は棘状に尖り，寄主の体に突き刺さる。マダガスカル島産。
（執筆者　平嶋義宏／図の出典　R. R. Askew, 1971）

■学名解：学名を *Stylogaster malgachensis* という．属名はギリシア語由来で「柱状の腹部」，種小名は「マダガスカルの」．

外　国（アフリカ・マダガスカル）

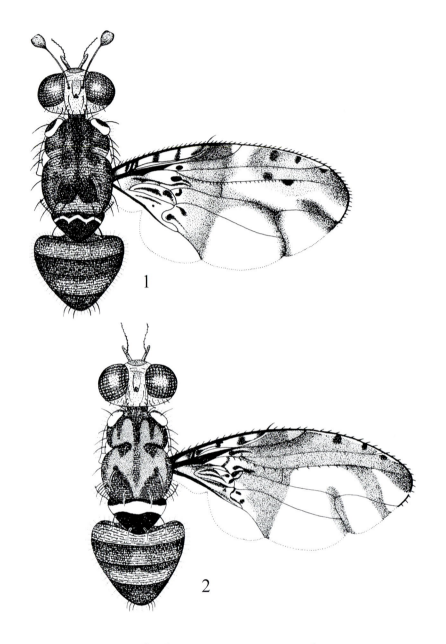

マダガスカル島のミバエ

　ミバエ類はどこの国のものでも「それらしい」形をしているが，詳しく見れば千差万別である。
　1：*Ceratitis catoirii*。頭頂付近に触角様の1対の突起物がある。まさに珍奇である。世界的な大害虫チチュウカイミバエと同属。
　2：*Trirhithryomyia cyanescens*。　　　　　　　　　　（執筆者　平嶋義宏／図の出典　D. L. Hancock, 1984）

■学名解：1：属名は（ギ）keratitis 角のある．種小名は人名由来．詳細不明．
　　　　　2：属名は *Trirhithrum* 属のようなハエ（myia）．ただし *Trirhithrum* の語源不詳．種小名は（ラ）紺青色の．

外　国（アフリカ・マダガスカル）

マダガスカルと日本のセイヨウミツバチの違い

　世界中で養蜂の対象になっているのはセイヨウミツバチ *Apis mellifera* であるが，マダガスカル島では同島特有のセイヨウミツバチが飼育されている。それは図（上）に示すように全身真っ黒の種類で，学名を *Apis mellifera unicolor* という。日本で飼育されている *Apis mellifera mellifera*（下の図）とは大きな差がある。

　　　　　　　　　　　　　　　　（執筆者　平嶋義宏／図の出典　A. Pauly, 2001及び田中　肇, 1997）

　■学名解：属名は（ラ）ミツバチ，種小名は（ラ）蜜をもたらす，亜種小名は（ラ）単一色の．
　　（注）図示した日本のセイヨウミツバチの後脚脛節に大きな花粉団子がついている。この団子はミツバチ特有で，採集した花粉はすでに花蜜で湿らせてあるので，脛節外面の滑らかな部分に固められて付着しているのである。同じ後脚脛節のスコパ（箒状の毛）に花粉をつけて巣に運ぶ他のハナバチとは大きな違いがある。

外　国（アフリカ・マダガスカル）

マダガスカル島のハナバチ（1）

　ベルギーのRoyal Museum for Central Africaから出版（2001年）された「マダガスカルのハナバチ類」と題するモノグラフはA. Paulyほか10名の研究者の共著で390頁の本体（フランス語）にカラー図版16枚を付した大著である。新種の記載もある。貴重な研究書。

　上に示したものはすべてパキメルス属 *Pachymelus*（コシブトハナバチ科）で，マダガスカル島に16種を産するが，15種は島の固有種である。

（執筆者　平嶋義宏／図の出典　Hymenoptera Apoidea de Madagascar, 2001）

■**学名解**：属名は(ギ)pachys頑丈な＋(ギ)melos四肢．
　　1：*Pachymelus micrelephas*. 種小名は(ギ)小さなゾウ(象)．
　　2：同上．胸部の大半の毛が黒色になった変種．
　　3：*Pachymelus ciliatus*. 種小名は(ラ)繊毛のある．
　　4：同上，雄．
　　5：同上，雄．白毛の多い変種．

外　国（アフリカ・マダガスカル）

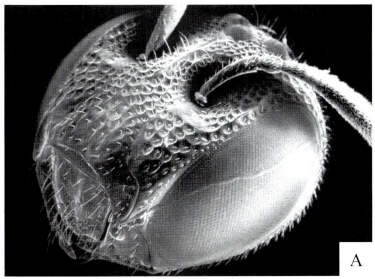

マダガスカル島のハナバチ（2）

　ここにはアフリカ特産のクテノケラティナ属 *Ctenoceratina* を示す。ツヤハナバチ *Ceratina* に似るが，体に強い点刻があるのが特徴の一つである。

（執筆者　平嶋義宏／図の出典　Hymenoptera Apoidea de Madagascar, 2001）

■学名解：属名は（ギ）kteis（連結形 cteno-）櫛 + *Ceratina* 属＜（ギ）keratinos 角でできた．

　　A：*Ctenoceratina nyassensis* の雌の頭部．種小名はNyassa湖の．
　　B：*Ctenoceratina nyassensis* の雌．
　　C：同上，雄．

　（注）この種類は亜属 *Hirashima* に属する。この亜属名は筆者に奉献されたもので，筆者の知人であるベルギーの M. Terzo 博士と A. Pauly 博士が本書（モノグラフ）の中で創設したものである。遠隔の地のハナバチに日本人研究者の名があるのも珍しいので，ここに紹介する次第。

外　国（離島と南極）

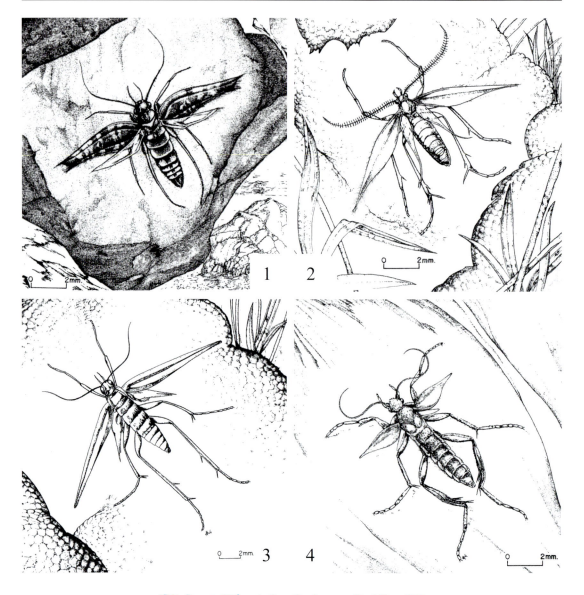

離島の飛べなくなった蛾4種

離島では昆虫が翅を失うことがある．蛾に多い．飛んでいて強い風に吹き飛ばされないためであろう．ここにはCampbell島の3種とKerguelen島の1種の蛾を示した．

（執筆者　平嶋義宏／図の出典　S. Carlquist, 1974）

■学名解：1： *Tinearupa serenseni*. 属名は（ラ）tinea蛾（イガ属 *Tinea* あり）＋（ラ）rues岩, 岩壁. 種小名は多分人名由来.

2： *Campbellana attenuata*. 属名は近代（ラ）Campbell島の. 種小名は（ラ）弱められた, 飾り気のない.

3： *Exsilaracha graminea*. 属名は（ラ）exsilioとび上がる＋（ギ）a-強意＋（ラ）rachis羽軸. 種小名は（ラ）gramineusの女性形, 草の.

4： *Pringleophaga kerguelensis*. 属名は *Pringlea* 属の植物を食べるもの, の意. ただしこの属名の語源は不詳. 種小名はKerguelen島の. この島は南極地帯にある.

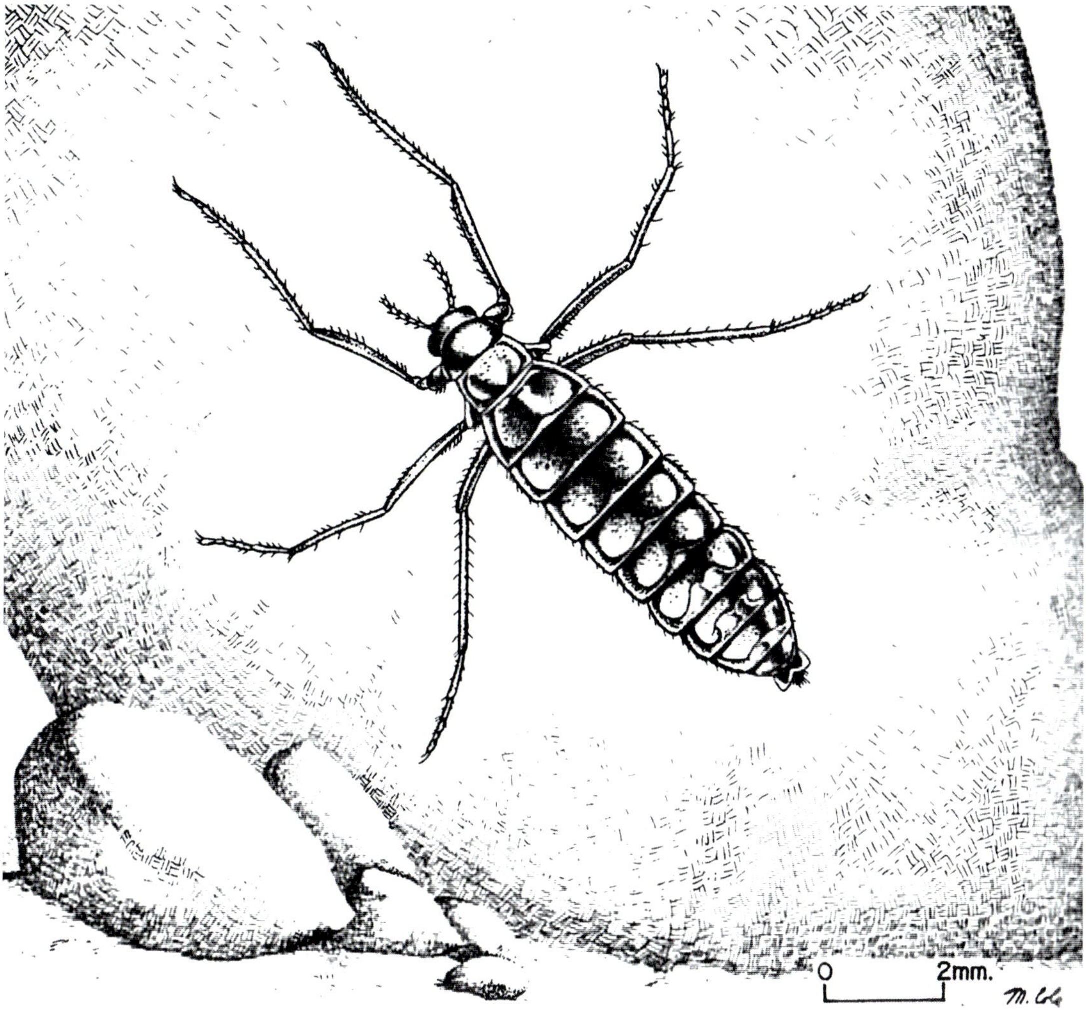

外　国（離島と南極）

南極大陸産の無翅のユスリカ

　植物学者のCarlquist博士の紹介によって，南極大陸産の無翅のユスリカの図を見ることができるのは幸せである。学名を *Belgica antarctica* という。

（執筆者　平嶋義宏／図の出典　S. Carlquist, 1974）

■**学名解**：属名は（ラ）ベルギーの．その命名の由来は不詳．種小名は（ラ）南極の．

外　国（離島と南極）

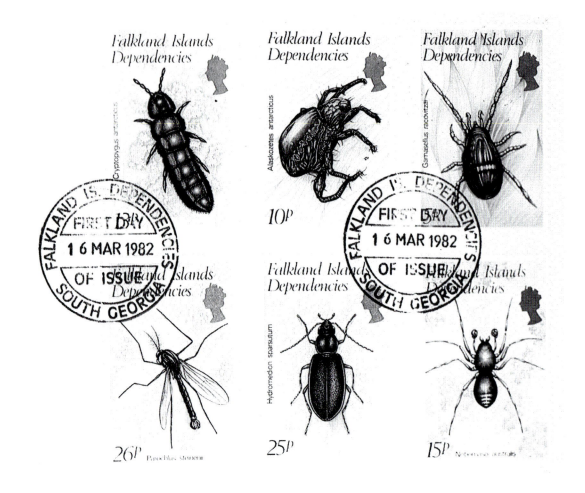

南極の昆虫

　南極にはどんな昆虫がいるか，誰でも興味のあるところである。前頁に無翅のユスリカを示した。また，南米の南端にあるフォークランド諸島（英領）から1982年3月16日に発行された切手から南極産の3種の昆虫を知ることができる。

　上段の左端はトビムシ目の*Cryptopygus antarctica*（ナンキョクトビムシ，仮称）である。如何にも寒いところのトビムシという感じで，重装備をしている。下段の左端はユスリカの一種で，学名を*Parochlus steinenii*という。下段の中央はゴミムシの一種で，学名を*Hydromedion sparsutum*という。ついでに他の3種については，上段中央がダニの一種，その右が捕食性のダニの一種，下段の右端がクモの一種である。

（執筆者　平嶋義宏／図の出典　R. Laws, 1989. Antarctica, The Last Frontier）

■学名解：トビムシの属名は(ギ)kryptos隠れた，秘密の＋(ラ)pyga尻．種小名は(ラ)南極の．ユスリカの属名は(ギ)parochleōさらに苦労する．種小名は人名由来．ゴミムシの属名は(ギ)hydro-水の＋(ギ)medō支配する，守護する＋縮小辞-ion．種小名は(ラ)sparsus（まばらな，散在する）に由来．

第3章

珍虫よもやま話

本章は息抜きのための読み物という性格もあるが，知っておくと「凄い博学」と言われそうな話も集めてある。例えば虫を象った古代ギリシアの硬貨やペンダントなど。

　しかし，本章で特に自慢できるのは，昆虫の立体視ができることである。その表題を「立体視できる生態図鑑」とした。スジヒメカタゾウムシはじめ都合7種の昆虫を立体視できる。その快感を本図説で楽しんでいただきたい。筆者の要請に応じて写真と記事を提供された沢田佳久博士に心から感謝する次第である。

珍虫よもやま話 ①a

虫屋の余技・昆虫の版画 (1)

(図の出典　米田　豊原図／解説は次々頁に)

珍虫よもやま話 ①b

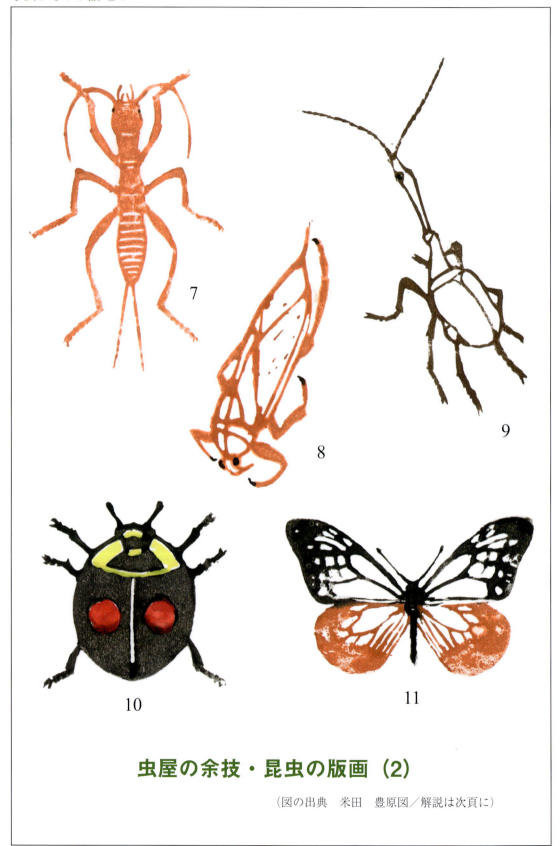

虫屋の余技・昆虫の版画 (2)

（図の出典　米田　豊原図／解説は次頁に）

珍虫よもやま話 ①c

虫屋の余技・昆虫の版画（1）と（2）

　筆者は1982年から年賀状に昆虫の版画を彫り始めた。それは筆者がもともと昆虫学を専攻したことの証でもあった。その版画が恩師の一人平嶋義宏先生の目に留まり，『珍虫図説』に登載して頂くことになった。"虫屋の余技"と題して頂いた。感謝に堪えない次第である。読者の皆さん，これは虫屋の手すさびの一つとしてご覧下さい。　　　　　　　　　　　（執筆者　米田　豊）

■**学名解**：（学名の後の数字はその版画の製作年）

1：ヒゲコメツキ *Pectocera fortunei*（1996）属名は「櫛状の触角」＜（ラ）pecten ＋（ギ）keras. 種小名は人名由来.

2：オオカマキリ *Tenodera aridifolia*（2004）属名は（ギ）teinō張る ＋（ギ）derē頸，喉. 種小名は（ラ）aridus乾いた，ひからびた＋（ラ）folium葉.

3：イエシロアリ，兵蟻 *Coptotermes formosanus*（2015）属名は（ギ）koptō木を切り倒す ＋（ギ）シロアリ termes. 種小名は台湾の.

4：トックリバチ *Eumenes fraterculus*（1986）属名は（ギ）eumenēs好都合な，有用な. 種小名は（ラ）fraterculus（小さな）兄弟.

5：ケジラミ *Pthirus pubis*（2015）属名は（ギ）phtheirに由来，シラミ. 種小名は（ラ）pubesに由来，陰毛の，陰部の. 最近は激減している.

6：オニヤンマ *Anotogaster sieboldii*（1988）属名は（ギ）anōtatos最高の＋（ギ）gastēr腹. 種小名はシーボルド氏の. P. F. von Siebold はドイツ人で，医者，博物学者. 1823年に長崎の出島に来たり，日本に西洋医学と博物学を教え，大きな貢献をした.『日本動物誌』，『日本植物誌』などの大著がある.

7：ガロアムシ *Galloisiana nipponesis*（2012）属名はフランス人のE. Gallois に因む. フランス大使館の通訳として来日，昆虫採集に熱中した. 種小名は「日本の」.

8：タガメ *Lethocerus deyrollei*（1995）属名は（ギ）lēthē忘却 ＋（ギ）keras触角. 種小名は人名由来.

9：アカクビナガオトシブミ *Paracentrocorynus nigricoris*（1989）属名は（ギ）para-近くに＋（ギ）kentron 先の尖ったもの＋（ギ）korynē棍棒. 種小名は（ラ）niger黒い＋（ギ）korē少女，人形.

10：ナミテントウ *Harmonia axyridis*（1992）属名は（ギ）調和，調和の女神. 種小名は（ギ）axyrēs鈍い ＋ 接尾辞-idis〜の子孫. -ides の女性形.

11：アサギマダラ *Parantica sita niphonica*（2003）属名はサンスクリットのparantaka に由来. シヴァ神の別名. 種小名はインド神話の古代農耕の女神シータ. 亜種小名は「日本の」.

（注）米田　豊博士は昭和51年に九州大学農学部大学院博士課程を修了と同時に，請われて久留米大学医学部寄生虫学教室に助手として奉職され，ケニアへの長期出張など多くの顕著な業績を残された. 美大卒業で，元高校教諭の長兄は洋画家としても活躍しておられるが，年賀状の「椿シリーズ」の版画は素晴らしい. 米田博士の昆虫の版画制作は長兄の影響もあろう（平嶋記）.

503

珍虫よもやま話 ②

リリウオカラニ女王が愛した蝶の髪飾りと
女王の肖像画と切手

　カメハメハ大王が創始したハワイ王朝は8代83年で幕をとじたが，その最後の皇帝（女王）がリリウオカラニLiliuokalaniである。彼女は音楽の才に恵まれ，名曲アロハ・オエ（貴方に愛を）その他を作曲している。

　彼女はイギリスのエリザベス女王の戴冠50周年祝典（1887年）に出席されたときにロンドンで購入された蝶の髪飾りを愛用されていた。その髪飾りは写真に示すようにダイヤモンド製の豪華絢爛たる品である。現在イオラニ宮殿に保存されている。

　この髪飾りはカメハメハアカタテハに似ているが，それを模して作られたものかどうかは不明である。写真の入手にはビショップ博物館の篠遠喜彦博士の世話になったことを記して謝意を表します。

　なお，右下の2セント切手は女王退位後に加刷発行されたものである。

（執筆者　平嶋義宏／図の出典　イオラニ宮殿所蔵品）

珍虫よもやま話 ③

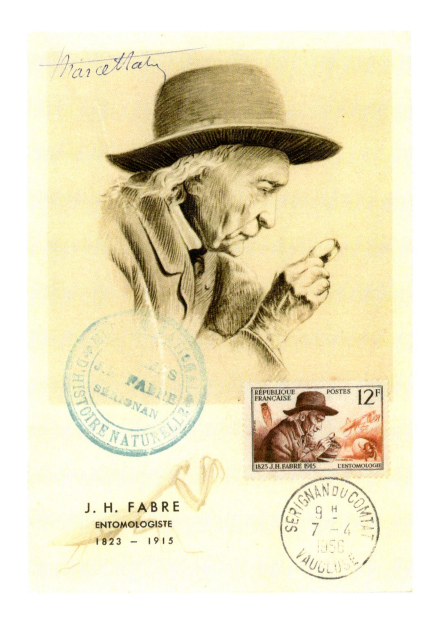

ファーブルの記念切手と記念絵葉書

　記念切手は1956年7月4日に発行されたもので，同日付けのスタンプが押してある。12フランの記念切手には，虫眼鏡で蛾を覗いているファーブルが描かれ，セミ，カマキリとタマオシコガネが糞を丸めて転がしている図がのっている。ファーブルを崇拝する人たちには垂涎の一品であろう。

（執筆者　平嶋義宏／図の出典　平嶋義宏所蔵品）

珍虫よもやま話 ④

ミツバチの分封の第一段，仮の集合

　ミツバチの分封は新女王が誕生する際に，約半数の働き蜂が旧女王を伴って新しい場所に営巣することをいう。親が古巣を出て行くのである。この仮の集団はミツバチの気の向いた所に作られる。木の枝とか家の軒下とか，所構わず，である。この写真は女性の首に纏わりついたところである。こういう場合のミツバチは人を刺さない。

（執筆者　平嶋義宏／図の出典　Bienen und Wespen, 1987）

昆虫の微の世界 ウスバキトンボの複眼

　トンボは素晴らしい飛行家である。その飛行を支えているのは良く発達した4枚の翅とこの大きな複眼である。左右の複眼が中央で接しているのも珍しい。この複眼には数万個の個眼がつまっている。場所により個眼の大きさに違いがある。その違いを認識してほしい。

（執筆者　平嶋義宏／図の出典　平嶋義宏撮影）

■**学名解**：ウスバキトンボ *Pantala flavescens* の属名は（ギ）pantalas（すべてが哀れな）の語尾の1字をカットした造語ともとれるが，（ギ）pas（すべての）（連結形panto-）と（ラ）ala（昆虫の翅）の複合語ともとれる．世界中を飛び回る，という意味にとれる．種小名は（ラ）黄金色になった．

珍虫よもやま話 ⑥

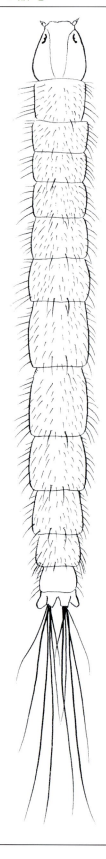

奇抜な習性を持つ
エラノリユスリカ

エラノリユスリカ属 *Epoicocladius* の幼虫は極めて特徴的で，体は細長く，体全体に刺毛を密生する．その有様を図に示した．

このユスリカの幼虫は *Ephemera* 属の2種，*E. strigata*（モンカゲロウ）及び *E. japonica*（フタスジモンカゲロウ）の幼虫の体に付着して世代を過ごすことが知られている．北米では同じくモンカゲロウ科の別属の *Hexagenia* に付着していることが報告されている．日本からは幼虫の形態から少なくとも2種が確認されている．しかし，これら幼虫と成虫との対応は未だ不明である．なお，本属の幼虫は寄生性ではなくモンカゲロウなどの体表に付着した藻類等を摂食している．このことは腸内の内容物からも確認されている．このように他の生物の体表面に付着しているユスリカは色々と知られている．ヘビトンボの幼虫にはクビワユスリカ類（*Nanocladius asiaticus, N. shiganesis*）が，また南米ではナマズの目の周辺に *Ichthyocladius* 属のユスリカが付着している．淡水海綿の群体の中にすむカイメンユスリカ（*Xenochironomus xenolabis*）も知られている．

（執筆者　山本　優／図の出典　山本　優原図）

■**学名解**：属名 *Epoicocladius* は（ギ）epoikos 隣人，隣人の＋（ギ）kladios 小枝，若枝．属名 *Ephemera* は（ギ）ephemeros 一日限りの，短命な．属名 *Hexagenia* は（ギ）hexis 所有，状態＋（ギ）agō もたらす（注：別の解釈もできる）．属名 *Nanocladius* は（ギ）nanos こびと＋（ギ）klados 小枝．属名 *Ichthyocladius* は（ギ）ichthys 魚＋（ギ）klados 小枝，若枝．属名 *Xenochironomus* は（ギ）xenos よそ者，外国人＋ユスリカ属 *Chironomus* ＜（ギ）cheironomeō 身振りをする．

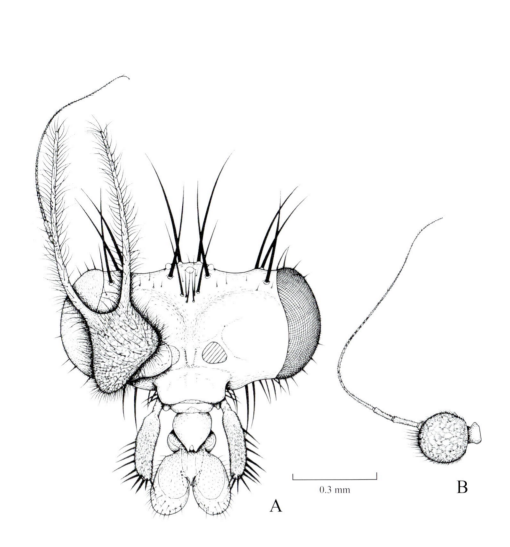

珍奇な頭を持つヒコサンノミバエ

　ヒコサンノミバエ *Triphleba schistoceros* の雄の頭部を前面から見た図である（図のA）。触角第3節の根元が肥大して2叉し，さらにその一つから細い鞭毛が生えている。珍奇としか言いようがない。Bは雌の触角である。スケールは0.3 mm。このハエは現在福岡県の英彦山のみから知られ，初冬に出現する。

　　　　　　　　　　（執筆者　平嶋義宏／図の出典　後藤忠男・竹野功一，1983）

■学名解：属名は（ギ）三つの血管＜ tri- + phleps（属格 phlebos）．種小名は（ギ）分岐した触角＜ schistos + kerōs 触角．

珍虫よもやま話 ⑧

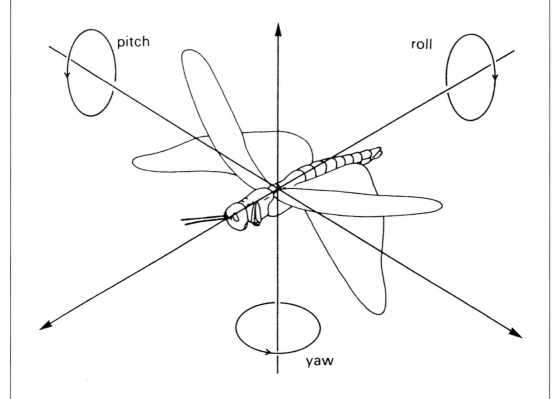

飛行中の体の安定にかかる要素

　飛行中の昆虫は，横揺れ（rolling），縦揺れ（pitching），偏揺（yawing，頭が左右に揺れる）を同時にコントロールせねばならない。チャプマン博士のテキストから図を拝借した。この3つの要素をコントロールするには色々な感覚が関与すると思われるが，最も重要なのは複眼であり，偏光を感受する能力であろう。

（執筆者　平嶋義宏／図の出典　Chapman, 1971, The Insects. Structure and Function）

クロアゲハ *Papilio protenor* の
終齢幼虫の頭部

　アゲハチョウをパピリオ *Papilio* といい，世界中に分布する大型の美麗な蝶であることは虫好きな人は誰でも知っている。しかし，その幼虫まで知っているかというとそうでもない。捕食者の鳥を驚かせる形と色彩斑紋を持っている。ここにはクロアゲハ *Papilio protenor* の終齢幼虫を示した。面白い姿をしている。撮影者の氏川豪勇氏は宮崎市在住の昆虫愛好者で，写真もうまい。

（執筆者　平嶋義宏／図の出典　氏川豪勇撮影）

■学名解：属名はチョウという意味のラテン語 papilio より．種小名はギリシア神話のプロトエートル Prothoēnor に因む．ペルセウス Perseus の結婚式における神人（hero）をつとめた．

珍虫よもやま話 ⑩

2万分の1秒が捉えた飛行中のカブトムシ

　カブトムシ *Allomyrina dichotoma* (=*Trypoxylus dichotomus*)の飛行中の姿を捉えた写真は珍しい。後翅で飛ぶのであるが，前翅も広げて浮力を増している。また，3対の脚もそれぞれピンと横に張っているのも珍しい。このような珍しい写真を撮影された写真家栗林　慧氏に感謝したい。

（執筆者　平嶋義宏／図の出典　栗林　慧撮影）

■**学名解**：属名は(ギ)別の *Myrina*，という意味．最初は *Myrina* と命名されたが，蝶の *Myrina* に先取されていたので，*Allomyrina* と改変された．*Myrina* 属は南欧産のフトモモ科植物のギンバイカ myrinē に由来．種小名 *dichotoma* は(ギ) dichotomeō に由来，二つに割れた．属名 *Trypoxylus* は(ギ)木に穴をあけるもの，の意．紛らわしい属名に蜂のジガバチモドキ *Trypoxylon* がある．

珍虫よもやま話 ⑪

パプアニューギニア産の奇怪な虫

　翅がないように見えるが，実は前翅が体全体を覆っている。ワウ生態学研究所にて撮影。　　　　　　　　（執筆者　平嶋義宏／図の出典　平嶋義宏撮影）

　■**学名解**：キリギリスの仲間であるが学名不詳．

珍虫よもやま話 ⑫

世界のシロアリの塔いろいろ

1, 2, 3, 4 と 5 は南アフリカ産，6 はセイロン産，7, 8 と 9 はオーストラリア産。

4 は *Nasutitermes lamanianus*。

6 は *Termes redemanni*。

7 は *Amitermes meridionalis*。

8 は *Nasutitermes triodiae*。

9 は *Nasutitermes pyriformis*。

10 は学名記載なし．多分 *Nasutitermes* sp. オーストラリア産。

（執筆者　平嶋義宏／図の出典　E. O. Essig, College Entomology, 1954）

■学名解：4：属名は大鼻のシロアリ，種小名は沼地の．
　　　　　6：属名はシロアリ，種小名は Redemann 氏の．
　　　　　7：属名は好意的なシロアリ，種小名は南の．
　　　　　8：属名は大鼻のシロアリ，種小名は三つの芳香の．
　　　　　9：種小名は梨の形の．

珍虫よもやま話 ⑬

古代エジプト王の記念スカラベ

　古代エジプト王アメンヘテプ三世を記念するスカラベ。王の権威を示すため，王自らライオンを102頭射止めた，と書いてある由。スカラベとはタマオシコガネ（ラ）scarabaeus（聖甲虫）を象った護符であり，古代では頸飾りや印章にも用いられた。古代エジプト展で発行された絵葉書を転写。

（執筆者　平嶋義宏／図の出典　ウィーン美術史美術館所蔵）

珍虫よもやま話 ⑭

紀元前17世紀の
ギリシアのペンダント

　ハチをテーマにしたMallia出土のペンダントである。紀元前17世紀のものとしては，細部を表現した精巧な表現力に驚く。Greek Insects, 1986より転写。
（執筆者　平嶋義宏／図の出典　Davies & Kathirithamby, 1986）

珍虫よもやま話 ⑮

蜂を図柄にした古代ギリシアの硬貨

このコインはEphesusから出土したもので，紀元前420～400年のものである。古い時代のものではあるが，素晴らしい彫刻である。

(執筆者　平嶋義宏／図の出典　F. G. Barth, 1991)

珍虫よもやま話 ⑯

蝶画の一例

　日本昆虫学会創立40周年を記念して，盛大な行事が行われた。筆者は学会に対する長年の功労者の一人として表彰された。その時に副賞として頂いたのがこの蝶画である。福岡市在住の西村五郎氏の作品で，当時，約1万円の値がついていた。
（執筆者　平嶋義宏／図の出典　平嶋義宏撮影）

珍虫よもやま話 ⑰

蝶に化身したパプアニューギニアの高地人

　パプアニューギニアのマウント・ハーゲンは西部高地の中心都市である。この町では，年に一度のシンシンと呼ばれる大舞踊会（お祭り騒ぎ，各部族のデモンストレーション）が行われる。筆者は1969年と1995年の2回このシンシンを見物した。多くの部族の団体（多いのは数十人）が思い思いに意匠をこらし，横隊で行進したり，列をくずして踊ったりの乱痴気騒ぎである。1995年の時には文化ショウ（Cultural Show）と呼ばれていた。その踊り手の一人に蝶の翅を背負った男がいたので，写真をとらせて貰った。面白いアイデアである。

（執筆者　平嶋義宏／図の出典　平嶋義宏撮影）

珍虫よもやま話 ⑱

マダガスカルの珍虫
—これは成虫か幼虫か—

　筆者の知人の一人野村郁子氏は福岡市在住の植物愛好家で，その道では地域の指導者の一人である。彼女が平成15年にマダガスカル島に旅行された折に撮影された昆虫の写真を戴いた。直翅類の昆虫であることには間違いはないが，色も形も変わっている。翅は完全に退化している。長い産卵管をそなえているのをみると，これは成虫であろう。
　和名と学名をご存知の方は教示願いたい。

（執筆者　平嶋義宏／図の出典　野村郁子撮影）

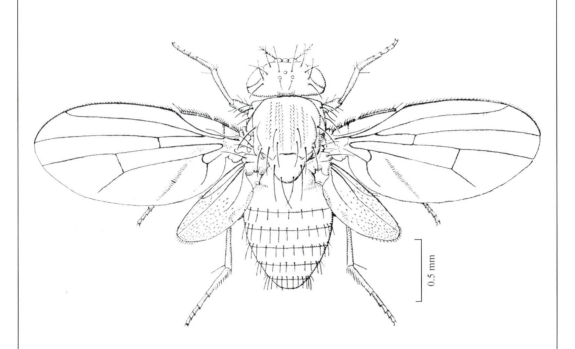

キイロショウジョウバエの突然変異体

　ハエ類の後翅は変化して平均棍になっているので，ハエ類は2枚の翅（前翅）で飛ぶ．ところがごく稀に4枚の翅を持ったハエも現れる．非常に珍しい例である．ここに図示したキイロショウジョウバエ *Drosophila melanogaster* がそうである．このハエは遺伝学の研究に使われたので世界的に有名なハエである．　　　　　　　　　　　　　　　（執筆者　平嶋義宏／図の出典　E. Séguy, 1950）

■学名解：属名は（ギ）露（drosos）を好むもの．種小名は（ギ）黒い腹の．

珍虫よもやま話 ⑳

飛蝗退治記念の蟲塚

　蟲塚といってすぐに納得できる人は近年稀であろう。昔，害虫が大発生した時にその駆除の記念として建てたのが蟲塚である。農作物に大被害をもたらした憎い害虫ではあるが，それも生き物，その霊をなぐさめるための意味もある。

　小笠原諸島に旅された伊藤修四郎博士が母島沖村で撮影されたものがこの蟲塚である。明治36年の建立とある。昔，小笠原でバッタの大群が発生し，その駆除に苦労されたことは初耳であった。貴重な写真を恵与いただいた伊藤博士に感謝します。　　　　　（執筆者　平嶋義宏／図の出典　伊藤修四郎撮影）

珍虫よもやま話 ㉑

ゲンジボタルの乱舞

　最近はゲンジボタルの名所が各地に広がってきているようである。その一つに熊本県菊池市旭志がある。そこの渡瀬川流域では数万匹のゲンジボタルの乱舞が見られる由である。毎年5月下旬から6月上旬にかけて「ホタルフェスタ in 旭志」が開催される。詳しくは菊池観光協会（電話 0968-25-0513）に問い合わせられたい。なお，ここに掲載した写真も同協会からの好意による。感謝したい。

　　　　　　　　　　　　　（執筆者　平嶋義宏／図の出典　菊池観光協会）

珍虫よもやま話 ㉒

国宝玉虫厨子の複製

　日本鱗翅学会はその創立15周年の記念事業として法隆寺の国宝玉虫厨子の複製を計画し，多数の有志の協力を得て，収集した約1万5千匹のヤマトタマムシ *Chrysochroa fulgidissima fulgidissima* のうち5,348匹を有効利用して作り上げたものがここに示す複製品である．学会の壮挙に敬意を表したい．

（執筆者　平嶋義宏／図の出典　日本鱗翅学会）

■学名解：属名 *Chrysochroa* は（ギ）chrysos（金）と（ギ）chroa（皮膚，身体，外観）の複合語．種小名 *fulgidissima* は（ラ）fulgidus（輝いている）の最上級．

竹ひご製のトンボの花入れ

　ここに掲げた写真は民芸品の一つで，竹ひご製の壁掛け用の花入れである。素晴らしい作品である。筆者の親戚の所有物。

(執筆者　平嶋義宏／図の出典　平嶋義宏撮影)

珍虫よもやま話 ㉔

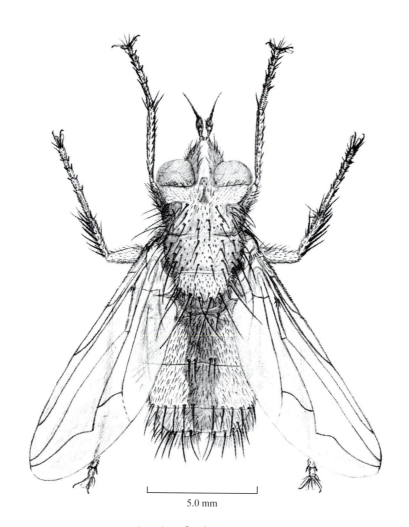

5.0 mm

これも珍虫ですか？

　R. R. Askew 博士（1971）の名著 Parasitic Insects（Heinemann Educational Books 発行）の中からこの図を珍虫の一種として選び出し，筆者の知人に見せたら，珍虫である証拠を示せ，と反問された．おやおや，この人（一流の昆虫分類学者である）には珍虫も珍虫とは映らなかったようである．目の付け所が違ったのである．

　この虫はヤドリバエ科の一種 Echinomyia fera で，北米産，有名な果樹害虫コトリンガの幼虫に寄生する．胸部や腹部先端の剛毛が如何にもとげとげしく，凄い．ハエの仲間でこのような凄い剛毛が体全体に生えているのはヤドリバエ科だけであろう．珍虫の資格十分である．

（執筆者　平嶋義宏／図の出典　R. R. Askew, Parasitic Insects, 1971）

■**学名解**：属名は（ギ）棘のハエ＜echinos ヨーロッパハリネズミ（体は棘に覆われている）＋ myia ハエ．種小名は（ラ）ferus の女性形で，野生の，荒々しい．

珍虫カカトアルキの学名

カカトアルキとは面白い名前である。つま先をあげてカカトで歩くのが名前の由来。アフリカで発見され，マントファスマと命名されて2002年に発表され，話題を呼んだ。発見の端緒はベルリン自然史博物館の琥珀のコレクションの中にあった。琥珀の中の奇妙な昆虫に気が付いたOliver Zompro氏（当時学生）が研究して，*Raptophasma kerneggeri*と命名して発表したの

表示 - 継承 3.0 国際（CC BY-SA 3.0）

が2001年のことである。当時は世の注目をひかなかったが，生きた昆虫がアフリカで発見され，俄然有名になった。その昆虫は31番目の昆虫の新オーダー（目）Mantophasmatodeaのタイプとなった。画期的な発見とされた。

2004年2月2日（月）夜8時からのNHK総合テレビで「カカトで歩く太古の昆虫」と題して放映されたカカトアルキの生態は圧巻であった。体はナナフシに似て枯れ枝状（擬態），無翅，顔はカマキリに似て三角形，肉食性。跗節の基部3節だけを使って（つま先すなわち先端2節を持ち上げて）歩く様子が克明に捉えられていた。更に，尻の先で枝を打ち，その打撃音で雌雄が交信することも明らかにされた。

2002年に発表されたマントファスマ（体は緑色）とNHKの生きたカカトアルキ（体は黒斑のある淡灰褐色）が同じグループ（例えば同属）であるかどうか疑問がある。NHKでは学名にはまったくふれなかった。既存の学名は，昆虫綱マントファスマ目（カカトアルキ目）Mantophasmatodea。カマキリナナフシ（に似たもの），の意。

カマキリ属*Mantis*はカマキリの（ギ）古名 mantis に由来。原意は予言者，占い者。カマキリの待機姿勢から。ナナフシ属*Phasma*の由来は（ギ）phasma 亡霊，幻影。この語の属格は phasmatos，連結形は phasmato- となり，これに接尾辞 -odea（～の形の）をつけて -phasmatodea となった。

新目名の基本になったのはカカトアルキ属*Mantophasma*である。次の2種が知られている。

1：タンザニアカカトアルキ（仮称）*Mantophasma subsolana*。種小名は東風の意で，（ラ）subsolanus（太陽の下の，東方の）に由来（その女性形）。

2：ナミビアカカトアルキ（仮称）*Mantophasma zephyra*。種小名は西風の意で，（ラ）zephyrus に由来。なお，属名*Mantophasma*は中性であるから，種小名が形容詞であれば語尾の変更が必要である。かなり微妙な学名である。

（執筆者　平嶋義宏／図の出典　P. E. Bragg）

立体視できる生態図鑑 (1)

　昆虫の生態写真も立体的に撮影でき，立体視することができる。ここに示した写真は，野外で珍虫に出合った時の臨場感と感動を紙面から再現しようという試みである。かねて甲虫屋の沢田佳久博士が開発され，年賀状に用いられていた立体視のできる珍虫の写真と技術を，ここに紹介したい。本図説の愛用者に対する大きな贈り物である。沢田博士に心から感謝します（平嶋記）。

平行法による立体写真の見方

　ここに掲げた写真はすべて「裸眼立体視平行法」用のものです。
　平行な視線で右の目で右のコマ，左の目で左のコマを見ると，画面奥に立体世界が見えてきます。
　遠くを見るような視線のまま，手元の紙面を見てください。

スジヒメカタゾウムシ　　　スジヒメカタゾウムシ

スジヒメカタゾウムシ *Ogasawarazo lineatus*

　小笠原諸島で適応放散した無翅のゾウムシ，*Ogasawarazo* 属の種である（一種が北大東島に分布）。
　本種は父島，南島及び母島の記録があるが，父島と母島からは既にほぼ姿を消した。
　父島から1kmほどの距離にある南島では状況が異なる。グリーンアノール未侵入である南島ではハマゴウなどの葉上に非常に多く，晴天下で活発な活動が見られる。
　黒地に白条がめだつ本種は，この属としては特異な外見を呈する。これは生息環境と相俟って鳥糞の擬態を思わせるものである。ただし鱗片が脱落した個体も少なくない。（撮影：2016/07/03，南島）

　■学名解：属名は近代（ラ）「小笠原のゾウムシ」の意．種小名は（ラ）線斑のある．
　Kono（1928）の命名．

（執筆者　沢田佳久／図の出典　沢田佳久撮影）

立体視できる生態図鑑（2）

　　ハハジマヒメカタゾウムシ　　ハハジマヒメカタゾウムシ

　　オガサワラタマムシ　　　　オガサワラタマムシ

ハハジマヒメカタゾウムシ *Ogasawarazo mater*

　小笠原諸島母島特産の種であり，林内の草叢に生息するが，2016年現在，朝夕の限られた時間にわずかに見られるのみ。捕食による絶滅が危惧される。

　淡い緑色を帯びた色彩と突出の弱い複眼が，地上と落葉中での活動の頻度を示していると思われる。

　本属にはより土壌中の環境に適応した種が複数知られている。（撮影：2016/06/29,母島）

▍学名解：種小名は（ラ）母．母島特産のため．Morimoto(1981)の命名．

オガサワラタマムシ *Chrysochroa holstii*

　小笠原特産の大型甲虫．本土のヤマトタマムシ（*C. fulgidissima*）に似た姿だが色彩が単純である。島内各所のムニンエノキで，樹冠を飛ぶ姿がよく見られる。外来は虫類による捕食の影響は，大型である本種の場合に限り，比較的すくないように思える。（撮影：2016/07/04，父島）

▍学名解：属名は（ギ）金色の（金色の皮膚の色の）．種小名は人名由来．Waterhouse (1890)の命名．

（執筆者　沢田佳久／図の出典　沢田佳久撮影）

立体視できる生態図鑑 (3)

ルリカメムシ　　　　　　ルリカメムシ

タカハシトゲゾウムシ　　タカハシトゲゾウムシ

ルリカメムシ *Plautia cyanoviridis*

　小笠原諸島の固有種。本土に多い葉色擬態のチャバネアオカメムシ（*P. stali*）と同属だが，本種は生時の色彩が特段に美しく印象ぶかい。瑠璃というより碧玉に思える。（撮影：2016/07/01，父島）

　■学名解：属名 *Plautia* は（ラ）plautus 平たい＋接尾辞 -ia．種小名 *cyanoviridis* は（ギ）kyanos 紺青色の＋（ラ）viridis 緑の．Ruckes (1963) の命名．

タカハシトゲゾウムシ *Dinorhopala takahashii*

　日本各地で散発的に得られる本種は，体長約4 mmと小型ながら奇異な姿で知られ，ノミゾウムシ族に列せられてはいるものの他とは一線を画す特異な存在である。

　特に意味不明なのは後脚である。肥大した腿節に突起があり，突起の外側は鋸状で，その歯の間ごとに長毛が生えている。脛節はこれと呼応したように湾曲している。そしてこれら全体の機能が謎のままである。

　生時には翅鞘基部に分泌物による白い模様が形成される。サクラの葉裏に静止しているシルエットはなぜかセモンジンガサハムシ（*Cassida versicolor*）に似ており，白い模様はその金色の背紋に相当する。（撮影：2014/04/15，四万十市）

　■学名解：属名は（ギ）deinos 恐ろしい＋（ギ）rhopalon 棍棒．種小名は人名由来．Kono (1930) の命名．

（執筆者　沢田佳久／図の出典　沢田佳久撮影）

立体視できる生態図鑑（4）

キリンクビナガオトシブミ　　キリンクビナガオトシブミ

トライクビチョッキリ　　トライクビチョッキリ

キリンクビナガオトシブミ *Trachelophorus giraffa*

　マダガスカル特産の世界最大級のオトシブミである。マダガスカル東北部沿岸の東洋区的環境に生えるノボタン科植物の大きな葉を切って揺籃を巻く。

　その色彩とサイズ，雄の奇怪な形態と雌の揺籃作りによって，欧米では『麒麟甲虫』として有名である。しかしエゴツルクビオトシブミ（*Cycnotrachelus roelofsi*）など，近似の種が本邦にも分布するため，日本人にとっては派手めの大型種にしか見えない残念なオトシブミである。（撮影：2013/08/31，アンダシベ）

　▮学名解：属名は（ギ）trachelos 首，頸＋（ギ）-phorus ～を持つ．種小名 *giraffa* は英語の giraffe より．キリン，ジラフの意．Jekel（1860）の命名．

トライクビチョッキリ *Deporaus tigris*

　九州の白鳥山と四国の剣山のみから知られる珍種のチョッキリ。近似種にはない顕著な斑紋が安定して見られる。石灰岩地帯に生えるコバノクロウメモドキに依存するため，分布が局限されるものと思われる。（撮影：2013/07/07，剣山）

　▮学名解：属名は語源不詳．種小名は（ラ）トラ（虎）．Sawada（1992）の命名．

（執筆者　沢田佳久／図の出典　沢田佳久撮影）

珍虫よもやま話 ㉗

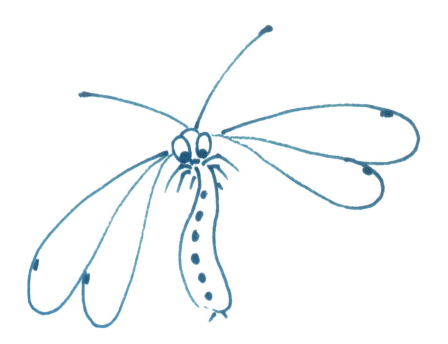

阪口浩平博士を偲ぶサインと戯画

『図説　世界の昆虫』の第6巻（1982）の扉に描いて下さった阪口浩平博士（1983年没）のサインとカリカチュアである。見事な筆使いに感心する。今となっては阪口博士の絶筆となってしまった。心からご冥福をお祈りします。

（執筆者　平嶋義宏／図の出典　阪口浩平原図）

第4章

昆虫の微細構造と
電子顕微鏡写真

昆虫の体にはいたるところに微細構造や超微細構造が見られる。これらは
すべてそれぞれの生活に適応した形態の一部である。ここにはそれらの微細
構造と，さらにそれを数百倍から数千倍に拡大した電子顕微鏡写真を示す。
昆虫の体が如何に素晴らしいものであるか，改めて確認していただきたい。

昆虫の微細構造と電子顕微鏡写真

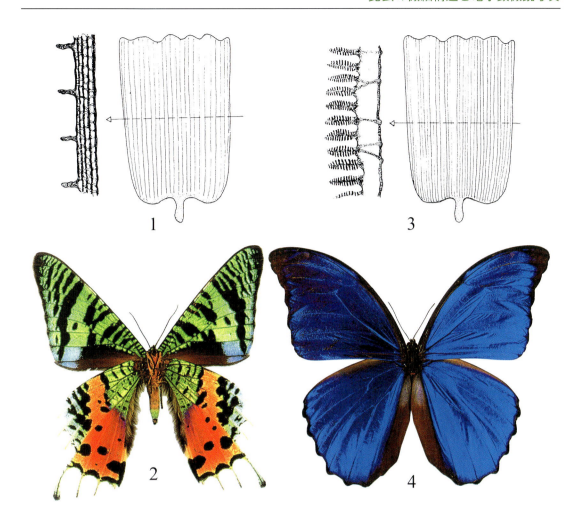

永久に美麗な構造色

　昆虫の色は大別して色素色と構造色があり，後者は昆虫が死んでもその色は永久に光り輝く．蝶では，翅の鱗毛に超微細な構造があり，光がそれによって単純にあるいは複雑に反射して美しい色を発現するのである．図の1と3は一つの鱗毛とそれの断面の電顕写真を示す．図の1と2はウラニア型 *Urania* type で，マダガスカル産のニシキオオツバメガ *Chrysiridia ripheus* がその一例である．この美麗な色と形を見れば，誰でも蛾ではなく蝶であると錯覚する．ウラニアとはこの美麗蛾の旧属名である．図の3と4は有名なモルフォ型 *Morpho* type で，翅は全体が青藍色に輝く．図示したものはブラジル産のメネラウスモルフォ *Morpho menelaus* である．1と3はWigglesworth博士の名著 The Life of Insects（アメリカのW. P. 社発行，1964）から，2と4は東京のESI社（2003）の『びっくり世界の昆虫』から引用した．

（執筆者　平嶋義宏／図の出典　Wigglesworth, 1964及びESI, 2003）

■**学名解**：属名 *Urania* はギリシア神話の美の女神 Aphrodite の異称，天にすむ，の意．属名 *Chrysiridia* は（ギ）chrysos 黄金＋（ギ）iris（連結形 irido-）＋接尾辞 -ia．種小名 *ripheus* は語源不詳．属名 *Morpho* はギリシア神話の恋愛と美の女神 Aphrodite の別名で，原意は美しい．種小名 *menelaus* は（ギ）神話のメネラーオス，Atreus の息子で，美女 Helena の夫．

昆虫の微細構造と電子顕微鏡写真

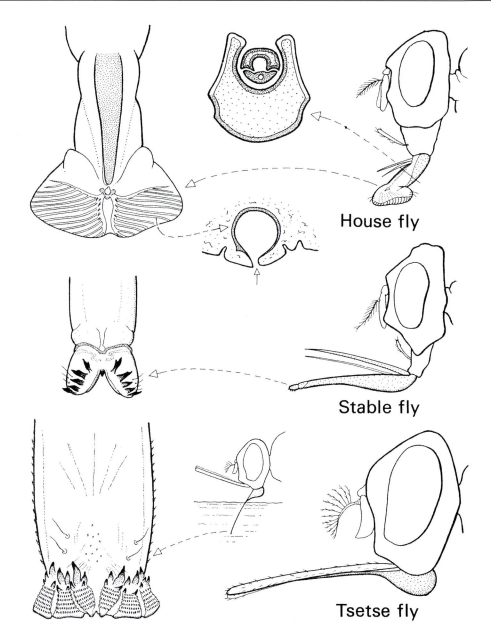

ハエ3種の舌先の微細構造

　ハエ3種の舌先の微細構造を示した（WigglesworthのThe Life of Insects, 1964より）。上段のHouse flyイエバエ（*Musca*）は液体を舐めるために，舌先もそれに適した構造になっている。中段のStable flyサシバエ*Stomoxys*は動物の血を吸って生きるために，舌先は動物の皮膚に傷をつける構造になっている。下段のTsetse flyツェツェバエ*Glossina*も人や家畜の血を吸って生きるので，舌先にはそれらの皮膚を破るための鋭いやすり状の棘がある。アフリカ睡眠病という伝染病を媒介する危険な衛生害虫である。（執筆者　平嶋義宏／図の出典　V. B. Wigglesworth, 1964）

　■**学名解**：属名*Musca*はハエのラテン名．属名*Stomoxys*は（ギ）口が鋭い．属名*Glossina*は（ギ）舌の．舌が長いのを表現．

昆虫の微細構造と電子顕微鏡写真

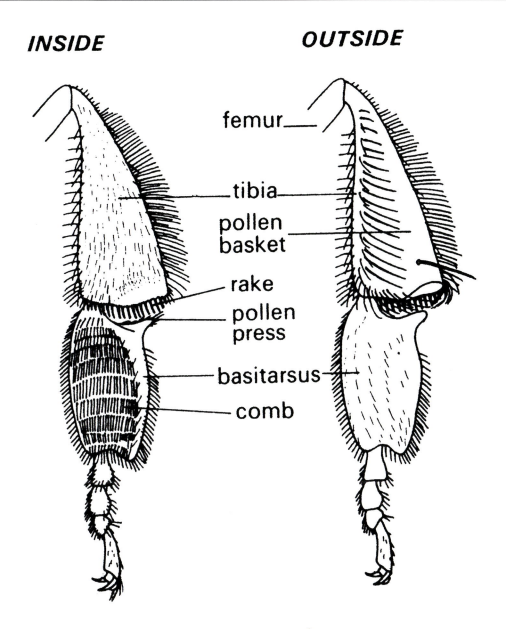

非常に機能的なミツバチの後脚

　ミツバチの外役蜂は植物の花粉と花蜜を集め，巣に運びこむのが仕事である。花粉は団子状にして後脚の脛節の外面につけて帰る（53頁の写真6を参照）。そのため長い三角形状の後脚脛節の外面は平滑となり，幅広い先端部がやや窪み，花粉がくっつき易いようになっている。そこに1本の長い毛があり，花粉団子を保持する。脛節の縁には長毛列があり，この毛も一杯になった花粉団子が落ちないように包みこむのである。

　後脚の内面はさらに面白い。脛節内面には変化がない。しかし扁平で大きな基跗節（basitarsus）には一杯に剛毛が生えている。横に約10列の剛毛列はやや異様でもある。これで腹面についた花粉を掻き落とすのである。

（執筆者　平嶋義宏／図の出典　Chapman, 1971, The Insects. Structure and Function）

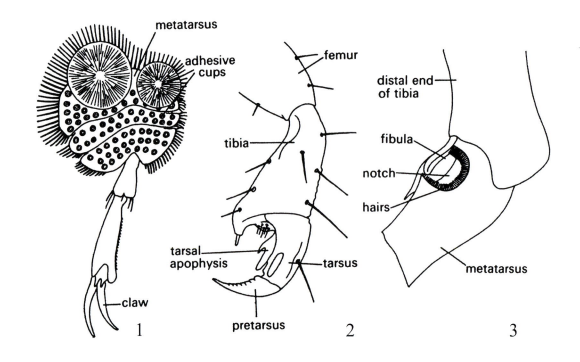

いろいろな用途のための跗節の変形

　昆虫はその習性に応じて体（の一部）を変形している。ここには脚の跗節の変形の3例を示そう。
　1は水生昆虫のゲンゴロウ*Dytiscus*の雄の前脚である。跗節5節のうちの基部3節が変形して，交尾のときに雌をしっかり捉まえることができるように吸着盤が発達している。特に基跗節（metatarsus）の吸着盤は丸くて大きい。
　2はケモノジラミ科のウマジラミ*Haematopinus*の脚である。毛にしっかりしがみつけるように，脛節と跗節が変形している。特に最先端の跗節（tarsus）の変形が著しい。
　3はミツバチの働き蜂の前脚の変形である。基跗節の内面の基部に小さな窪みができていて，その内面に短毛が密生している。これは触角を奇麗にするための化粧道具（toilet organ）である。ミツバチは暇があれば触角をこれで磨いている。

（執筆者　平嶋義宏／図の出典　Chapman, 1971, The Insects. Structure and Function）

■学名解：属名*Dytiscus*は（ギ）小さな潜水者，の意で，dytēsの縮小形．属名*Haematopinus*は（ギ）血を吸うもの，の意で，（ギ）haima（属格haimatos）と（ギ）pinō（吸う）の複合語．

昆虫の微細構造と電子顕微鏡写真

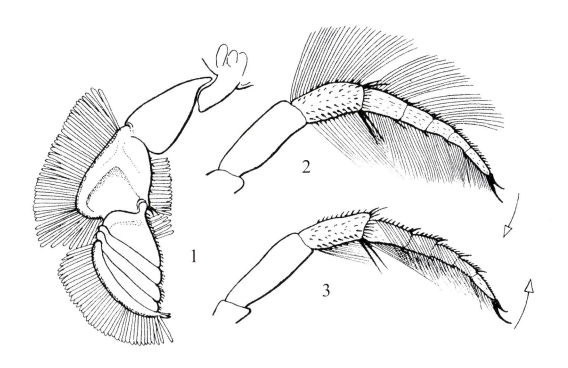

泳ぎに適応した水生昆虫の脚

　ミズスマシ Gyrinus（図の1）は水面をぐるぐると泳ぎ回る。中脚と後脚が泳ぐために特化（短くて頑丈）していて，水の抵抗を受けたり弱めたりする可変の遊泳毛がある。ゲンゴロウモドキ Dytiscus もかなり速く水中を泳ぐ。中・後脚の脛節と跗節には雌雄ともに長い可変の遊泳毛（図の2, 3）があり，水中生活に適している。これらの水生昆虫の体も流線形である。イギリスの著名な昆虫生理学者 Wigglesworth 博士（1964）の名著 The Life of Insects より引用した。

（執筆者　平嶋義宏／図の出典　V. B. Wigglesworth, 1964）

■学名解：属名 Gyrinus は（ギ）gyrinos オタマジャクシ．命名を少し誤った，という感じである．属名 Dytiscus は（ギ）愛らしい潜水者，の意＜dytēs 潜水者＋縮小辞 -iscus．

昆虫の微細構造と電子顕微鏡写真

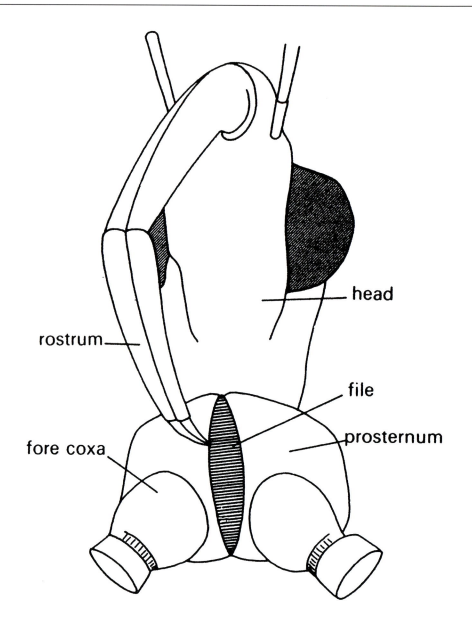

発音のための微細な構造 (1)

　発音する昆虫といえばセミ（蝉）であろう。セミの雄には立派な発音器が備わっている。また，スズムシやマツムシのように美麗な発音をするものもいる。こちらは翅を摩擦しての発音である。コオロギには縄張りを誇示するときの発音や，雄同士の争いのときの争い鳴きや，雌を誘う時の誘い鳴き，などがあるという。

　また，人の耳には聞こえない発音をしている場合もある。その1例にサシガメ科のハネナシサシガメ *Coranus* を示そう。前脚の基節間に縦長の微細なやすり (file) があり，これを尖った吻 (rostrum) の先でこすって音をだすという。

（執筆者　平嶋義宏／図の出典　Chapman, 1971, The Insects. Structure and Function）

■学名解：属名 *Coramus* は（ギ）少女（または人形）のような．

昆虫の微細構造と電子顕微鏡写真

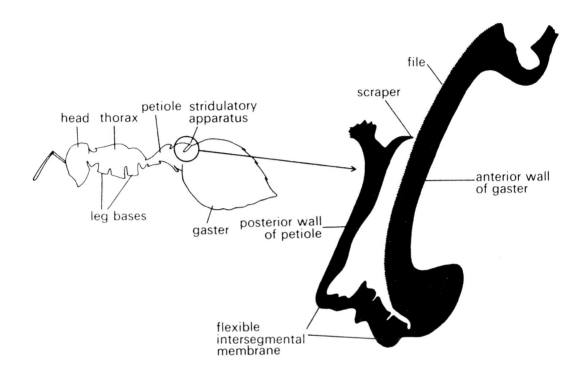

発音のための微細な構造（2）

　アリにも発音のための微細な構造がある。図に示すように，例えばハリアリ *Myrmica* の腹柄節（petiole）の末端が鋭利に尖って摩擦器（scraper）となり，対面の腹部第1節のやすり状部（file）をこすって音を出す。増幅器を工夫すれば，その音を聞くことができるであろう。

（執筆者　平嶋義宏／図の出典　Chapman, 1971, The Insects. Structure and Function）

■**学名解**：属名は(ギ)アリのような，の意で，myrmēx に由来する造語．語尾の -ica は形容詞を作る接尾辞．

昆虫の微細構造と電子顕微鏡写真

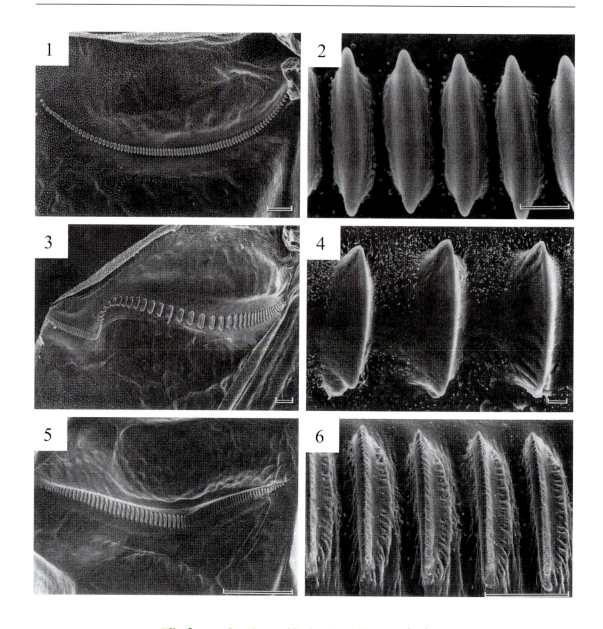

発音のための微細な構造（3）

キリギリス類は翅や脚の摩擦による発音で有名である。1, 3, 5は一列に並んだやすり（file）の状態，2, 4, 6はその部分の拡大写真。

（執筆者　平嶋義宏／図の出典　The Insects of Australia, CSIRO, 1991）

■学名解：1, 2：*Oligodectoides tindalei*. 属名は（ギ）oligos 小さい，低い＋（ギ）dektos 受け入れられる＋-oides ～に似たもの．種小名は人名由来．

3, 4：*Phaneroptera gracilis*. 属名は（ギ）phaneros 人目をひく＋（ギ）pteron 翅．種小名は（ラ）細い，貧弱な．

5, 6：*Acripeza reticulata*. 属名は（ギ）akris バッタなどの直翅類の昆虫＋（ギ）peza 足．種小名は（ラ）網状の，格子づくりの．

昆虫の微細構造と電子顕微鏡写真

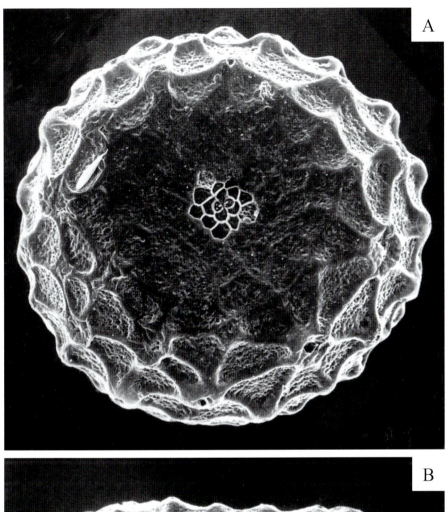

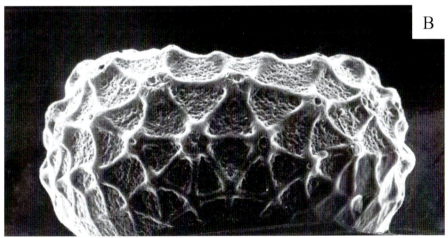

ゴイシツバメシジミの卵の微細構造

珍蝶ゴイシツバメシジミ *Shijimia moorei*（学名解は別出）の卵の電子顕微鏡写真である。Aは卵の上面から。倍率320倍。その詳細は次頁の写真Eを見られたい。Bは卵の側面から。倍率300倍。　　　　　　　　　　（執筆者　三枝豊平・平嶋義宏／図の出典　白水　隆・三枝豊平, 1977）

昆虫の微細構造と電子顕微鏡写真

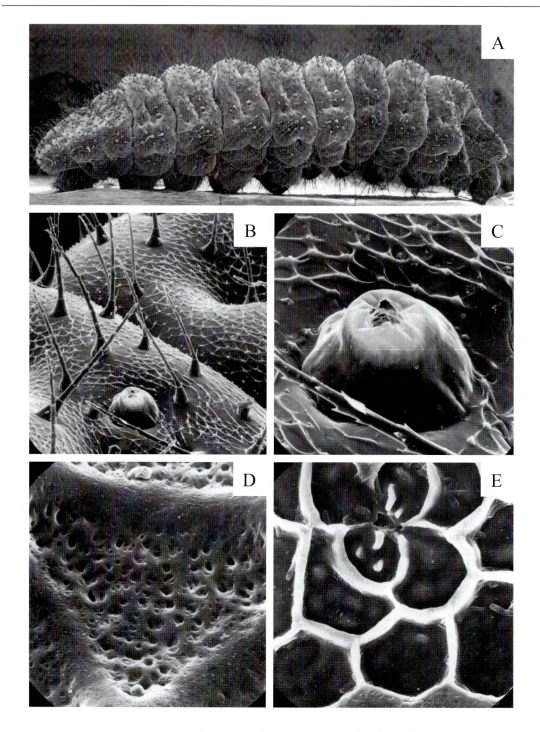

ゴイシツバメシジミ幼生の微細構造

　ゴイシツバメシジミの幼生期の電子顕微鏡写真である。Aは3齢幼虫の側面。倍率33倍。Bは同幼虫の第3腹節の気門周辺部。倍率300倍。Cはその気門。倍率1,000倍。Dは卵殻側面の三角形の凹部（前頁の写真B参照）。倍率1,500倍。Eは卵殻中央の精孔周辺部（前頁の写真A参照）。倍率2,000倍。　　　　　（執筆者　三枝豊平・平嶋義宏／図の出典　白水　隆・三枝豊平, 1977）

昆虫の微細構造と電子顕微鏡写真

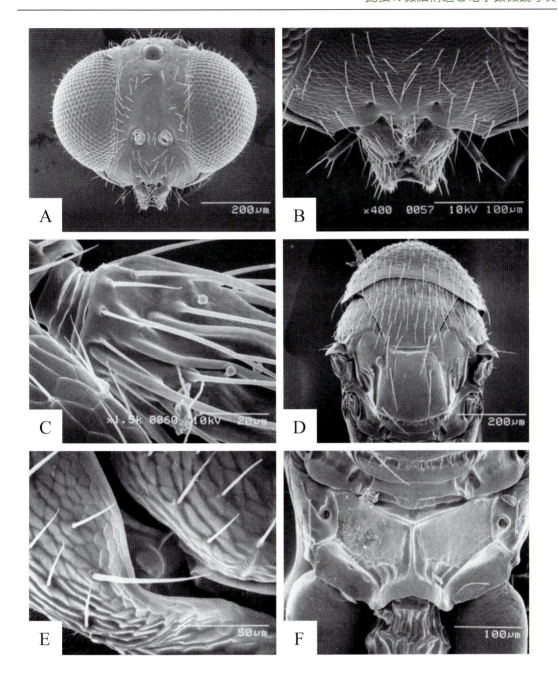

コニシヒメコバチ（新称）の微細構造

　Jpn. J. Ent.（昆虫），65 (4)：722に発表された電顕写真で，コニシヒメコバチ（新称）*Pasohstichus konishii* の微細構造を示す。Aは頭の前面，Bは顔の一部と口器，Cは触角第1節の環状体と触角第1節，Dは前胸，中胸背板と小盾板，Eは前胸の気門（左側の），Fは後小盾板と前伸腹節を示す。　　　　　　　　　　　　　　　　（執筆者　平嶋義宏／図の出典　E. Ikeda, 1997）

　▩ **学名解**：属名は産地名のPasoh（Pasoh Forest Reserve, Malaysia）と（ギ）stichos列，線の合成語．ヒメコバチ科に *Tetrastichus*（四つの線，の意）あり．種小名は小西和彦博士（愛媛大学教授）に因む．

昆虫の微細構造と電子顕微鏡写真

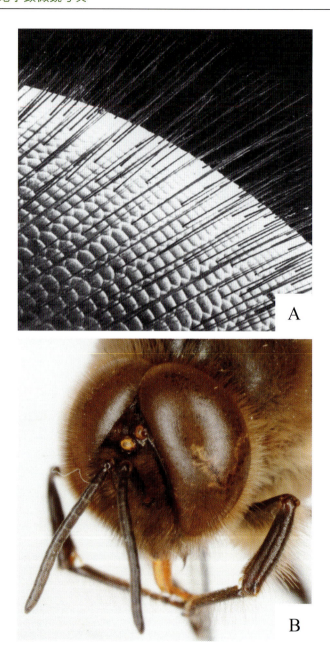

ミツバチ複眼に生えている毛

　ミツバチの複眼には，働き蜂や雄蜂を問わず，毛が密生していることを知っている昆虫学者は少ない。その様子を上に示した。Aはドイツの雑誌に載ったもので，ommatidia（複眼小眼，と新訳）と毛がよく写っている。180の倍率である。Bはミツバチの雄の頭を示すもので（筆者撮影）大きな複眼（上部で相接している）と複眼に生えている毛を示す。

　術語ommatidium（複数形ommatidia）は素木博士の『昆虫学辞典』には「個眼，小眼」と訳されている。ギリシア語で「小さな眼」という意味である。

（執筆者　平嶋義宏／図の出典　AはBienen und Vespen, 1987，Bは平嶋義宏撮影）

昆虫の微細構造と電子顕微鏡写真

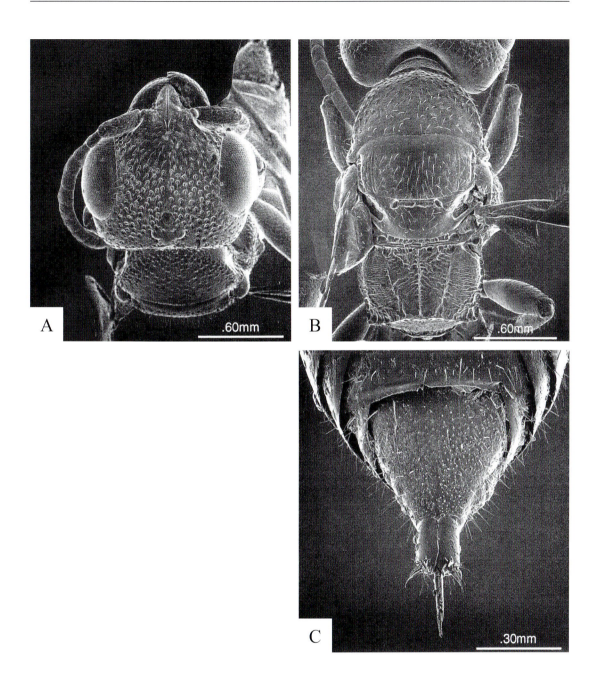

セイロン産アリガタバチの一種の電顕写真

　セイロン産のアリガタバチは珍しい。これが発見されたのはアメリカのKrombein博士の調査の成果の一つである。この電顕写真の主は *Odontepyris ventralis* という。Aは頭部の背面図，Bは胸部の背面図　Cは腹部先端の第6腹節の腹面図である。

（執筆者　平嶋義宏／図の出典　K. V. Krombein, 1996）

　■学名解：属名は（ギ）odonto-歯（棘）の＋（ギ）ēpeiros 平地（推定）．種小名は（ラ）腹の，腹部の．

昆虫の微細構造と電子顕微鏡写真

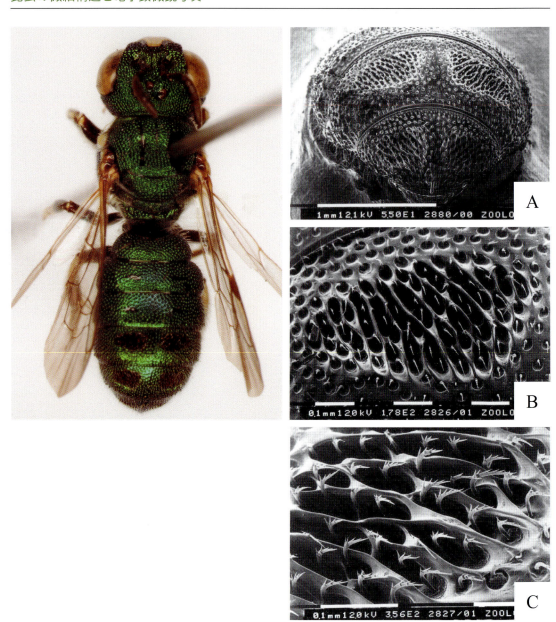

ミドリシッポウハナバチの腹部の微細構造

　ミドリシッポウハナバチ Pithitis smaragdula（写真左）はインド他の東南アジアに分布するが，我が国では琉球列島に限って生息する緑色の金属光沢に輝く美しいハナバチである。イギリスの Baker 博士がその腹部の電顕写真（A，B，C）を発表しているので，ここに紹介したい。

　A は腹部尾端を後方から撮影したもの。B は第5腹節の左方の格子状構造物（clathra）（成虫の写真の黒く写っている部分）。C はその拡大図。

(執筆者　平嶋義宏／図の出典　平嶋義宏撮影及び D. B. Baker, 1977)

■**学名解**：属名は（ギ）pithitis ヒナゲシ（植物）．蜂の美しさを讃えたもの．種小名は（ラ）ややエメラルド色の．なお，近年本属名を Ceratina とする研究者もいる．筆者（平嶋）は同意しない．この属名は（ギ）角のような，の意．

昆虫の微細構造と電子顕微鏡写真

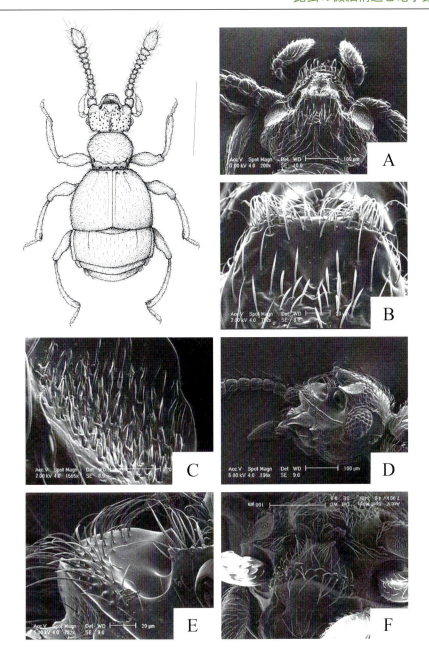

テングアリヅカムシの微細構造

　ここには新属新種の微小なテングアリヅカムシ *Tenguobythus nasalis* の全形図と微細構造を示した。電顕写真に見るこの虫の微細構造は実に美しい。

　全形図（左上の線画）の縮尺（右上の縦棒）は0.5 mm。写真のAは頭部、Bは顔面突起、Cは剛毛部、Dは頭部側面、Eはその前部の拡大図、Fは頭部の前面図、左右に触角の基部が見える。

　　　　　　　　　　（執筆者　野村周平・平嶋義宏／図の出典　S. Arai & S. Nomura, 2007）

■**学名解**：属名は日本語の天狗と（ギ）bythos（深み、底）の合成語。この -bythus は他の属名例えばオオズ
　アリヅカムシ *Nipponobythus* にも見られる．

昆虫の微細構造と電子顕微鏡写真

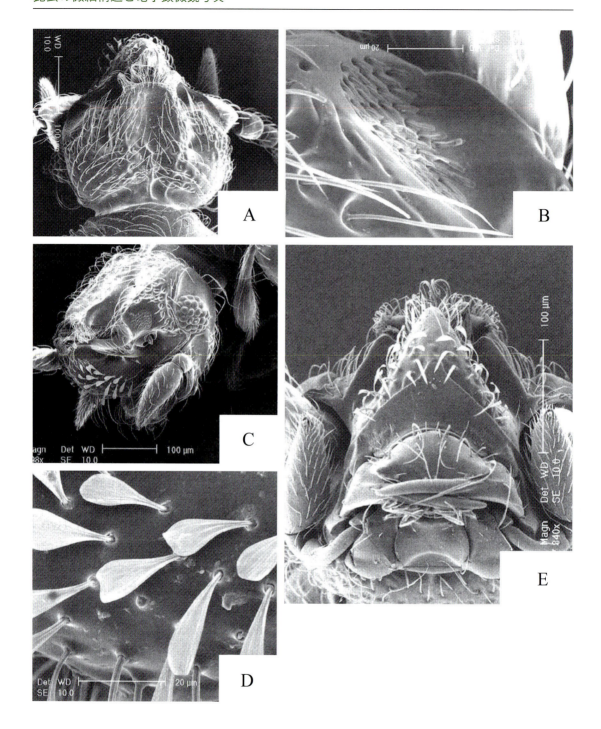

ヤエヤマテングアリヅカムシの頭部の微細構造

ここにはヤエヤマテングアリヅカムシ *Tenguobythus decoratus* の頭部の微細構造を示した。
　Aは頭部の背面図。Bはその一部の密生した剛毛部。Cは頭部の側面図。Dはその一部の微毛の拡大図。Eは頭部の前面図。（執筆者　野村周平・平嶋義宏／図の出典　S. Arai & S. Nomura, 2007）

■学名解：属名は前出．種小名は（ラ）飾られた，美しくなった．

昆虫の微細構造と電子顕微鏡写真

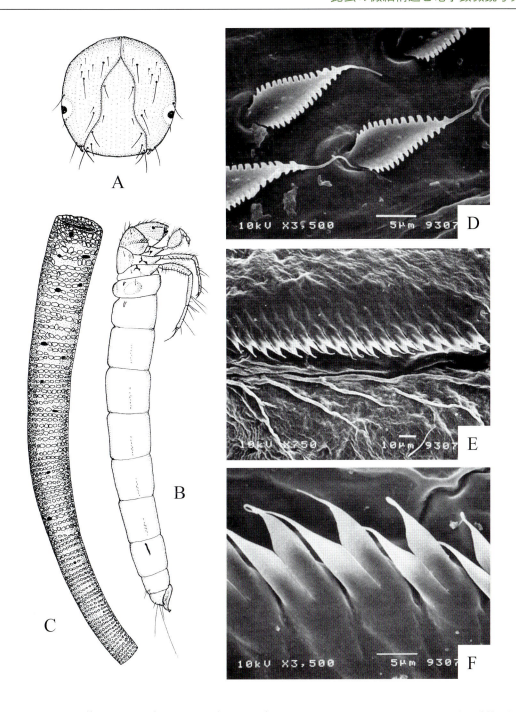

スナノスヅツトビケラ（新称）の第7・8腹節の微細構造

　Jpn. J. Ent.（昆虫）の62(1)：193-200に発表されたスナノスヅツ（砂の巣筒）トビケラ（新称）*Ernodes gracilis*の第7腹節の特殊な剛毛（写真のD）と第8腹節の櫛歯状の切片（写真のE，F）の電顕写真。左方のAは幼虫の頭の前面図，Bは老熟幼虫の側面，Cはその巣筒（表面に砂粒をつけている）。　　　　　　　　　　　　　　（執筆者　平嶋義宏／図の出典　T. Nozaki & T. Kagaya, 1994）

　▮学名解：属名は（ギ）ernōdēs若芽のような．種小名は（ラ）細い，やせた．

昆虫の微細構造と電子顕微鏡写真

前翅を固定する仕組み

　ガ類やセミ類，ハチ類は，その前翅の後縁と後翅の前縁に両者を固定するための鉤があり，実質的に一枚の大きな翅として利用している（チョウ類は，前翅と後翅の一部を重ねて，同時に羽ばたきを行っている）。一方，コウチュウ目は，前翅が革質化しており飛翔には利用されないことから，前翅と後翅を固定する必要がなく，鉤をもたない。しかし，この革質化した前翅を背中の上に固定しておくための構造が背中の真ん中と肩の2ヶ所に観察できる。肩と対応する前翅の構造は，互いにマジックテープのような構造となっている。

（執筆者　紙谷聡志／図の出典　野村周平撮影）

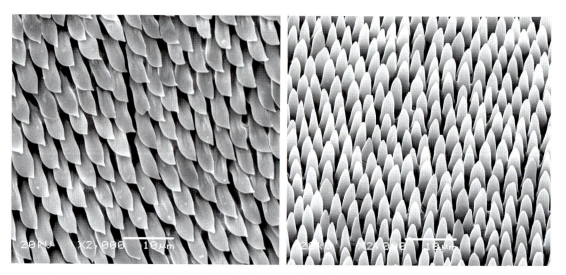

▲ カブトムシ雄肩部の固定装置のSEM写真。前翅内側（左写真）と胸部側面（右写真）の突起がかみ合うことによって固定される

セミの翅のナノ構造

　クマゼミは，近年，東日本においてその分布域が拡大していることから注目されている昆虫の一種であるが，その翅の表面構造にも関心が寄せられている。クマゼミの翅の透明な膜質部を10,000倍に拡大して観察すると，直径約100 nm，高さ約30〜150 nmの微細な突起が規則正しく配列されていることを観察することができる。このような構造は，他の透明な翅を持つセミ類に共通するとともに，蛾の複眼で観察される「モスアイ」構造と同様である。おもに光の反射との関係を議論されることが多いが，撥水性や抗菌性との関係も示されている。特にオーストラリアのセミの一種 *Psaltoda claripennis* を用いた研究では，細菌の細胞壁を，翅の表面ナノ構造が貫通することで抗菌性をもたらしていると言われている。

（執筆者　紙谷聡志／図の出典　野村周平撮影）

■学名解：属名 *psaltoda* は（ギ）psaltria 女のハープ奏者＋接尾辞 -oda．類似を示す．種小名 *claripennis* は（ラ）clarus 明瞭な＋（ラ）penna 翼．

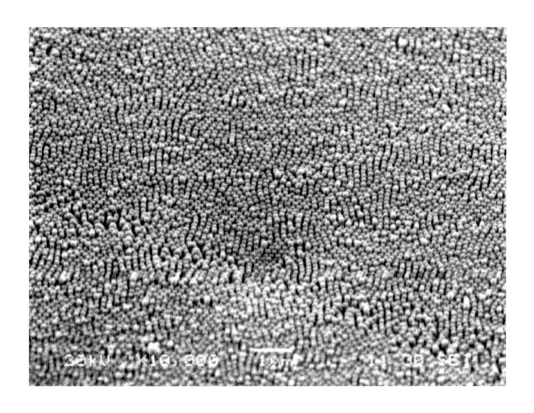

微小な昆虫の翅には美しい干渉縞がある

　コバチ類のような非常に小さな昆虫の透明な翅にある一定の角度からの光を当てると，下図のような美しい干渉縞を観察することができる。この現象は薄膜干渉の一種であるが，Shevtsova博士はこれをWIPs（wing interference patterns：翅干渉パターン）と名付けた。この干渉縞は，人間の目では認識しにくいものであるが，種や性別に特有のパターンを示すことが明らかにされており，昆虫の繁殖行動にどのような関連があるのかについて研究が進められている。

　（執筆者　紙谷聡志／図の出典　Ekaterina Shevtsova (2012) Seeing the invisible : Evolution of wing interference patterns in Hymenoptera, and their application in taxonomy. Department of Biology, Lund University.）

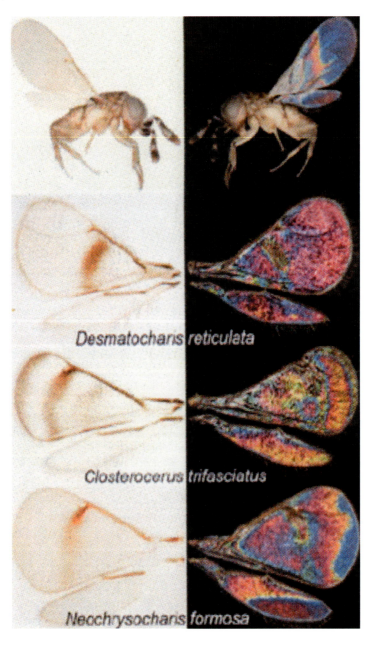

昆虫の微細構造と電子顕微鏡写真

▲ 上左は雄，上右は雌。下左は上翅表面鱗片CCD写真。下右は同鱗片断面SEM写真

フォトニック結晶を持つダイヤモンドゾウムシ

　大型の美麗なゾウムシで，「ホウセキゾウムシ」と呼ばれることがある。学名を*Lamprocyphus augustus*という。産地は南米アマゾン地域。真のホウセキゾウムシである*Euphorus*属（主にニューギニア産）とは異なる。体表の地色は黒色だが，一面楕円形の金緑色の鱗片に被われる。この鱗片の中には，構造色を発色するフォトニック結晶が含まれていることが知られる。このフォトニック結晶は「ダイヤモンド構造」であることが判明している。フォトニック結晶自体は，ホウセキゾウムシなど他のゾウムシ類からも発見されている。

（執筆者　野村周平／図の出典　野村周平撮影）

■学名解：属名は（ギ）lampros輝く＋（ギ）kuphos腰の曲がった．種小名は（ラ）狭い．

昆虫の微細構造と電子顕微鏡写真

▲ 上は雄背面（左）及び腹面（右）。下は緑色鱗粉の断面に見られるフォトニック結晶のSEM写真

フォトニック結晶を持つ南米の蝶マエモンジャコウアゲハ

　マエモンジャコウアゲハ*Parides sesostris*とその近縁種は中南米に産する小型のアゲハチョウの一群で，雌雄で斑紋が大きく異なる。本種の雄は全面黒色であるが，前翅やや基部後方に大きな金緑色紋がある。この金緑色部の鱗粉は上下2枚からなり，上の鱗粉下側には，構造色を発色するフォトニック結晶が含まれていることが知られる。フォトニック結晶にはいくつかの種類が知られるが，本種のものは「ジャイロイド構造」と呼ばれる3次元構造であることが判明している。　　　　　　　　　　　　　　　（執筆者　野村周平／図の出典　野村周平撮影）

■**学名解**：属名は（ギ）パリスParisの子孫，の意．パリスはトロイア王Priamusの息子で，トロイア戦争の因を作った．種小名はセソーストリスSesostris．伝説上のエジプトの王．

主要な参照文献

主要な参照文献

（I） 和書

朝比奈正二郎ほか監修，1992．日本絶滅危機動物図鑑 レッドデータアニマルズ．JICC（ジック）出版局

東　清二監修，2002．琉球列島産昆虫目録．沖縄生物学会

➤ 膨大な内容である。扉のカラー8図版（48図）の写真は珍品ぞろいで，見応えがある。

有田　豊・池田真澄，2000．擬態する蛾 スカシバガ．むし社

岩田久二雄，1978〜1980．昆虫を見つめて五十年．4巻．朝日新聞社

➤ 優れた観察眼も持った岩田先生の手記は珠玉の名編である。先生の直筆の挿絵も見事である。こう
いう著書を残して下さった先生に感謝したい。

ウイルソン・リッチ著，原野健一ほか訳，2015．世界のミツバチ・ハナバチ百科図鑑．河出書房新社

➤ ミツバチを含めたハナバチと人間との密接な関係を述べ，自然との共生を説き，将来のあり方を示
唆する貴重な本。名著である。

岡田一次，1990．ニホンミツバチ誌．自費出版（玉川学園）

➤ 豊富な写真が美しい。ミツバチを愛した博士の名著。

小野正人，1997．スズメバチの科学．海游舎

➤ スズメバチを愛する著者の真心が伝わってくる。

片山栄助，2007．マルハナバチ 愛嬌者の知られざる生態．北海道大学出版会

栗林　慧，1973．沖縄の昆虫．学習研究社

➤ 空前の名著といってよい。昆虫のすばらしい写真が目白押しの楽しい図鑑である。

小松　貴，2014．裏山の奇人 – 野にたゆたう博物学 –

小松　貴，2016．虫のすみか．ベレ出版

佐々木正巳，1999．ニホンミツバチ 北限の*Apis cerana*．海游舎

➤ この本を読まずしてミツバチを語るなかれ。

篠永　哲，2004．ハエ 人と蠅の関係を追う．八坂書房

篠永　哲・嶌　洪編著，ハエ学 多様な生活と謎を探る．東海大学出版会

➤ 帯にいわく。よくも捕ったり！ –ハエ学者熱帯を行く。

白水　隆，1960．原色台湾蝶類大図鑑．保育社

➤ 非常に有益な図鑑。図も美しい。

田中　肇，1997．花と昆虫がつくる自然．保育社

寺山　守・須田博久編著，2016．日本産有剣ハチ類図鑑．2分冊

➤ 須田コレクションを用いたハチ類の標本写真は美しい。属や種の検索表もしっかりしている。アリ
類とハナバチ類が本書にないのは残念。

中尾舜一，2001．図解 昆虫俳句歳時記．蝸牛新社

➤ 虫の姿を通して人の世の機微を知る俳句がずらり。

馬場金太郎・平嶋義宏編，2000．新版 昆虫採集学．九州大学出版会

➤ 珍虫といえる多くの昆虫が図示されている。

林　正美・税所康正編著，2011．日本産セミ科図鑑．誠文堂新光社

➤ セミの写真も美しいが，日本のセミ全種の鳴き声を収録したCD付き。日本初の試み。

東　正剛・緒方一夫・S. D. ポーター，2008．ヒアリの生物学－行動生態と分子基盤－．海游舎

日高敏隆監修，1996～1998．日本動物大百科 昆虫の部（3巻）．平凡社

平嶋義宏編，1958．九州の昆虫採集案内．陸水社
　➤ かなり古い本であるが，九州の珍虫が紹介されている。

平嶋義宏監修，1989．日本産昆虫総目録．3分冊．九州大学農学部昆虫学教室

平嶋義宏，1992．ミヤマキリシマはよみがえった．西日本新聞社

平嶋義宏編，1995．宮崎東諸県の生物－その分類学・生態学的新知見－．宮崎学術振興財団の助成研究（自
　費出版）

平嶋義宏，1997．私とパプアニューギニア．宮崎学術振興財団助成出版．鉱脈社

平嶋義宏，2007．生物学名辞典．東京大学出版会
　➤ かなり多くの珍虫の付図がある。

平嶋義宏ほか監修，2007～2008．新訂 原色昆虫大図鑑．3巻．北隆館
　➤ 蝶蛾編，甲虫編，その他，の3巻。本邦最大の昆虫図鑑。

藤田　宏，2010．世界のクワガタムシ大図鑑．2巻．むし社

藤田　宏，2015．季節ごとに探せる！高尾山の昆虫 430種．むし社

前田泰生，2000．但馬・楽音寺のウツギヒメハナバチ その生態と保護．海游舎
　➤ ヒメハナバチの一種をテーマにした世にも珍しい物語。

松香光夫ほか，1998．アジアの昆虫資源－資源化と生産物の利用．農林水産省．国際農林水産業研究センター
　➤ 食用としての昆虫にも言及あり。

丸山宗利，2011．ツノゼミ ありえない虫．幻冬舎
　➤ 珍虫満載で，世界の虫屋をアッといわせた本。

丸山宗利，2012．アリの巣をめぐる冒険 未踏の調査地は足下に．東海大学出版会
　➤ アリと好蟻性昆虫の話。読み出したら面白くて目が離せない。

丸山宗利ほか，2013．アリの巣の生きもの図鑑
　➤ 美しい珍虫満載の本。

丸山宗利，2014．昆虫はすごい．光文社

宮武頼夫編，2011．昆虫の発音によるコミュニケーション．北隆館
　➤ コウモリと知恵比べをする蛾，バッタのドラミングとタッピングなど，面白い記事を満載。

村井貴史・伊藤ふくお，2011．バッタ・コオロギ・キリギリス生態図鑑．北海道大学出版会
　➤ 日本のコオロギ23種の鳴き声を収録したCD2枚付き。

村上陽三，1997．クリタマバチの天敵－生物的防除へのアプローチ．九州大学出版会

保田淑郎ほか編，1998．小蛾類の生物学．文教出版

安富和男・梅谷献二，1991．衛生害虫と衣食住の害虫．全国農村教育協会
　➤ ドクガ(毒蛾)には気をつけよう。これにやられるとひどい目にあう。成虫と幼虫はどんな形と色の虫か。
　　本書をよく見て頭に入れておこう。チョウバエとはどんな虫か。チョウバエの写真を見たければ本
　　書を開きなさい。

安松京三，1968．昆虫と人生（昆虫物語改題）．新思潮社
　➤ ノミのサーカスが本当にあるのか。それを疑う人は本書を開きなさい。

吉村　剛・竹松葉子ほか編，2012．シロアリの事典．海青社
　➤ 南方に出かける前には，是非この本を読んでおきましょう。ためになる本です。

（II）　洋書

Arnett, R. H., 1993. American Insects. A Handbook of the Insects of America north of Mexico. Sandhill Crane Press.
➤ 膨大な内容である。学名と英名を参照するのによい。

Askew, R. R. 1971. Parasitic Insects. Heinemann Educational Books.
➤ 見応えのある図が並んでいる素晴らしいテキスト。

Bolton, B. 1994. Identification Guide to the Ant Genera of the World. Harvard Univ. Press.
➤ アリの頭の前面図（写真）は凄い。体の側面の写真も見応えがある。属の検索表も万全。筆者（平嶋）はBolton博士と大英自然史博物館で会って毎日アフタヌーン・ティーを共にしたが，才気煥発の紳士であった。

Carlquist, S. 1965. Island Life. A Natural History of the Islands of the World. Natural History Press.
➤ 植物学者のカールクイスト博士が書いた島の自然誌。多くの図や写真と，ハワイのハニークリーパやガラパゴスのダーウィンフィンチの原色図版が素晴らしい。

Chapman, R. F. 1969. The Insects. Structure and Function. American Elsevier Pub. Co.
➤ 昆虫の構造と機能を余すところなく説いた名著。

Davies, M. & J. Kathirithamby, 1986. Greek Insects. Oxford Univ. Press.
➤ 古代のギリシア人がどんな昆虫とどのように関わったか，その答えが本書にある。

Division of Entomology, CSIRO (Commonwealth Scientific and Industrial Research Organization), 1991. The Insects of Australia. A textbook for students and research workers. Cornell Univ. Press. 2巻
➤ 極めて特徴のある昆虫学のテキストである。しかも多くの素晴らしい図がついている。しかし高価である（筆者は紀伊國屋書店から本体49,660円で購入した）。

Essig, E. O., 1954. College Entomology. Macmillan Co.
➤ 非常に特徴のあるテキストで，付図も美しい。Essig博士のテキストは付図が素晴らしいので評判をとっている。また，高次分類群の学名の説明も有難い。

Gauld, I. & B. Bolton, 1988. The Hymenoptera. Oxford Univ. Press.
➤ Apoideaの中にSphecidaeを入れた最初の業績。この扱いには議論の余地はあろう。

Goulet, H. & J. T. Huber, 1993. Hymenoptera of the world : An identification guide to families. Agriculture Canada.
➤ 目新しいハチの図がいくつも並んでいる。大きな図が1頁を占めているのも新基軸。

Gressitt, J. Linsley, 1984. Systematics and Biogeography of the longicorn beetle Tribe Tmesisternini. Pacific Insects Monograph, 41 : 263pp.
➤ 世界のTmesisternini族のカミキリムシを纏めたモノグラフで，1新属99新種を含む15属422種のカミキリムシが詳述されている。本図説には2属4種のニューギニア産のカミキリムシを転載させて頂いた。

Howarth, F. G. & W. P. Mull, 1992. Hawaiian Insects and Their Kin. Univ. of Hawaii Press.
➤ 素晴らしい図説である。珍奇な虫の写真に息をのむ。本書からも多くの写真を拝借した。Howarth博士は筆者（平嶋）の友人の一人。

Lewis, H. L. 1973. Butterflies of the World. Harrap, London.
➤ 世界を6区（北アフリカを含む欧州，北米，中・南米，アフリカ，インド・オーストラリア及びアジア）に分け，科毎に分類して，世界の蝶を網羅した図鑑。邦訳も出ている。

Metcalf, C. L. & W. P. Flint, & R. L. Metcalf, 1951. Destructive and Useful Insects. Their Habits and Control. McGraw-Hill Book Co.
➤ 参照すべき付図や写真が多い。

Michener, C. D. 2000. The Bees of the World. Johns Hopkins Univ. Press.

➤ ハナバチ類の世界的名著。図も見事で，電顕写真も入っている。ミッチュナー博士は筆者（平嶋）の恩師に近い存在。面識あり。

Naumann, I. D. 1982. Systematics of the Australian Ambositrinae (Hymenoptera : Diapriidae), With a Synopsis on Non-Australian Genera of the Subfamily. Australian Journal of Zoology, Supplementary Series No.85. 239pp.

➤ 実によくまとまったモノグラフで，付図や電顕写真も見事である。私はこのモノグラフも利用させていただいた。

Pauly, A. *et al.* 2001. Hymenoptera Apoidea de Madagascar. 390pp. Royal Museum for Central Africa.

➤ マダガスカル島のミツバチ上科のハチをまとめたモノグラフで，世界的な珍本。搭載された写真も美しい。筆者（平嶋）は著者のPauly博士とは面識がある。

Polhemus, D. & A. Asquith, 1996. Hawaiian Damselflies. A Field Identification Guide. Bishsop Museum Press.

➤ 陸生の種を含むハワイのイトトンボの素晴らしいモノグラフ。写真が見事である。

Ross, H. H., C. A. Ross and J. R. P. Ross, 1982 (4th ed.). A Textbook of Entomology. John Wiley & Sons.

➤ 3名のRoss博士（最初のH. Rossは故人）による珍しいテキスト。実に良く書けている。多くの付図も素晴らしいが，特に走査電子顕微鏡による写真が目立つ。電顕写真を掲載した昆虫学のテキストはおそらく世界最初であろう。

Séguy, E. 1950. La Biologie des Dipteres. Encyclopedie Entomologique, 26. Paul Lechevalier.

➤ 実に素晴らしいハエ類のモノグラフ。珍しい図が多く，ハエの珍虫が存分に楽しめる。

Smithsonian Institution, 1989. Guide to the National Zoological Park.

➤ 動物園入口で入手。56頁のガイドブックであるが，実に美しいカラー写真が満載されている。

Sonderausstellung des Ubersee-Museum Bremen, 1985. Bienen und Wespen. Bestechende Vielfalt. Landesmuseum, Linz.

➤ 120頁の小さなブックレットでありながら，実によく纏まっている。筆者には特に大著Catalogus Hymenopterorum（1894～）の著者のDr. Karl von Dalla Torreの写真が嬉しい。

Wigglesworth, V. B. 1964. The Life of Insects. World Publishing Co.

➤ 昆虫生理学者のウイッグルスワース博士の著書で，実に面白い。昆虫の習性が余すことなくえがかれている。また，付図も特徴的で見応えがある。嬉しい本である。

索　引

和 名 索 引

（本索引は本書に出てくる昆虫の和名索引である）

ア

アオオビスソビキアゲハ　279
アオグロアカハネムシ　39
アオスジアゲハ　349
アオスジアゲハ属　351
アオスジコシブトハナバチ　247
アオソソビキアゲハ　279
アオタテハモドキ　258
アオハダネグロキジラミ　65
アオバハゴロモ　171
アカエリトリバネアゲハ　281, 341
アカガネホソアカクワガタ　380
アカカミアリ　70
アカクビナガオトシブミ　122, 503
アカハネムシ科　39
アカハビロタマムシ　289
アギトアリ　249
アギトギングチバチ　83
アクタエオンゾウカブトムシ　455
アゲハチョウ　511
アゲハチョウ科　8, 254
アケボノアゲハ　277
アケボノハナバチ　366
アサギマダラ　140, 503
アサヒナキマダラセセリ　266
アサヒヒョウモン　10
アザミウマタマゴバチ　153
アシナガアリ　116
アシナガゴマフカミキリ　228
アシナガハリバエ　192
アシナガミツギリゾウムシの一種　300
アシブトメミズムシ　111
アズサキリガ　87
アタマアブ　110
アタマアブ科　110
アナアキアシブトハナバチ　77
アナバチ属　54
アナバチネジレバネ　138

アブの一種　93
アブラゼミ　92
アブラムシ属　66
アベユーフォタマバチ　152
アマクサメクラチビゴミムシ　130
アマミオオメノミカメムシ　190
アマミクマバチ　74, 76
アマミコケヒシバッタ　213
アマミマダラカマドウマ　211
アミメカゲロウ目　336
アミメキゴシクロバチ　167
アミメケシコガネ族　297
アヤニジュウシトリバ　91
アラカワアリヤドリバチ　174
アリ科　19
アリガタバチ科　434
アリガタバチの一種　547
アリクイエンマムシ　114
アリクイノミバエ　177
アリスアブ　176
アリヅカコオロギ属　125
アリヅカムシ　303, 388, 389
アリヅカムシ亜科　220, 298
アリノスノミバエ　136
アリノスハネカクシ　113
アリモドキ科　224
アリモドキゾウムシ　224
アリモドキバチ　142
アリヤドリコバチ科　145
アリヤドリバチ亜科　150
アルゼンチンアリ　69
アルマンコブハサミムシ　120
アレクサンドラトリバネアゲハ　349, 352
アンティマクスオオアゲハ　479
アンドレナ　433

イ

イエシロアリ　335, 503
イエバエ　536

索　引

イケダメンハナバチ　56
イザルドマルガタクワガタ　475
イシガキニイニイ　253
イシガキモリバッタ　209
イソチビゴミムシ　129
イチジクカミキリ　227
イチジクコバチ　446
イチジクコバチ科　148
イッカククロバチ属の一種　157
イッシキキマダラハナバチ　79
イッシキスイコバネ　182, 183
イトトンボ　413
イトトンボ科　16
イトトンボ属　414
イナズマチョウ　278
イヌビワオナガコバチ　149
イヌビワコバチ　148, 149
イノウエホソカタ　38
イペオロイーデス　47
イマイツツハナバチ　81
イリオモテボタル　235
イリオモテモリバッタ　209
イワサキクサゼミ　194, 252
インドオオカマバチ　171

ウ

ウェイタ　395, 396
ウズキイエバエモドキ　179
ウスバアゲハ　8
ウスバカゲロウ科　404
ウスバカミキリ属　469
ウスバキチョウ　8
ウスバキトンボ　507
ウスバシロチョウ　8
ウツギヒメハナバチ　50, 51
ウマジラミ　538
ウマノオバチ　175
ウラジロミドリシジミ　185
ウラナミシロチョウ　108
ウラニア　480, 535
ウラモジタテハ　465
ウロコアリ属　68
ウンカ属　431

ウンカの一種　431
ウンゼンササキリモドキ　102

エ

エウフォールス　371
エグリタマミズムシ　215
エゴツルクビオトシブミ　531
エコフィラ　313
エサキアリヤドリコバチ　145
エサキコンボウハナバチ　54
エゾトンボ科　16
エダシゲヒメハナバチ　191
エノキカイガラキジラミ　62, 63
エメラルドシタバチ　448
エラノリユスリカ属　508
エラフスホソアカクワガタ　475
エンマムシ科　114
エンマムシ属　114

オ

オアフカワリイトトンボ　414
オアフトラカミキリ　426
オウゴンテングアゲハ　274
オウサマミツギリゾウムシ　288
オオアカズヒラタハバチ　84
オオウラギンヒョウモン　185
オオウロコアリヅカムシ　221
オオオカメコオロギ　105
オオカバマダラ　468
オオカマキリ　203, 331, 503
オオカマキリモドキ　127, 180
オオカマバチ亜科　171
オオキオビムカシタマムシ　373
オオキバグンタイアリ　444
オオクジャクシジミ　466
オオクビボソハネカクシ　294
オオゴマダラ　261
オオゴマダラ属　106
オオゴライアスツノコガネ　473
オオサマゴライアスツノコガネ　474
オオサマダイコクコガネ　310
オオズアリヅカムシ　549
オオスカシバモドキ　358

和名索引

オオスズメバチ　73
オオテナガカナブン　288
オオトラカミキリ　43
オオナガスネユスリカ　30
オオヒラアシクマバチ　319, 320
オオフタオビドロバチ　364
オオマエグロメバエ　364
オオマダラバネショウジョウバエ　417
オオミツバチ　317, 318
オオムラサキ　5, 6, 140, 275
オオメンガタブラベルスゴキブリ　437
オオモモブトスカシバ　90
オオルリアゲハ　354
オオルリシジミ　185
オオルリタマムシ　290
オガサワラアメイロアリ　115
オガサワラアメンボ　14
オガサワライトトンボ　16
オガサワラクマバチ　75, 76
オガサワラシジミ　16
オガサワラセスジゲンゴロウ　13
オガサワラゼミ　16
オガサワラタマムシ　12, 529
オガサワラトンボ　16
オガサワラヒゲブトアリヅカムシ　115
オガサワラヒゲヨトウ　87
オカダハラボソコマユバチ　141
オキナワアギトアリ　249
オキナワオオカマキリ　203
オキナワキリギリス　104
オキナワクマバチ　74, 76
オキナワサラサヤンマ　197
オキナワシロスジコガネ　238
オキナワツノトンボ　202
オキナワトゲウスバカミキリ　226
オキナワトゲオトンボ　195
オキナワナガハナアブ　242
オキナワヒバリモドキ　212
オキナワマルバネクワガタ　230
オキナワモリバッタ　210
オサゾウムシ科　233
オサムシ科　168, 299
オサムシダマシ　24

オスミア　138
オドリバエの一種　405
オナシアゲハモドキ　358
オニヤンマ　503
オノヒゲアリヅカムシ上族　303
オモゴメンハナバチ　54
オモトモノノケアリヅカムシ　219
オンブバッタ　337

カ

カイメンユスリカ　508
カウアイベニイトトンボ　415
カエルキンバエ　135
カオジロトンボ　23
カカトアルキ　469, 527
カカトアルキ属　527
カカトアルキ目　469, 527
ガガンボの一種　399, 485
カギアシアリヅカムシ　220
カギグンタイアリ　443
カギバラバチ科　140
カザリシロチョウ　356
ガゼラツヤクワガタ　287
カタビロアメンボ属　424
カタモンゴライアスツノコガネ　474
カタモンルリタマムシ　289
カニバサミサシガメ　343
蛾の一種　359, 360
カバナミシャク属　420
カバナミシャクの一種　419
カブトムシ　375, 512
カマキリ属　527
カマキリ（の一種）　328, 329, 330, 331, 505
カマドウマ科　395
カマバチ科　171
カマバチ科の一種　142
カミキリの一種　307, 308
カミキリムシ科　226, 227, 377
カメハメハアカタテハ　412, 504
カメムシ目　16
カラカネイトトンボ　22
カラカネトンボ　16
ガラパゴスクマバチ　435

索　引

カレハカマキリ　329, 333
ガロアムシ　100, 503
カワラハンミョウ　20

キ

キイロウスバアゲハ　8
キイロショウジョウバエ　417, 521
キイロスズメバチ　61
キエリクマゼミ　341
キオビクモバチ　82
キオビニシキタマムシ　289
キオビベッコウバチ　82
キゴシクロバチ類の一種　167
キシタエダシャク　187, 188
キジラミ科　65
キジラミ属　63
キスジセアカカギバラバチ　140
キタカブリ　24
キタスカシバ　90
キタマイマイカブリ　24
キノコバエ科　401
キバネハネビロタマムシ　289
キブネタニガワカゲロウ　181
キベリタテハ　21
キベリタマムシ　290
キボシルリニシキ　358
キマダラハナバチ　79
キムネクマバチ　74, 76
キョウチクトウスズメガ　89
ギラファノコギリクワガタ　475
キリギリス　104
キリギリス科　207
キリギリスの一種　383
キリシマミドリシジミ　94
キリムネハラビロクロバチ属の一種　158
キリンクビナガオトシブミ　531
キリンメクラチビゴミムシ　293
キンイロクワガタ　379
キンオニノコギリカミキリ　461
ギンネムキジラミ　222
キンバエ　193
キンモウハラビロクロバチ属の一種　156

ク

クサキリモドキ　207
クジュウフユシャク　186, 188
クチナガオオアブラムシ属　66
クックトバズカゲロウ　430
クツワムシ　334
クテノケラティナ属　495
クヌギクチナガオオアブラムシ　66
クビアカツヤカミキリ　42
クビボソヤマカミキリ　376
クビワユスリカ　508
クマゼミ　553
クマバチ属　76
クマヤナギトガリキジラミ　65
クモガタガガンボ属　29
クモガタガガンボ（の一種）　29, 409, 449
クモバエの一種　403
クモバチ　82
クリタマバチ　146, 147
クリノタカラモンオナガコバチ　147
クリマモリオナガコバチ　147
クロアゲハ　511
クロアシタマヤドリコバチ　147
クロイワゼミ　251
クロウメモドキトガリキジラミ　65
クロオオアリ　19, 107, 177
クロオオムラサキ　275
クロオビカイガラキジラミ　62, 63
クロカタゾウムシ　231
クロカワゲラ属　28
クロギリス科　208
クロサワヒゲブトアリヅカムシ　115
クロシオメンハナバチ　58
クロシジミ　19, 107
クロスジスズバチ　244
クロツヤケアシハナバチ　47
クロテンシロチョウ　256
クロトゲアリの一種　313
クロバエ科　135, 179, 193
クロバエ科の一種　483
クロヤマアリ　67, 145
クワガタムシ科　229, 230

和名索引

クワズイモショウジョウバエ　240
グンタイアリ　250, 441, 463
グンバイカメムシ　461
グンバイトンボ　185

ケ

ケアシハナバチ科　54
ケアリ属　66
ケシゲンゴロウ族　132
ケシマルムシ　117
ケシマルムシ科　117
ケジラミ　503
ケブカゾウムシ　429
ケブカヒゲナガ　85, 86
ケモノジラミ科　538
ケラ　126
ケラモドキカミキリ　461
ゲンゴロウ　538
ゲンゴロウ科　132
ゲンゴロウモドキ　539
ゲンジボタル　523

コ

ゴイシツバメシジミ　7, 543, 544
コウグンシロアリ　335
コウチュウ目　552
コウモリバエ　453
コオロギ（の一種）　397, 421, 422
コガシラアブ　178, 408
コガシラウンカ　142
コガシラクワガタ　460
コガネムシ科　236, 237, 238
コガネムシ上科　390
コガネムシの一種　460
コキマダラセセリ　266
コクロアナバチ　138
コケグンバイ　46
コケシロアリモドキ　99, 142
コゲチャトゲフチオオウスバカミキリ　226
コシブトハナバチ科　494
コズエヤブキリ　103
コツチバチ上科　81
コトリンガ　526

コナカハグロトンボ　196
コナラタマバチの一種　411
コニシヒメコバチ　545
コノハギス　382
コノハチョウ　260
コノハバッタ　337
コノハムシ科　386
コノハムシ（の一種）　384, 385, 386
コハナバチ科　54
コバネアオイトンボ　185
コバネジョウカイの一種　309
コバネヤマユスリカ　96
コビトカミキリ族　377, 378
コビトクマバチ　319
コブナナフシ　205
コブハナダカカメムシ　111
ゴマシジミ　185
ゴマダラオトシブミ　121
コマユバチ　170
コマユバチ属　175
コミツバチ　314
ゴミムシタマゴクロバチ属　168
ゴミムシの一種　498
コモンシロスジカミキリ　376
コモンタイマイ　351
コヤマトヒゲブトアリヅカムシ　116
ゴライアストリバネアゲハ　345, 347
ゴルゴプシス　402
コンボウアリヅカムシ　298

サ

サイアミメケシコガネ　297
サシガメ科　343, 540
サシバエ　536
サシハリアリ　440
サスライアリ　471, 472
サバクトビバッタ　267
サビイロカタコハナバチ　54
サムライアリ　67
サンゴアメンボ　189
サンドグロウパー　397
サンヨウハネカクシ　471
サンヨウベニボタル　305

索　引

シ

ジェンデクヒゲブトオサムシ　295
ジガー　454
ジガバチ　316
ジガバチモドキ　512
シジミチョウ　357
シジミチョウ科　16
シナフトオアゲハ　276
シボリアゲハ　282
シマアカネ　15
シマアメンボ　144
シマノムカシハナバチ　432
シャクタマゴクロバチ属の一種　165
ジャケツイバラキジラミ　65
ジャコウアゲハ　272, 273
ジュウシチネンゼミ　439
ジュズヒゲムシ　477
シュモクバエの一種　127, 486
ジョウザンミドリシジミ　94
ショウジョウバエ　417, 418
ショウジョウバエ属　240
シラフゴライアスツノコガネ　473
シラミバエ科　137
シラミバエの一種　137, 489
シリボソクロバチ科の一種　394
シロアシクサレダマバチ　47
シロアリ　193, 470
シロアリノミバエ　326
シロアリハネカクシ　470
シロアリモドキ　99
シロアリモドキヤドリバチ　142
シロオビアゲハ　254
シロオビツツハナバチ　59, 60
シロスジカミキリ　175
シロスジキジラミ　65
シロスジフデアシハナバチ　54
シロスソビキアゲハ　279
シロチョウ科　255, 256
シロヅオオヨコバイ　127
シロモルフォ　467

ス

スイコバネガ科　183
スウィージートバズカゲロウ　430
スカラベ　515
スケバコウモリハネナガウンカ　45
スジヒメカタゾウムシ　528
スズメバチ　43, 139
スズメバチ科　434
スズメバチネジレバネ　139
スナノスヅトビケラ　551
スナノミ　454
スペオベリア・アアア　424
スルコウスキーモルフォ　467

セ

セイヨウオオマルハナバチ　410
セイヨウミツバチ　54, 314, 319, 493
セクロピアサン　464
セグロヒメキジラミ　65
セセリチョウ科　262, 263, 264, 265, 266
セダカヤドリハナバチ　77
セッケイカワゲラ　28
セトオヨギユスリカ　97
セミ科　16
セミ（の一種）　340, 342, 391, 505, 553
セミヤドリガ　92
セモンジンガサハムシ　530
センチコガネ科の一種　390

ソ

ゾウカブトムシ　455
ゾウハジラミ　133
ゾウムシ科　231
ゾウムシ（の一種）　372, 381, 428, 460

タ

タイコウチ下目　215
ダイコクコガネ　185
ダイセツタカネヒカゲ　9
ダイトウミコオロギ　206
ダイヤモンドゾウムシ　555
タイワンカブトムシ　236

和 名 索 引

タイワンクダマキモドキ　101
タイワンゴイシシジミ　7
タイワンシロアリ　200
タイワンタガメ　344
タイワンタケクマバチ　75, 76
タイワンヒグラシ属　92
タカオキリガ　87
タカサゴシロアリ　201
タカネアリノスハネカクシ　113
タカネヒカゲ　9
タカネベッコウハナアブ　33
タカハシトゲゾウムシ　530
タガメ　503
タケトゲハムシ　127
タテジマカミキリ　43
タテスジハンミョウ　216
タテスジヒメジンガサハムシ　223
タテハチョウ　350
タテハチョウ科　258, 259, 260
タテヤマヒメハナバチ　37
タマオシコガネ　505, 515
タマカイガラムシ科　65
タマゴクロバチ科の一種　143, 144, 162, 163, 164,
　　165, 166, 168, 169
タマゴクロバチ属　163, 164, 166
タマゴバチの一種　322
タマゴヤドリコバチ科　153
タマツノヒゲブトオサムシ　299
タマバエ　158
タマバエ科　157
タマミズムシ科　215
タマムシ科　225
ダルマタマゴクロバチ　162
タンザニアカカトアルキ　527

チ

チチュウカイミバエ　492
チッチゼミ　251
チビアシナガバチ　245
チビアシナガバチの一種　315
チビゴミムシ属　130, 292
チビゾウムシ属　98
チビドロバチ　434

チビムカシハナバチ　367
チャイロスズメバチ　61, 139
チャイロマルバネクワガタ　229
チャバネアオカメムシ　530
チャバネツノトンボ　383
チュウゴクマルバネクワガタ　287
チョウセンエグリシャチホコ　27
チョウバエ科　400
チョウ目　16
直翅目　382, 397

ツ

ツェツェバエ　536
ツシマハリアリ　72
ツダナナフシ　204
ツチイロオオフトタマムシ　290
ツチカメムシ　164
ツチバチ　90
ツノカマキリの一種　332
ツノトンボ科　202
ツノブトメンハナバチ　56
ツノブトメンハナバチ亜属　56
ツバメガ科　480
ツマアカスズメバチ　80
ツマグロニシキタマムシ　374
ツマベニチョウ　255
ツムギアリ　313
ツヤハナバチ　495
ツヤホソバエ　142
ツユムシ　101
ツリアブモドキ科の一種　398
ツリハリナシバチ　447
ツルハシタマゴクロバチ　164

テ

デカトゲトビムシ　31
テツイロビロードセセリ　262
テナガオオゾウムシ　288
テナガカミキリ　461
テングアリヅカムシ　549
テングシロアリ　201
テングシロアリ亜科　335
テントウゴキブリ　339

索　引

ト

ドウクツコオロギの一種　425
トガリキジラミ科　65
トガリタマゴクロバチ属の一種　163
トゲオトンボ科　195
トゲフシハラビロクロバチ　160
トックリバチ　503
トノサマバッタ　338
トビイロケアリ　112, 176
トビケラ　173
トビコバチ属　164
トビムシ目　498
トライクビチョッキリ　531
トリバネアゲハ　283, 355
ドルーリーオオアゲハ　479
ドロバチ　434
トンボ目　16

ナ

ナカイケミヒメテントウ　44
ナガコバチ科　322, 434
ナガシンクイムシ　458
ナカヒラアシヒメハナバチ　54
ナガマルハナバチ　35
ナナフシ　330, 451
ナナフシ亜目　386
ナナフシ属　527
ナナフシバッタ　436
ナナフシ目　451
ナベブタアリ　442
ナミグルマアツバ　88
ナミテントウ　179, 503
ナミビアカカトアルキ　527
ナンキョクトビムシ　498
ナンセイメンハナバチ　56

ニ

ニジイロクワガタ　287
ニシキオオツバメガ　480, 535
ニシキリギリス　104
ニジュウシトリバガ上科　91
ニセヒメガガンボ科　400

ニ

ニッポンヤドリマルハナバチ　36
ニホンミツバチ　73, 314

ヌ

ヌカカの一種　451

ネ

ネズミヤドリムシ　476
ネソプロソピス　432, 433, 434
ネッタイアカセセリ　263

ノ

ノコギリハリアリの一種　312
ノコバウロコアリ属　68
ノティオタウマ　438
ノブオオオアオコメツキムシ　239
ノマダ　433
ノミア　368
ノミゾウムシ族　530
ノミバエ科　177
ノミバエ属　136
ノミバエの一種　134

ハ

ハイイロテントウ　222
バイオリンムシ　291
ハエ（の一種）　93, 323, 401, 407, 484
パキメルス属　494
ハキリアリ　445
ハキリバチ　49
ハキリバチ科　54
ハグルマヤママユ　268
ハケスネアリヅカムシ　112
ハコネナラタマバチ　151
ハサミムシモドキ　476
ハスオビコブゾウムシ　232
ハセガワコガシラアブ　178
ハチノスヤドリコバチ　170
ハチ目　19, 56, 76, 447
バッタの一種　327, 338
バッタ目　163, 165
ハッチョウトンボ　98, 185
ハナアブ科　242, 487

572

和 名 索 引

ハナダカトンボ　16, 198, 284
ハナダカトンボ科　16
バナナセセリ　264
バナナツヤオサゾウムシ　233
ハナバチ群　56
ハナバチ（の一種）　367, 368
ハネカクシ科　298
ハネカクシ（の一種）　462, 463
ハネナガキリギリス　104
ハネナシコオロギ　124
ハネナシサシガメ　540
ハネマダラ　417
ハハジマヒメカタゾウムシ　529
パピリオ　511
パプアオバケナナフシ　387
パプアキンイロクワガタ　379
パプアゾウムシ　370, 371
ハマスズ　206
ハマヒョウタンゴミムシダマシ　123
ハムシ　381
バラハキリバチ　54
ハラビロクロバチ科　160
ハラビロクロバチ科の一種　155, 156, 157, 158,
　　159, 161
ハリアリ　541
ハリアリ属　440
ハリナシハナバチの一種　80
ハレアカラトバズカゲロウ　430
パレオリザ　365
ハワイアナサシガメ　423
ハワイクマバチ　75, 76
ハワイシジミ　412
ハワイトラカミキリ属　426, 427
バンカナオオイナズマ　278
ハンミョウ　258
ハンミョウ科　216

ヒ

ヒアリ　70, 71
ビーバーヤドリムシ　456
ヒガシキリギリス　104
ヒカリコメツキ　459
ビクトリアトリバネアゲハ　348

ヒゲコメツキ　503
ヒゲジロハサミムシ　119
ヒゲナガアリヅカムシ族　220
ヒゲナガアリヤドリコマユバチ　150
ヒゲナガガ科　86
ヒゲナガホソチビヒラタムシ　41
ヒゲブトアリヅカムシ　115, 302
ヒゲブトアリヅカムシ上族　298
ヒゲブトオサムシ族　299
ヒゲブトサシガメ亜科　343
ヒゲブトハラビロクロバチ　159
ヒゲユスリカ族　97
ヒゴキリガ　87
ヒコサンノミバエ　509
ビソンノコギリクワガタ　287
ヒツジバエ科の一種　483
ヒトリガ（の一種）　361, 393
ヒムカシロスジヤドリハナバチ　78
ヒメアリヤドリコバチ　145
ヒメカゲロウ　30
ヒメカゲロウ属　430
ヒメキジラミ科　65
ヒメコケムシの一種　112
ヒメコバチ科　170, 545
ヒメサスライアリ　250
ヒメサスライアリ亜科　250
ヒメシュモクバエ　127, 241
ヒメタニガワカゲロウ　181
ヒメテントウムシ　40
ヒメバチ　170
ヒメバチ科　174
ヒメハナバチ　191
ヒメハナバチ科　54
ヒメハリアリ属　312
ヒメマルハナバチ　34, 36
ヒョウタンシロアリコガネ　296
ヒラシマメダカオオキバハネカタシ　218
ヒラタカゲロウ　78
ヒラタタマゴクロバチ属の一種　166
ヒラタツユムシ亜科　207
ヒラタヒトスジクロバチ属　159
ヒラタヒトスジクロバチ属の一種　155
ヒレオトリバネアゲハ　346

573

索　引

ヒロクチバエ科　323, 363, 487
ヒロクチバエ科の一種　324, 362
ヒロスジホソオドリバエ　184

フ

ファイヤーアント　70
フクロウチョウ　482
フサオクチバ　358
フシボソクサアリ　174
フタオチョウ　259
フタスジヒゲブトオサムシ　295
フタスジヒメハムシ　141
フタスジモンカゲロウ　508
フタモンニシキタマムシ　289
フトオアゲハ　276
フトオビキジラミ　65
フトモンコスカシバ　90
プリアモストリバネアゲハ　345, 353
プリモスマルガタクワガタ　475
フルショウヤガ　26
プロソピス属　432

ヘ

ベッコウトンボ　17
ベッコウバチ　82
ベッコウハナアブ　33
ベトナムミナミヤンマ　311
ベニキジラミ　65
ベニシロチョウ　106
ベニボタルの一種　304, 306
ヘビトンボ　508
ヘビトンボ属　336
ヘラクレスオオカブトムシ　455, 457
ベンガルバエ　193

ホ

ホウセキゾウムシ　555
ポセイドーンメガネトリバネアゲハ　355
ホソチビヒラタムシ　41
ホソハネコバチ　154, 172
ホソハネヤドリコバチ科　153
ホソミツギリゾウムシ　111
ホソメンハナバチ　56

ホタル　185
ホラアナナガコムシ　128
ホンサナエ　311

マ

マークオサムシ本州亜種　25
マイマイカブリ東北地方北部亜種　24
マウイトバズカゲロウ　430
マエタメンハナバチ　58
マエモンジャコウアゲハ　556
膜翅目　56, 76
マダガスカルオオトビナナフシ　478
マダガスカルオナガヤママユ　481
マダラガ　336
マダラゴキブリ　199
マダラチョウ　280
マダラチョウ科　261
マダラバネ　417
マツキリガ　87
マネシアゲハ　280
マヤヤママユ　482
マルガリータホソアカクワガタ　380
マルグンバイムシ　46
マルコガタノゲンゴロウ　185
マルハナバチ　33
マルハナバチ属　35, 54
マレーテナガコガネ　288
マントファスマ　527
マントファスマ目　527
マンモスゴキブリ　437

ミ

ミークタイマイ　349
ミイロタイマイ　351
ミカドオオトゲアリヅカムシ　112
ミカドヒメハナバチ　49
ミギワバエ科の一種　109
ミギワバエの一種　450
ミコバチ　81
ミコバチ科　81
ミジンメクラシロアリコガネ　296
ミズスマシ　539
ミズタマヘビトンボ　336

和名索引

ミズバチ　173
ミチオシエ　258
ミツギリゾウムシ　300, 301
ミツバチ　321, 506, 537, 538, 546
ミツバチ科　54, 76
ミツバチ上科　56, 76
ミツバチ属　54
ミドリシジミ　94, 185
ミドリシタバチの一種　448
ミドリシッポウハナバチ　248, 548
ミドリナカボソタマムシ　225
ミナミアリヅカオロギ　125
ミナミカワトンボ科　196
ミナミキゴシハナアブ　242
ミナミマエグロハネナガウンカ　45
ミナミヤンマ　311
ミノムシ　285
ミヤマタワガタ属　229
ミヤマユスリカ　95
ミランダキシタアゲハ　271
ミンダナオサン　286

ム

ムカシゲンゴロウ　131
ムカシシリアゲ　438
ムカシゼミの一種　392
ムカシトンボ　438
ムカシハナバチ　78
ムカシハナバチ科　54, 56
ムカシホソハネコバチ　172
ムカシホソハネコバチ科　172
ムキヒゲホソカタムシ亜科　38
ムクゲチビテントウムシ　40
ムシヒキアブ科　243
ムシヒキアブの一種　194
ムシヒキアブモドキ科　488
ムツボシオサモドキゴミムシ　461
ムナクボホソチビヒラタムシ　41
ムナグロハラボソコマユバチ　141
ムナボソカレハカマキリ　481
ムナボソハラビロクロバチ属の一種　161
ムネアカアリモドキ　224
ムネトゲアリヅカムシ　219

ムモンオオルリタマムシ　290

メ

メクラケシゲンゴロウ　132
メクラチビゴミムシ　292
メスアカオオムシヒキアブ　243
メススジゲンゴロウ　18
メダカオオキバハネカクシ　218
メネラウスモルフォ　535
メバエ科　490
メバエ科の一種　364
メバエの一種　491
メンハナバチ属　54, 56

モ

モートンイトトンボ　185
モーレンカンプオウゴンオニクワガタ　287
モトドマリクロハナアブ　32
モトヒゲブトオサムシ　299
モリバッタ　209
モルフォ　535
モンカゲロウ　508
モンカゲロウ科　508
モンキルリタマムシ　289
モンテサトリスマルガタクワガタ　475

ヤ

ヤエヤマキバラハキリバチ　246
ヤエヤマクビナガハンミョウ　217
ヤエヤマクマバチ　74, 76
ヤエヤマツダナナフシ　204
ヤエヤマテングアリヅカムシ　550
ヤエヤマハナダカトンボ　198
ヤエヤママダラゴキブリ　199
ヤエヤマミツギリゾウムシ　234
ヤガ科　88
ヤシャゲンゴロウ　18
ヤスマツケシタマムシ　111
ヤスマツヒメハナバチ　48
ヤドリコバチの一種　153
ヤドリコハナバチ　433
ヤドリコハナバチ属　54
ヤドリバエ科の一種　526

索　引

ヤドリバエの一種　452
ヤブキリ属　102
ヤマアリ　113
ヤマアリ属　150
ヤマトアシナガバチ　447
ヤマトタマムシ　12, 524, 529
ヤマトヒゲブトアリヅカムシ　116
ヤマトヒジリムクゲキノコムシ　118
ヤママユガ科　268, 286, 464
ヤマユスリカ亜科　96
ヤマユスリカ属　96
ヤンバルキリガ　87
ヤンバルクロギリス　208
ヤンバルテナガコガネ　11

ユ

ユウレイセセリ　265
ユキガガンボ　449
ユキクロカワゲラ　28
ユスリカ亜科　97
ユスリカ属　508
ユスリカ（の一種）　181, 406, 497, 498
ユベンタヒメゴマダラ　106

ヨ

ヨツメオサゾウムシ　233

ヨツメハネカクシの一種　112
ヨナグニサン　267, 286
ヨナグニモリバッタ　210
ヨロイバエ　325

ラ

ラティペニスツヤクワガタ　287

リ

リュウキュウウラボシシジミ　257
リュウキュウサワマツムシ　214
リュウキュウツヤハナムグリ　237
リュンコゴーヌス　428

ル

ルディフェールホソバジャコウ　273
ルリオオモモブトスカシバ　90
ルリカメムシ　530
ルリボシヤンマ　197
ルリモンアゲハ　272
ルリヨロイバエ　325

ワ

ワレカラハネカクシ　472

属 名 索 引

（本索引は本書に出てくる昆虫の属名索引である。亜属名のほか一部、科名・亜科名・族名も含む）

A

Aaata 290
Acalypta 46
Acerotella 155
Acheta 397
Achias 323, 363, 486
Achrioptera 478
Acilius 18
Acripeza 542
Acrocinus 461
Adela 86
Aenictus 250
Aeschna 197
Agehana 276
Agrion 414
Agriotypus 173
Agrotis 26
Alaptus 153
Allomyrina 512
Allotopus 287
Alloxylocopa 76
Alucita 91
Amblyaspis 156
Amblyopone 312
Amegilla 247
Amerila 361
Amesia 358
Amitermes 514
Amphinotus 213
Anastatus 322
Anatatha 88
Anaxiphia 421
Andrena 37, 48, 49, 51, 54,
 191, 433
Andrenidae 54
Andricus 151, 411
Anechura 120
Anotogaster 503
Anterhynchium 364

B

Anthelephila 224
Anthia 461
Antibothrus 38
Aphanisticus 111
Apharina 221
Apharinodes 221
Aphis 66
Apidae 54, 76
Apiformes 56
Apis 54, 73, 314, 317, 318,
 493
Apoidea 56, 76
Appias 106
Arachnocampa 401
Argema 481
Ariasella 405
Arichanna 188
Arnylliini 303
Aromia 42
Articerodes 115
Ascalaphus 383
Asillus 194
Astathes 308
Atrichobrunnettia 400
Atrophaneura 277
Atta 445
Attacus 267, 286
Aulaconotus 43
Aularches 338
Austroponera 389
Awas 303

Baeus 162
Baryrhynchus 234
Batocera 227
Batozonus 82
Batriscenaulax 112
Batrisocenus 112
Batrisus 112

C

Belgica 497
Bengalia 193
Bhutanitis 282
Biluna 76
Blaberus 437
Blackburnium 390
Blaps 24
Blaptoides 24
Blastophaga 148, 446
Bolitobius 112
Bolitophila 401
Bombus 34, 35, 36, 54, 410
Boninagrion 16
Boninthemis 15
Borbo 265
Bothriderinae 38
Bracon 175
Bromophila 487
Brunettia 400

Caconemobius 425
Cacopsylla 65
Caenosclerogibba 142
Caligo 482
Calliscelio 163
Callodema 373
Calodromus 300
Calophya 65
Campbellana 496
Campodes 128
Camponotus 19
Camposternus 239
Capnia 28
Carabus 24, 25
Carcinocoris 343
Cassida 223, 530
Catopsilia 108
Catoxantha 289
Celastrina 16

索　引

Celtisaspis　63

Centrocorynus　122

Cephalcia　84

Cephalotes　442

Cephennodes　112

Cerathocanthidae　390

Ceratiderus　295

Ceratina　248, 495, 548

Ceratitis　492

Ceratocrania　331

Ceratomantis　332

Chasmatonotus　95

Cheilosia　32

Cheirotonus　11, 288

Chiasognathus　460

Chilasa　280

Chionea　29, 449

Chironomus　508

Chlorogomphus　311

Chrysiridia　480, 535

Chrysochroa　12, 289, 290, 524,
　529

Chrysozephyrus　94

Cicindela　20, 216

Clavigeritae　298

Climaciella　127, 180

Clitelloxenia　326

Clossiana　10

Cocytia　358

Colilodion　298

Colletes　78

Colletidae　54, 56

Collyris　217

Colocasiomyia　240

Colophon　475

Conistra　87

Copelatus　13

Coptotermes　503

Coraebus　225

Coranus　540

Cordulia　16

Cordylobia　484

Coroebus　225

Corythoderus　296

Cryptopygus　498

Ctenoceratina　495

Cyclommatus　380, 475

Cycnotrachelus　531

Cylindracheta　397

Cyphagogus　111

Cyphopisthes　390

Cyrtotrachelus　288

Cyrtus　408

Cystosoma　391

D

Dactylispa　127

Dalmodes　389

Damaster　24

Danaus　468

Daphnis　89

Dasypoda　54

Dasypolia　87

Dasytes　39

Datames　205

Deinacrida　395

Delias　356

Delphax　431

Delta　244

Demochroa　289, 374

Deporaus　531

Dermaptera　119

Deroplatys　329, 333

Desmidophorus　232

Diactor　461

Diaethria　465

Diamesa　96, 406

Diartiger　116

Dichaeta　109

Dictyophorodelphax　431

Diestrammena　211

Dimitshydrus　132

Dinapate　458

Dinorhopala　530

Diopsis　127, 486

Disarthricerus　302

Dongodytes　293

Dorylomorpha　110

Drosophila　417, 521

Dryinus　171

Dryocosmus　146

Duliticola　304

Dulticola　305, 306

Duvalius　129

Dynastes　457

Dytiscus　538, 539

E

Echinomyia　526

Eciton　441, 443, 444

Ectemnius　83

Ectomomyrmex　72

Elasma　453

Elasmus　170

Embolemus　142

Encyrtoscelio　164

Encyrtus　164

Eocapnia　28

Eocorythoderus　296

Epeoloides　47

Epeolus　78

Epeorus　78

Ephemera　508

Ephydra　450

Epicopeia　358

Epipomponia　92

Epiptera　142

Epoicocladius　508

Erionota　264

Eristalinus　242

Eristalis　242

Ernodes　551

Euandrena　37

Eucharis　145

Eucomatocera　307

Euconnus　112

Euglossa　448

Eumenes　503

Eupatorus　375

Eupelmus　434

Euphaea　196

Euphalerus　65

Eupholus　370, 371

Euphorus　555

Eupithecia　419, 420

Eurypterna　174

Eutanyderus　400

Eutrachelus　288

Euurobracon　175

Evenus　466

Exaerete　448

Exsilaracha　496

Extatosoma　387

F

Favonius　94

G

Gaedelstia　483

Galloisiana　100, 503

Gampsocleis　104

Glossina　536

Goliathus　473, 474

Gomphus　311

Gonatopus　142

Gongylus　481

Goniogaster　149

Goniogryllus　124

Gonolabis　119

Gorgopsis　402

Graphium　349, 351

Gressittapis　365

Gryllotalpa　126

Gymnopholus　370, 371, 372

Gynanisa　482

Gyrinus　539

H

Haematomyzus　133

Haematopinus　538

Halictidae　54

Harmonia　503

Hasora　262

Hebomeia　255

Heleomydas　488

Heliocopris　310

Helomyzidae　407

Helotrephidae　215

Hemicordulia　16

Hemimerus　476

Hermatobates　189

Heterotrephes　215

Hexagenia　508

Hippobosca　489

Hirashima　495

Hirashimanymus　220

Hister　114

Homoeusa　112

Hoplocerambyx　376

Hospitalitermes　335

Hyalophora　464

Hydromedion　498

Hylaeus　54, 56, 58, 367, 432

Hymenoptera　56, 76

Hyphydrini　132

Hypocephalus　461

Hypogeophora　136

Hypselosoma　190

I

Ichthyocladius　508

Ichthyurus　309

Idea　106, 261

Ideopsis　106

Idisia　123

Inostemma　157

Inurois　188

Iontha　358

Isodontia　138

Issikiocrania　183

J

Jumnos　288

Junonia　258

K

Kallima　260

Kermes　65

Koptortosoma　76

L

Lacessitermes　335

Lambdopsis　56

Lamprima　379

Lamprocyphus　555

Lamproptera　279

Lasinus　112

Lasioglossum　54

Lasius　112, 174

Leptacis　158

Leptinus　456

Leptophloeus　41

Leptosia　256

Leptotarsus　399

Lestes　195

Lethocerus　344, 503

Leucorrhinia　23

Lexias　278

Libellula　17

Libotrechus　292

Limnocarabus　25

Limnodytes　144

Linepithema　69

Lipotriches　54

Loepa　268

Lomechusa　113

Lomechusoides　113

Longipeditermes　335

Losaria　273

Losbanus　145

Loxoblemmus　105

Lucanus　229, 287

Lucilia　135

M

Maajappia　219

Macropis　47

Macrotermes　470

Macrotoma　226

Magicicada　439

Mantis　469, 527

Mantophasma　527

Mantophasmatodea　469, 527

索　引

Margarinotus　114

Megabombus　35

Megachile　54, 246

Megachilidae　54

Megacrania　204

Megalagrion　414, 415

Megaloblatta　437

Megalodon　382

Megalopinus　218

Megaloxantha　290

Megaphragma　153

Megasoma　455

Megastigmus　147

Meimuna　16

Melittia　90

Melittidae　54

Melittidia　90

Melophagus　137

Mesosa　228

Metalaptus　153

Metelasmus　453

Micrastylum　243

Microdon　176

Micropsectra　30

Microseria　177

Mikado　118

Milesia　242

Mimanomma　472

Mnematium　460

Mogannia　252

Morpho　467, 535

Motuweta　396

Muda　251

Musca　536

Mydaidae　488

Mydas　488

Mydidae　488

Myiocephalus　150

Mymar　154, 172

Mymaromma　172

Myrina　512

Myrmecohister　114

Myrmecophilus　125

Myrmica　541

N

Nannophya　98

Nanocladius　508

Nanophyes　98

Nasutitermes　201, 514

Nehalennia　22

Nemobius　425

Neocazira　111

Neogerris　14

Neolamprima　379

Neolosbanus　145

Neolucanus　229, 230, 287

Neopullus　44

Neoxylocopa　76

Nerthra　111

Nesidiolestes　423

Nesoprosopis　58, 432, 434

Nesothauma　430

Neurhermes　336

Niphadobata　409

Niphanda　19, 107

Nipponobythus　549

Nomada　54, 79, 433

Nomia　368

Notiothauma　438

Notiphila　109

Nubatamachlorus　311

Nyctalemon　359

Nycteribia　403

Nymphalis　21

O

Ochlodes　266

Odoiporus　233

Odontepyris　547

Odontolabis　287

Odontomachus　249

Odontotermes　200

Odynerus　434

Oeneis　9

Ogasawarazo　528, 529

Oligodectoides　542

Oligoneura　178

Oligotoma　99, 142

Olla　222

Olophrum　112

Oniella　127

Oodinotrechus　292

Ormyrus　147

Ornithoptera　345, 346, 347,
　348, 352, 355

Orthosia　87

Oryctes　236

Osmia　59, 60, 81, 138

P

Pachycondyla　72

Pachymelus　494

Pachypsylla　63

Pachyrhynchus　231

Palaeomymar　154, 172

Palaeorhiza　365, 366

Panolis　87

Pantala　507

Papilio　254, 272, 354, 479, 511

Parabatozonus　82

Paracentrocorynus　122, 503

Paradichosia　179

Parandrena　48

Parantica　503

Parapeggis　45

Paraponera　440

Parapteronemobius　206

Paraxenos　138

Parides　272, 556

Parnassius　8

Parochlus　498

Paroplapoderus　121

Pasites　77

Pasohstichus　545

Paterdecolyus　208

Paussini　299

Paussus　299

Pectocera　503

Peradenia　394

Petalolyma　65

Phalacrognathus　287

属 名 索 引

Phaneroptera 542
Phaos 393
Pharyngomyia 483
Phasma 527
Phasmida 451
Phasmidohelea 451
Philidris 369
Phoenoteleia 165
Phora 136
Phreatodytes 131
Phyllium 385, 386
Physocephala 364
Phytalmia 362
Phytalmiidae 362
Piestopleura 161
Pipunculidae 110
Pipunculus 110
Pithecops 257
Pithitis 248, 548
Plagithmysus 426, 427
Platylomia 340
Platypleura 253
Platypsyllus 456
Platyscelio 166
Platystoma 324
Platystomatidae 323, 324
Plautia 530
Plutomerus 167
Polyergus 67
Polyphylla 238
Polyrachis 313
Polyrhachis 313
Polyura 259
Pomponia 92
Ponera 312, 440
Pontomyia 97
Pringleophaga 496
Prognathogryllus 422
Proscopia 436
Prosopis 54, 432
Prosopisteroides 367
Prosopisteron 367
Prosopocoilus 287, 475
Protaetia 237

Proterhinus 429
Protohermes 336
Protylocera 487
Psalidognathus 461
Psaltoda 553
Psectra 30, 430
Pselaphini 220
Pselaphotheseus 388
Pseudapis 77
Pseudopanolis 87
Pseudopsectra 430
Psithyrus 36
Psylla 63, 65
Pterogenia 362
Pteronemobius 206
Pterostoma 27
Pthirus 503
Puliciphora 134
Pyrobombus 34
Pyrophorus 459

R

Raptophasma 527
Rhabdoblatta 199
Rhagophthalmus 235
Rhamphomyia 184
Rhinocerotopsis 297
Rhinocypha 16, 198, 284
Rhipidolestes 195
Rhynchium 364
Rhyncogonus 428
Ropalidia 245, 315
Rosenbergia 376
Ruidocollaris 101

S

Sacespalus 155, 159
Sapyga 81
Sarasaeschna 197
Sasakia 6, 275
Scelio 163, 164, 166
Schistodactylini 220
Schistodactylus 220
Scolia 90

Scotoscymnus 40
Scymnus 40, 44
Sepsis 142
Sesia 90
Shijimia 7, 543
Shijimiaeoides 185
Sierola 434
Simandrena 54
Smithistruma 68
Solenopsis 70, 71
Spaniocelyphus 325
Speomyia 407
Speovelia 424
Sphaerius 117
Sphecodes 54, 433
Sphenocorynes 233
Sphex 54, 138, 316
Sphyracephala 127, 241
Stenodynerus 434
Stenopelmatidae 396
Stereomerini 297
Stilicoderus 294
Stomaphis 66
Stomoxys 536
Streblocera 141
Strumigenys 68
Stygiotrechus 130
Stylogaster 490, 491
Subpsaltria 342
Sukunahikona 40
Sundablatta 339
Suphalomitus 202
Syllegomydas 488
Symbiocladius 181
Synanthedon 90
Syndiamesa 406
Synopeas 158
Systella 337

T

Tachygonus 460
Tacua 341
Taeniogonalos 140
Teinopalpus 274

581

索　引

Telicota　263

Tenguobythus　549, 550

Tenodera　203, 503

Termes　514

Termitotrox　296

Termozyras　470

Tetradonia　462

Tetragonisca　447

Tetrastichus　545

Tettigarcta　392

Tettigonia　102, 103

Tettigoniopsis　102

Thaisophila　112

Thalassoduvalius　129

Thelaira　192

Thysonotis　357

Tinea　496

Tinearupa　496

Tiphodytes　143, 144

Tipula　485

Tmesisternini　377

Tmesisternus　377

Togona　207

Tomocerus　31

Torymus　147

Trachelophorus　531

Traulia　209, 210

Trechus　130, 292

Trichacoides　160

Trichochermes　65

Trichodura　452

Trichophthalma　398

Trigona　447

Trigonidium　212

Trigonoptera　378

Trilobitideus　471

Trimorus　168

Trioza　65

Triphleba　509

Trirhithrum　492

Trirhithryomyia　492

Trissolcus　169

Trogonoptera　281

Troides　271

Trypoxylon　512

Trypoxylus　512

Tunga　454

Tydessa　39

U

Udara　412

Ufo　152

Urania　480, 535

Uraniidae　480

V

Vaga　412

Vanessa　412

Vatesus　463

Velia　424

Vermileo　404

Vescelia　214

Vespa　61, 73, 80

Vindula　350

Volucella　33

X

Xenochironomus　508

Xenos　138, 139

Xylocopa　76, 319, 435

Xylotrechus　43

Z

Zeadalmodes　389

Zephyrus　94

Zoraida　45

Zoraptera　477

Zorotypus　477

種 小 名 索 引

（本索引は本書に出てくる昆虫の種小名索引である。亜種小名も含む）

A

aaa 424
abei 41, 152
absoloni 407
acerces 358
actaeon 455
adan 204
admorsus 215
adolphinas 379
agamemnon 351
aglaophora 393
alatus 422
albinotum 76
albivannata 253
albovenosa 65
alexandrae 352
alexandriana 449
algiricus 488
alocasiae 240
alternata 400
amamensis 76
amamiensis 213
ana 423
angelina 17
angustula 447
annulatus 82
antarctica 497, 498
anthropophaga 484
antimachus 479
antiopa 21
appendiculata 76
aquatilis 25
aridifolia 503
aristeus 351
aritai 311
armatus 461
arsinoe 350
arvorum 242
asahidakeana 10

asahinai 266
asiaticus 508
asonis 185
astala 465
ataxus 94
atlas 267
atratus 442
atroferugineum 421
attenuata 496
augustus 555
aureolus 232
aureus 274
axyridis 503
azusa 87

B

badra 262
bangkana 278
barine 185
battaka 358
beaticola 34
belgica 409
beneficus 147
berchemiae 65
biarticulata 403
bicolor 290
bifasciatus 295
bilineatus 461
binghami 343
bison 287
blackburni 412
blaisdelli 39
blaptoides 24
bombylans 33
boninensis 14, 16
boops 150
brasiliensis 462
brookiana 281
bucephala 402
bungii 42

buquetii 374
burchellii 444

C

cacius 474
caesar 286
caffra 487
camelina 489
cancer 460
castanea 389
castoris 456
catoirii 492
caudata 109
cavicolle 390
cecropia 464
cerana 73
ceratina 54
cervicornis 362
charonda 6
chini 135
ciliatus 494
cinnara 265
circumdata 223
circumvolans 76
clara 261
claripennis 553
clavata 440
clavipes 394
clytia 280
coccinea 65
colon 263
coma 81
concolor 290
confragosa 111
confusa 110
consobrinus 35
conspicua 417
contentiosa 308
cookeorum 430
coronatus 466

索　引

corvus　257

cremieri　174

crinita　392

crispus　174

cristata　483

cuneatus　427

cupido　296

cuspidatus　31

cyanescens　492

cyanoviridis　530

D

daisetsuzana　9

daitoensis　206

danis　357

darwini　435

decoratus　550

degeeri　404

demeter　366

descarpentriesi　390

detrahens　127, 241

deyrollei　503

diana　427

dichotoma　512

dichotomus　512

dimorphum　243

divinus　185

dominus　310

domitia　106

dorsata　317, 318

dorsolineolata　216

drumonti　299

dubia　23

durvillii　358

dux　288

dybowskii　61

E

eburnea　289

ecuatorianus　457

edashigei　191

edwardsii　289

elaphus　475

elephantis　133

elliotti　487

ensifer　382

equitans　181

esakii　77, 138, 145

esuriens　244

eudamippus　259

eversmanni　8

excavata　59, 60

ezoin　16

F

fallaciosus　194

fani　87

fasciata　140, 245

fera　526

fisheri　226

fissipennis　242

flavescens　507

flavifrons　76

flavofascia　91

florea　314

formosana　326

formosanus　125, 200, 503

fortunei　503

fossor　126

foveicollis　41

fraterculus　503

freija　10

friendi　461

frontalis　448

fulgidissima　524, 529

funebris　275

fusca　19, 107

G

gazella　287

geminata　70

gerriphagus　144

gibbus　408

giganteus　437

gigas　211

giraffa　293, 303, 475, 531

glaucippe　255

globiceps　294

goliath　345, 347

goliatus　473

gracilis　173, 542, 551

graminea　496

grandis　65

granti　460

griseum　27

guineensis　477

H

hakonensis　151

haleakalae　430

hamatum　443

harmandi　120

hasegawai　178

hastanus　225

hercules　457

heteroclitus　367

hians　450

himukanus　78

hippolytae　388

hirashimai　46, 190, 218

hirsutus　160

hiurai　65

holstii　12, 529

honesta　127

horishana　277

humile　69

I

ikedai　56

ikezakii　102

imaii　81

imperatorius　399

inachus　260

incredibilis　296

indica　127

indicus　171, 344

infernalis　231

insularis　15, 229

insularum　58

invicta　71

iriomotensis　209

ishigakiensis　209

種小名索引

isocharis 356
isolata 396
isshikii 84
issikii 79, 127
izardi 475

J

jambar 11
japonica 54, 63, 66, 73, 90, 99,
 142, 508
japonicas 170
japonicella 183
japonicum 154
japonicus 19, 36, 40, 118, 159,
 164, 167, 176
javanus 72
jendeki 295
juventa 106

K

kayan 303
kerguelensis 496
kerneggeri 527
kimurai 87
kishii 18
kishimotoi 115, 292
kollari 411
konishii 545
kunigamiensis 197
kuriphilus 146
kuroiwae 251
kurosawai 115
kyushuensis 188

L

labergei 366
laetescripta 20
laetilinea 398
lamanianus 514
latipes 319
latippenis 287
latistriata 184
leona 96
lesneri 488

leuconoe 261
lewisi 39
lidderdalei 282
lifuiae 250
lignea 88
limbata 290
lineatus 528
lobata 333
lobipennis 430
loebli 303
longicollis 233
longimanus 461
longipennis 437
loochoensis 217
luminosa 401

M

maacki 25
macilentus 56
macra 331
macrothorax 111
macrothrix 136
madagascariensis 478, 480
maetai 58
magna 127, 180
magnanimus 153
magnatus 105
maja 482
malgachensis 491
mandarinia 73
mandschurica 77
maraho 276
marginalis 119
margritae 380
martjanowi 83
maruyamai 114
masidai 129
mater 529
meeki 349
meges 279
melanaria 188
melanogaster 417, 521
melissa 9
mellifera 54, 493

menelaus 535
meridionalis 346, 514
metallifer 380
micrelephas 494
mikado 49, 104, 112
miliaris 338
militaris 26
minuta 252
mirabilis 429, 431
miranda 271, 365
mittrei 481
miyamai 130
miyamotoi 46
modestus 112
moellenkampi 287
monticola 54, 249
monticorum 378
montisatris 475
moorei 7, 543
morimotoi 38
motodomariensis 32
mouboti 205
moultoni 302
moutoni 139
muelleri 287
mutilum 54
myrmecophilus 389

N

nakaikemensis 44
nakasei 297
nanseiensis 56
nasalis 549
natans 97
nawai 92
nerii 89
nero 106
niepelti 356
nigellus 138
nigricollis 122
nigricoris 503
nigridorsalis 65
nigripes 192
nigrithoracica 141

nigrofasciata 378

nigropunctata 361

nina 256

niobe 256

niphonica 503

nipponensis 100

nipponesis 503

nipponica 54, 148

nipponicus 147

nishikawai 292

nivalis 28

nivosa 406

nobuoi 239

norna 9

norvegicus 36

nyassensis 495

O

oahuense 414

ocellata 289

ocellatus 233

oculatus 363

ogasawaraensis 16

ogasawarensis 13, 16, 76

ohbai 235

okadai 141

okinawaensis 210

okinawanus 195, 230

okinawensis 202

omotonis 219

opacifovea 54

oreonympha 400

orichloris 419, 420

orientalis 23, 473

orithya 258

ornata 123, 209, 210

ovinus 137

oxipodina 112

P

pachypeza 43

pachypezoides 43

pacifica 97

pallipes 212

pandellei 405

papageno 221

pardalis 121

paris 272

patroclus 359

pellucens 459

penetrans 454

peracanus 288

permundus 427

perviridis 365

pfankuchi 56

phroso 357

picta 483

pieli 214

plexippus 468

polyphemus 467

polytes 254

poseidon 355

praelongipes 228

praepilosa 86

priamus 345, 355

primosi 475

princeps 112

prolongata 112

prostomias 51

protenor 511

pryeri 237

psammophila 397

psenes 446

pseudopterus 453

pteridii 377

pubis 503

pulawskii 366

punctiger 147

purpurea 289

pusilla 179

pygmaea 98

pyranthe 108

pyriformis 514

Q

quadriglume 441

R

rajah 303

reclinata 312

recta 452

redemanni 514

regius 474

relictus 131

reticulata 542

rhinoceros 236

rhithrogenae 181

rhodifer 273

ribbei 373

ripheus 535

roelofsi 531

rothschildi 363

rubus 227

ruckeri 288

ruficollis 224

rugosa 395

ryukyuensis 214, 257

S

sakaei 268

samurai 67

sangaica 90

sanguiflua 358

saundersii 99, 230, 391

saussurii 332

schistoceros 509

schistodactyroides 220

schoenfeldti 238

schuhi 189

scoliaeformis 90

scutatus 325

selysi 336

senahai 247

sepsoides 142

septendecim 439

serenseni 496

sesostris 556

severus 376

sexguttata 461

sexpunctata 339

種 小 名 索 引

sexspinosus 124
seyrigi 490
sharpi 429
shibatai 65
shiganesis 508
shunichii 303
sieboldii 503
signipes 111
simillima 61
simplex 112
singularis 362
sinicus 287, 303
sita 503
smaragdula 248, 548
sonorina 76
sparsutum 498
speciosa 22, 341
spectrum 472
sphaerocerus 299
spinipes 116
spinosa 340
stali 530
steinenii 498
stellatus 460
stinga 263
straussi 376
strigata 508
striolata 216
strumosus 113
subaptera 485
submonticola 54
subsolana 527
suensoni 113
sulcatus 377
sulkowskyi 467
sulphurescens 427
swezeyi 430

T

takahashii 530

takao 87
takasagoensis 201
talpoides 476
tameamea 412
tarsalis 78
tateyamana 37
taxila 94
temmincki 288
tennuipes 486
terrestris 410
tiaratum 387
tibialis 47
tigris 531
tindalei 542
tokyoensis 134
torquatus 153
torus 264
tranquebarorum 76
triodiae 514
truncatolobata 101
tsushimensis 103
tudai 204
typhlops 132

U

uenoi 198
ulysses 354
unicolor 207, 493
unilobus 95
usubai 63

V

vagabundum 415
varians 426
velutina 80
ventralis 547
versicolor 530
victoriae 348
villioni 43
villosus 181

virescens 377
viridipennis 24
vittata 307
v-nigrum 222

W

wagneri 451
walkeri 142
weiskei 351
weismanni 259
wrighti 458
wuesti 298

X

xanthoptera 61
xenolabis 508

Y

yaeyamaensis 246
yaeyamana 199
yaeyamensis 234
yanbarensis 208
yangi 342
yasumatsui 48, 65
yasumatui 111
yayeyamana 196
yezonensis 90
yokahamae 175
yokohamae 175
yonaguniensis 210
yoshizakii 87
yunoprima 30

Z

zephyra 527

〔編者略歴〕

平嶋義宏（ひらしまよしひろ）

1925年　台北市に生まれ，福岡県福岡市在住。

1949年　九州大学農学部卒業。以後，九州大学助手，同助教授，同教授，同図書館長を歴任。

1989年　定年退官。

1993年　宮崎公立大学初代学長。

2003年　勲二等瑞宝章受章。

現在，九州大学名誉教授，宮崎公立大学名誉教授，農学博士。

〔主な著書〕

『新応用昆虫学』（共著）1986年，朝倉書店。

『蝶の学名』1987年と『新版　蝶の学名』1999年，九州大学出版会。

『昆虫採集学』1991年と『新版　昆虫採集学』2000年（馬場金太郎と共編），九州大学出版会。

『生物学名命名法辞典』1994年，平凡社。

『生物学名概論』2002年，東京大学出版会。

『生物学名辞典』2007年，東京大学出版会。

『学名論：学名の研究とその作り方』2012年，東海大学出版会。

『日本語でひく動物学名辞典』2015年，東海大学出版部。

『教養のための昆虫学』2017年（広渡俊哉と共編），東海大学出版部

ほか

Yoshihiro Hirashima ed.
**Strange and Interesting Insects
in Japan and the World**

THE HOKURYUKAN CO., LTD.
3-17-8, Kamimeguro, Meguro-ku
Tokyo, Japan

図説 **日本の珍虫 世界の珍虫**
そ の 魅 惑 的 な 多 様 性

平成 29 年 11 月 20 日　初版発行

〈図版の転載を禁ず〉

　当社は,その理由の如何に係わらず,本書掲載
の記事(図版・写真等を含む)について,当社の許
諾なしにコピー機による複写,他の印刷物への転載
等,複写・転載に係わる一切の行為,並ぴに翻訳,デ
ジタルデータ化等を行うことを禁じます。無断でこれ
らの行為を行いますと損害賠償の対象となります。
　また,本書のコピー,スキャン,デジタル化等の無断
複製は著作権法上での例外を除き禁じられていま
す。本書を代行業者等の第三者に依頼してスキャ
ンやデジタル化することは,たとえ個人や家庭内で
の利用であっても一切認められておりません。
　　連絡先: ㈱北隆館　著作・出版権管理室
　　　　　　　　Tel. 03(5720)1162

JCOPY 〈(社)出版者著作権管理機構 委託出版物〉
　本書の無断複写は著作権法上での例外を除き
禁じられています。複写される場合は,そのつど事
前に,(社)出版者著作権管理機構 (電話:
03-3513-6969,FAX:03-3513-6979,e-mail:
info@jcopy.or.jp)の許諾を得てください。

編　集　平　嶋　義　宏
発行者　福　田　久　子
発行所　株式会社 北 隆 館
〒153-0051　東京都目黒区上目黒3-17-8
電話03(5720)1161　振替00140-3-750
http://www.hokuryukan-ns.co.jp/
e-mail : hk-ns2@hokuryukan-ns.co.jp
印刷所　株式会社東邦

©2017　Yoshihiro Hirashima
ISBN978-4-8326-0742-2 C0645 Printed in Japan